KB123275

종족집단의 경관과 장소

지은이
전종한全種漢

충북 옥천이 고향이다. 1991년 한국교원대 지리교육과를 졸업하였고, 2002년 2월에 박사학위를 취득하였다. 그는 사회적 주체에 주
목하면서 다양한 경관과 장소들 속에 담긴 사람들의 삶의 역사와 의미들을 읽어내는 일에 관심을 갖고 있다. 한국교원대, 서울대,
충남대, 공주대 등에서 강의해 왔고, 지금은 충남대학교 마을공동체 연구단의 전임연구원으로 일하고 있다. ktshine@chol.com

종족집단의 경관과 장소

지은이 | 전종한
초판 1쇄 인쇄 | 2005년 9월 20일
초판 1쇄 발행 | 2005년 9월 30일
펴낸곳 | 논형
펴낸이 | 소재두
편집 | 이즈플러스
표지 | 디자인공 이명림
등록번호 | 제2003-000019호
등록일자 | 2003년 3월 5일
주소 | 서울시 관악구 봉천2동 7-78 한림토이프라자 6층
전화 | 02-887-3561   팩스 | 02-886-4600

ISBN 89-90618-19-3 94980
값 20,000원

종족집단의 경관과 장소

전종한 지음

〈종족집단의 경관과 장소〉를 펴내며

    이 책은 그 동안 내가 읽어 온 경관과 장소들의 이야기를 담은 것이다. 나는 사람들의 삶이 지닌 집단적 성향과 관련시켜 경관과 장소를 읽어내는 일에 관심이 많다. 우리가 무심코 지나치는 경관과 장소들 속에 조금만 머물러 있는 다면, 어렵게 옛 문헌을 뒤지지 않더라도 그곳에서 삶을 엮어 온 사람들의 정체성과 한 장소의 생애를 흥미롭게 들여다 볼 수 있다.

    올 봄에 충남 서산 지방 일대를 답사한 적이 있다. 초봄에 차안으로 들어오는 따뜻한 햇볕을 받으며, 한가로운 농촌 들판을 달리다보니 또 하나의 고향에 온 듯 하였다. 한낮에 도착한 서산시 성연면 명천리의 마을 뒷산에 올라 내려다 본 풍경은 더욱 그러했다. 그런데 이곳이 지난 세기 초반까지 인천으로 대형 여객선과 화물선이 드나들던 바닷가 포구 마을이었다니, 잘 믿어지지 않았다. 한 때는 질척한 갯벌이었을 마을 앞 들판에 서서 마을 전경 사진을 찍고, 지금은 바다로부터 한참을 들어와 있지만 바닷가 부두에 자리한 옛 항해사의 집과 풍어를 기원했던 어촌 시절의 당집을 사진으로 담아내다 보면, 그래도 농사 짓는 것보다는 고깃배가 드나들고 갯벌에 나가 일했을 때가 삶이 더 좋았다는 마을 어르신의 이야기가 더욱 생생하게 다가온다.

서산시 성연면 명천리 전경(위)과 포구의
부두에 위치했던 옛 항해사의 집(아래).
여느 농촌이나 다름없어 보이는 서산의
명천리, 그러나 여객선의 항해사가 살았
던 그리고 지금도 그 부인이 살고 있다는
한 채의 가옥만으로도 우리는 이곳에서
전성기의 명천 포구를 만날 수 있다.

　황해도, 경기도, 충청남도로 둘러싸여 있는 경기만의 한 포구였던 명천리의 경관
들은 일찍이 내포內浦라고 불렸던 이 일대의 장소성을 말해준다. 20세기 초까지만 하
여도 비단 명천포구뿐만 아니라 태안반도의 거의 모든 해안 골짜기의 만에서 크고 작
은 수많은 돛배들이 이곳의 소금과 세상의 신식 문물을 싣고 드나들었다. 경기만의
포구들을 연결하던 긴밀한 해상교통망은 이곳을 국가의 중심과 혹은 때때로 세계와
도 직접 통하게 해 주었던 것이다.

　이와 같이 경관과 장소가 그만큼 사람들의 삶과 오래도록 퇴적된 시간을 머금고
있는 탓에 '거기의 그들이 누구이며 지금 여기의 우리가 누구인지'를 이해하는데 도
움을 준다. 특히 시간의 누층이 더욱 두껍게 쌓인 전통적인 경관과 장소들은 두말할
나위가 없다. 유럽이나 일본에서는 전통적 경관과 장소들이 해당 지역의 정체성, 나

아가서는 국가나 민족의 정체성을 탐구하는 데 매우 귀중하다는 점을 이미 대중적인 수준에서 널리 인식하고 있다. 그에 비하면 우리의 경우 우리를 포위하듯 널려 있는 경관과 장소들이 도리어 우리의 인식이 전환되기만을 기다리고 있는 것 같다.

경관과 장소에 대한 나의 읽기 방식은 시간의 흐름과 사람들의 삶 속에서 조명하는 방법을 택하고 있다. 사람들의 삶을 제거한 상태에서의 경관과 장소 읽기는 존재감을 가지지 못하고 그저 공허할 뿐이며, 시간의 흐름을 고려하지 않은 채 경관과 장소를 복원하는 사업은 우리에게 단견을 심어줄 위험이 있다. 책의 제목에서 종족집단이라는 다소 생소한 단어를 내세운 것은 경관과 장소에 접근함에 있어서 그것들을 생산한 사회적 주체의 시각을 통해 바라보는 것이 중요하다고 보았기 때문이며, 나아가 그들의 경관과 장소 속에 한반도라는 공간에서의 누적된 시간들과 사람들의 삶이 담겨 있다고 생각했기 때문이다.

이러한 문제의식을 토대로 나는 우리의 삶에서 너무나 익숙한 성씨 단위의 집단성과 이들의 경관과 장소를 살펴보는 것에서 작업을 시작하였다. 보기에 따라 과장일 수도 있지만, 우리의 역사와 사회를 통틀어 전통적 경관과 장소로서 인식되는 것들의 상당수는 성씨집단과 긴밀하게 연결되어 있다. 그럼에도 불구하고 우리는 '종족宗族'이라는 단어가 우리의 성씨집단을 의미하던 전통적이고 일반적인 용어였다는 사실에 대해서조차 낯설게만 느끼는 것이 현실이다.

종족집단宗族集團은 성姓과 본관本貫의 결합으로 이루어진다. 그것은 먼 과거로부터 현재까지 우리의 일상생활에서, 그리고 모든 개인의 정체성에서 중요한 줄기를 차지하는 집단적 실체이다. 우리에게 너무나 익숙한 나머지 쉽게 지나쳐버리는 종족집단의 경관과 장소는 바로 한반도에서 엮어온 우리 삶의 사회적 본질과 역사성을 함축하며, 그것을 증명이라도 하듯이 우리의 국토 공간에 산재散在하고 있다. 비록 빈궁할지라도 종족내 권력의 핵심이었던 종가, 죽어서까지 그 배후에 자리하며 종가의 권위를 지켜온 사당과 조상 묘소, 종족의 집단의식을 표상하는 종족마을들, 사회 관계망과 문화 정치의 장이었던 각 처의 정자와 서원들이 그것이다. 일제 강점기를 지나면서 우리의 기억은 종족집단이라는 용어조차 망실해 버렸지만 그들이 생산해 온 경관과 장소는 여전히 종족집단의 일원으로 살아가고 있는 우리들의 장소정체성을 이야기해

준다.

　우리 각자의 성姓 앞에 붙여 본관으로 사용하는 지명은 먼 조상의 실제 거주지인가 아니면 상상 속의 허구인가? 종족집단들은 왜, 그리고 어떤 맥락에서 종족마을을 만들어 냈을까? 계곡에 자리한 정사와 서원은 과연 순수한 학문 탐구의 장소였을까? 절벽 끝자락 정자에서는 자연을 감상하는 대신 당대의 사회와 정치를 곱씹어 읽었던 것은 아닐까? 이러한 질문들을 던지면서 이 책을 통해 필자는 한국의 종족집단을 둘러싸고 전개된 경관과 장소의 파노라마를 그려보았고, 그 순진한 의미의 저편에 감추어진 권력과 지식의 관계, 이데올로기와 담론의 세계를 열어보고자 하였다.

　이 책은 박사논문에서 시작한 나의 고민을 한 단락 정리하려는 생각에서 구성한 것이다. 그 동안 학위논문의 각 부분들을 지리, 역사, 사회, 민속 등의 학회에서 발표하면서 글의 내용을 첨삭하거나 보완할 기회를 가졌다제3~4장, 제6~8장. 학위를 마친 지 3년 반이 되어서야 정리된 느낌이 들 정도로 그 동안 많은 수정이 이루어졌다. 그러나 책으로 내놓는 작업에는 단편들을 집합하는 일 이상의 완결성이 요구되었기 때문에 학위논문에서 다루지 못한 내용에 대해서는 다시 공부하여 별도의 장으로 첨가하였다제2장, 제5장. 이 책에서 인용한 선학들의 연구 성과가 오도되었다면 그것은 전적으로 나의 책임이다. 경관과 장소 연구에 애착을 갖는 분들의 애정어린 질정을 기다린다.

　연구물을 책으로 구성해 낼 수 있도록 도움을 주신 분들은 이루 헤아릴 수가 없다. 무엇보다 지역 답사 때 한 마디 한 마디 주고받은 지역민들에게 감사드린다. 나를 한 사람의 지리학도로 다듬어주신 한국교원대의 류제헌 교수님, 주경식 교수님, 오경섭 교수님, 이민부 교수님, 퇴임하신 김일기 교수님과 한균형 교수님의 은혜는 이 책의 구석구석에 담겨 있다. 학위논문에서 글의 장단점을 일일이 지적해 주신 공주대 이문종 교수님과 사학과의 이해준 교수님, 보다 큰 틀에서 내 작업의 의미를 일깨워주신 성신여대 최기엽 교수님께 진심으로 감사를 드린다. 일본 교토 대학에 박사후과정을 추천해 주셨던 고故 이찬 교수님께는 큰 빚을 지었다.

　이 책의 제5장 부분은 박사논문을 넘어 나의 연구 시간대를 근·현대시기까지 확장한 결과물이다. 이것은 지난 3년 반 동안 지역 연구를 테마로 한 학제 간 연구에 참

8

여하면서 진척시킨 연구물의 하나이기도 하다. 그 과정에서 활발한 토론과 적절한 조언을 아끼지 않았던 한양대 사학과 박찬승 교수님께 감사드린다. 논형 출판사의 소재두 사장님은 이 책이 갖는 의미를 남달리 생각하셨고 그 덕분에 너무 늦지 않게 책으로 나올 수 있었다. 사장님과 편집진들의 노고에 감사드린다. 공부하는 나를 무던히 기다려주는 나의 아내 한희경과 두 아들 광희, 대희에게 이 책을 바친다.

2005년 초가을 녘에
지은이 전종한

차례

이 책에 활용된 저자의 주요 논문

- 본관의 누층적 의미와 그 기원에 대한 역사지리적 탐색 (『대한지리학회지』, 36권 1호, 35-51, 대한지리학회, 2001).

- 사족집단의 사회관계망과 촌락권 형성과정 (『문화역사지리』, 16권 2호, 36-52, 한국문화역사지리학회, 2004).

- 역사지리학 연구의 고전적 전통과 새로운 노정 – 문화적 전환에서 사회적 전환으로 – (『지방사와 지방문화』, 5권 2호, 서울: 학연문화사, 215-252, 역사문화학회, 2002).

- 종족집단의 거주지 이동과 종족촌락의 기원에 관한 연구 (『사회와 역사』, 61집, 서울: 문학과 지성사, 87-124, 한국사회사학회, 2002).

- 종족집단의 지역화과정에 관한 연구(Ⅰ): 생태적 정착 단계 (『사학연구』, 67집, 131-170, 한국사학회, 2002).

- 종족집단의 지역화과정에 관한 연구(Ⅱ): 경관 생산 단계 (『대한지리학회지』, 38권 4호, 575-590, 대한지리학회, 2003).

- 종족집단의 지역화과정에 관한 연구(Ⅲ): 영역성 재생산 단계 (『문화역사지리』, 16권 1호 (석천 이찬선생 추모특집호), 237-262, 한국문화역사지리학회, 2004).

第1章

서설 : 한국 종족집단의 자화상
- 그들의 경관과 장소

1

종족집단이 국토에 그려놓은
경관과 장소들

　우리의 국토 공간을 답사 할 때마다 종족집단이 만들어 낸 경관과 장소들이 널리 분포하고 있다는 것을 알 수 있다. 숱한 난관을 뚫고 정신적 구심점으로 이어져 온 종가, 종가의 뒤편에 자리하며 권위를 받쳐주는 사당과 조상 묘소들, 종족집단의 공동 재산인 선산과 재실과 위토가 있다. 그리고 집단적 경험과 의식을 내포한 수많은 종족촌락들, 효자나 열녀, 충신 배출을 자랑하는 마을 안팎의 각종 정려, 사교의 장으로서 촌스럽지 않고자 산수를 즐기려 마련했던 절벽 위의 정자들, 배움의 장소인 듯 하면서도 다양한 연줄과 계보를 생산해냈던 계곡 근처의 정사精舍와 서원 등 그들의 경관과 장소는 국토의 곳곳에 산재해 있다.

　이러한 경관과 장소들은 각 종족집단이 스스로의 모습을 그린 자화상이다. 이것들이 특정 시대의 산물인 것은 사실이지만 결코 화석과 동일시될 수는 없다. 근대 이후 이들 경관과 장소의 주인공은 사라져갔고 때로는 완전히 자취를 감춘 경우까지 있지만, 우리는 경관과 장소가 보여주는 바를 통해 과거 종족집단들의 모습을 엿볼 수 있다. 여기에 그치지 않고 경관과 장소는 과거 종족집단의 후예로서 그리고 여전히 종족집단의 일

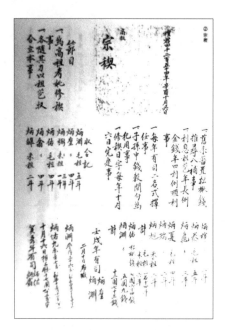

종족집단의 표상들*
종계 문서(위)와
선조 묘역(아래)

* 조선 시기를 거치면서 한국의 종족집단은 역사의 전면에서 정치 활동의 주요 주체이자 사회 구성에서 중요한 단위로 부
상하였다. 또한 이들에 의해 국토 공간은 다양한 경관과 장소들로 채워져 왔다. 종계와 족보를 비롯한 각종 종중 문서는
종족집단 내 계파별 정통성과 사회적 구별 짓기의 표식들이 되었으며[위의 사진: 충청남도 금산군 상산김씨 종계 문서],
사당이나 선조 묘역과 같은 그들의 경관 및 장소들은 종족집단의 공간적 근거지, 아버지 계통의 적장자 중심의 혈통 계
보, 경제력과 정치사회적 권력을 상징하는 대표적 표상들로서 기능하였다(아래 사진:충남 당진군 송산면 도문리 덕수이
씨 선조 묘역.)

원으로서 살고 있는 우리의 문화와 우리 자신의 정체성을 말해주고 있는 것이다.

조선시기를 거치면서 한국의 종족집단은 역사의 전면에서 정치 활동의 주요 주체이자 사회 구성에서 중요한 단위로 부상하였다. 그러는동안 이들에 의해 국토 공간은 다양한 경관과 장소들로 채워져 왔다. 이들에 의해 만들어진 경관과 장소들을 단순히 문화 유적 정도로 간주하는 것은 매우 단편적인 태도에 불과하다. 많은 경우 종족집단의 경관과 장소는 매우 특별한 의도로 만들어진 상징적인 것이다. 나아가 사회적 맥락과 권력 관계에 있어서의 포함과 배제, 그리고 일정한 지역을 자기 영역화하고자 하는 전략을 담은 것들로서 인문지리학의 중요한 관심사가 된다.

이렇게 종족집단은 14세기 이후 한반도의 시 · 공간을 들여다보게 해주는 중요한 창문이 된다. 그들 사이에 이루어졌던 다양한 사회 · 공간적 연망과 계보 의식은 이미 사라진 것이 아니라 경관과 장소의 형상으로 공간에 투영되었고, 그 탄생에서 지금까지 이들은 끊임없이 각 종족집단의 정체성과 한국 문화의 한 축을 이루는 중요한 성분이 되어 왔다. 특히, 같은 동양문화권에 속해 있으면서 한국의 종족집단은 중국이나 일본의 그것과 달리 본관을 자기 혈통의 공간적 기원으로 인식한다는 점이 특징이며, 공간 이동과 촌락 입지의 선택, 지역화과정 등에서 공간 행위의 기본 단위로 기능하는 경우가 많았다는 점이 주목된다. 이러한 의미에서 한국의 종족집단을 가리켜 '지리적 사회 집단'이라 표현할 수 있다.

종족집단의 경관과 장소에 함축된 의미들을 우리는 어떻게 이해할 수 있을까? 필자는 이들 경관과 장소의 입체성은 대략 세 가지 맥락에서 조명될 수 있다고 생각한다. 곧 종족집단의 본관, 거주지 이동, 그리고 지역화과정이라는 세 개의 주제를 말한다.

2

이 글의
이야기 전개에 관해

    전통적으로 인문지리학에서는 취락이나 경관, 공간 구조와 같이 지표에 드러난 형태적 요소들을 연구 대상으로 삼고 그들에 내재된 지리적 의미나 법칙을 추구해왔다. 연구 대상을 가시적, 시간적으로 고정시킨 이러한 접근방법은 상대적으로 분석적, 객관적, 과학적이라는 강점을 갖고 있다. 그러나 비판도 다양했다. 그 비판의 대부분은 사회와 공간의 호혜적 관계, 가시적인 것과 비가시적 현상의 상관관계, 그리고 시간적 변천 및 공간 스케일의 변화에 대한 지리적 현상의 조응관계를 제대로 해석해내지 못한다는 점에 두고 있다.

    이러한 문제들에 효과적으로 접근하기 위해서는 지리적 현상을 만들어낸 공간적 행위의 주체, 즉 사회적 인자에 초점을 둘 필요가 있다는 지적이 있어 왔다. 여기서 사회적 인자라 함은 기본적으로 인간을 의미하는 것이지만 규모의 측면에서 그것은 개개인이나 막연한 사회 전체를 지칭하는 것이 아니라 집단적 차원, 즉 사회집단을 뜻한다.[01] 이 같은 인식의 흐름은 사회 이론 및 역사 철학과의 대화의 산물로서, 영미英美 인문지리학계에서는 1980년대 이후 지리학의 하위 분야간에 다양한 조합을 유도하면서 사회역사지리학, 사회문화지리학, 신문화지리학, 촌락사회지리학과 같은 영역을 부각시켜 왔다.

이들 영역의 공통된 접근 방향은 '지표상의 형태적 요소를 매개로 공간을 설명'하기 보다는 '사회적 과정을 통해서 공간을 해석'하려는 것이다. '사회 속에 감추어진 공간적 차원'과 '공간에 함축된 사회적 의미'를 읽어내려는 시도라 할 수 있다. 이를 통해서 '추상적 사회'는 생태적인 지역 위에서 구체적으로 좌표 지워질 수 있으며, 다른 한편에서 단순히 '사회의 용기容器나 역사의 무대'로 치부되곤 했던 지표 공간은 사회생활의 맥락과 변화 속에서 재조명될 수 있다고 믿는 것이다.

영미 인문지리학계의 최근 동향으로부터 지리적 현상을 보는 새로운 관점을 시사 받을 수는 있지만, 나름대로의 지리적 사회집단을 설정하고 그것의 연구 가능성을 구체적으로 타진하는 작업은 결국 그러한 문제의식에 동참하는 각국 인문지리학자의 몫일 수밖에 없다. 지리적 사회집단은 역사적 경험이나 공간적 특수성에 따라 나라와 민족마다 다양하게 설정될 수 있기 때문이다. 이러한 맥락에서 필자는 종족집단의 경관과 장소에 접근함에 있어서 가시적 현상들보다는 지리적 사회집단으로서의 종족집단 자체에 초점을 둘 필요가 있다고 보는 것이며, 이 같은 시론의 실험을 위해 종족집단의 공간 행위가 잘 드러나는 주제들, 즉 본관, 거주지 이동, 지역화과정을 중심으로 이야기를 전개하려는 것이다. 각 장章에서 어떤 내용을 다룰 것인지 간단히 요약하면 다음과 같다.

제2장은 이 글에서 취하는 관점을 '사회적 전환'이라 명명하면서 그 학사적學史的 의의를 보여주기 위해 국내외 인문지리학계의 최근 동향을 좀 더 상세히 검토한다. 인문·사회과학계에서 일고 있는 공간 담론의 부흥과 경계 허물기 현상, 그리고 지성 세계의 최신 지형도를 제시하는 내용이다. 제3장은 한국 종족집단의 정체성에서 중심축을 이루고 있는 본관의 문제를 다룬다. 성은 중국산, 본관은 한국산이라는 시각에서 이야기를 시작하여 본관 개념의 출현 배경, 본관이 갖는 실재성과 허구성을 짚어보게 된다.

제4장은 전남 보성으로부터 충북 청원군 현도면으로 그 근거지를 완전히 바꾼 보성오씨寶城吳氏를 사례로 종족집단의 공간 이동 과정을 추적한 것이다. 사례 분석을 통해

종족집단의 거주지 이동에 관여한 다양한 요인 및 상황들을 일일이 재현한 후, 이를 토대로 종족집단의 이주 특성을 몇 가지 측면에서 정리하였다. 그리고 이주 과정에서 종족촌락이 어떤 상황, 어떤 장소에 발생하는가를 탐색해 보았다. 제5장은 조선시대에 충청도 최고의 계거지로 알려졌던 청라동을 연구 지역으로 하여 일단—■의 종족촌락이 순차적으로 형성되는 과정과 그 내부를 충전하고 있었던 주요 경관과 장소들을 살펴본 것이다. 특히, 종족촌락을 흔히 독립된 개체로서 간주해왔던 기존 시각에서 탈피하여 몇 개의 종족촌락이 사회적, 공간적 연합체를 이룬다는 관점에서 촌락권 개념을 적용하고 나아가 종족촌락에서 전개된 사회와 공간의 습합관계를 해명해 보았다.

제6장부터 제8장까지는 한국의 종족집단이 일정한 공간 범위를 어떻게 자기 영역화해 왔으며 그것을 확대 재생산하기 위해서 어떠한 공간 전략들을 구사했는지에 접근해 보았다. 특히, 대전의 회덕으로부터 논산의 연산 지방으로 연결되는 영역은 조선시대이래 충청도 양반의 핵심 근거지였다는 점에서 이러한 점들을 검토하기에 매우 유효한 지역 사례가 될 것으로 생각하였다. 연구를 통해 필자는 종족집단에 의한 지역화과정을 이론적으로 구축하여 세 개의 단계로 나누어 제시할 수 있었다. 제6장은 종족집단의 초기 정착 과정을 '생태적 정착 단계'라 명명하면서 제1단계로 살펴본 것이고, 제7장은 다양한 상징경관이 생산되고 이를 매개로 사회관계망의 확장을 기도하던 제2단계로 '경관 생산 단계'에 관한 것이다. 끝으로, '영역성 재생산 단계'라 지칭한 제8장에서는 기존의 영역 내부가 다양한 경관과 장소들로 충전되는 한편 밖으로는 영역성의 재생산이 이루어지던 제3단계를 고찰하였다. 종족집단의 지역화과정을 이렇게 세 단계로 나누어보는 시각은 사례 지역에 국한되어 적용되는 것은 아니며 전국 곳곳의 종족집단 및 그들의 경관과 장소를 읽어내는데 매우 의미 있는 관점을 제공할 것이다.

3

문헌 자료 및 지리적 함의

족보

족보는 부계 혈통을 중심으로 그 계보를 정리한 자료를 말한다. 족보의 원초적 형태는 나를 중심으로 마치 나뭇가지와 같은 그림으로 부계와 모계 조상을 표현해 놓은 족도族圖라 할 수 있다. 족도에는 조상의 이름과 함께 그들 간의 혈연관계가 단순히 실선으로 표시되었으며, 해주오씨海州吳氏와 같은 일부 종족집단들에 의해 고려시기부터 만들어졌다. 그 후 조선시기에 들어와서 조상의 이름과 행적을 문자로 기록한 족보가 크게 유행하기 시작하게 된다. 물론 족보는 그 이전의 족도 자료를 근거로 하여 제작되었을 것이다. 현재 전하는 자료를 기준으로 보면 최초의 족보는 1476년의 안동권씨安東權氏 성화보成化譜이고, 그 후 1565년에 문화류씨文化柳氏 가정보嘉靖譜와 강릉김씨江陵金氏 을축보乙丑譜, 1576년에 능성구씨綾城具氏 만력보萬曆譜가 각각 간행되었다. 그리고 17세기부터 18세기는 한국에서 부계 출계 중심의 족보가 본격적으로 발간되기 시작한 시점이다.

족보의 내용을 보면 서문, 범례, 선조 유적, 주요 인물의 전기자료傳記資料[행장行狀, 묘지墓誌 등을 말함]가 차례로 엮어져 있고, 그 다음 세대별 계보가 가장 많은 분량을 차

족보의 기록 방식과 내용
청주한씨 천령공파보

* 이 사진은 『청주한씨 천령공파보(淸州韓氏川寧公派譜)』중 파시조인 천령공 한계윤(韓繼胤)에 관한 기록 부분이다. 주요 내용을 보면, 파시조의 계출(系出)과 생졸연대(生卒年代), 묘소 위치, 묘소의 이장(移葬) 사항, 배필성씨 및 그 부(父)의 성명과 관직, 묘지명(墓誌銘)을 찬(撰)한 인물의 성명 등이 기록되어 있다. 또한, 맨 아랫부분에 보이듯이 자손이 여자인 경우 사위의 성명을 기록하고 있는데, 그 사위의 정치·사회적 지위에 따라서는 보다 상세한 기록을 남겨 놓는 경우가 많다. 이러한 사항들로부터 한 인물의 거주지, 혈연·학연 등의 사회적 관계, 정치적 지위, 사후의 평가, 주로 관련된 종족집단 등에 대한 다각적인 계보 구성이 가능해진다.

24

지하며 기록되어 있다. 계보에 관한 기록에서는 해당 인물이 태어나고 사망한 년도, 행적, 관직, 혼인한 성씨 및 그 가계, 적서관계適庶關係와 묘소의 위치가 나와 있다. 족보의 내용들은 시기 변천에 따라 일부 위조된 경우도 많다. 그러나 조상의 묘소 위치에 관한 내용은 위조 가능성이 희박한 부분으로서 족보의 내용 중에서 가장 신빙성이 높은 자료이다. 묘소의 위치는 대부분 생활근거지, 즉 실제 거주지에 남는 경우가 많았다.[02] 바로 이 점에 주목하여 이 글에서는 종족집단의 거주지 이동을 추적하는 방법으로서 묘소 위치에 관한 정보를 중요한 자료로 삼고 있다.[03]

물론 실제 거주지와는 다른 지역에 묘소를 남기는 경우도 있었을 것이다. 이에 따른 거주지 추적의 오류를 보완하는 방법은 3대代 이상에 걸쳐서 연속적으로 동일한 군현 내에 묘소가 위치할 경우 그곳으로 실제 거주지를 이동한 것으로 판단하는 것이다. 그리고 조선시대 군현의 단위의 공간 규모를 거주지 이동 여부를 파악하는 기본 단위로 본다. "조선시기에 있어서 어떤 인물의 묘소 위치와 생존시 거주지는 적어도 군현 단위의 수준에서 볼 때 서로 동일한 것으로 간주할 수 있다"는 생각은 이미 川島藤也[04]에 의해서도 그 타당성이 입증된 바 있다.

언뜻 족보가 과거의 것만을 기록하고 있는 것같이 보이지만 거기에는 당대는 물론이고 현재의 개인과 집단의 사회적 관계가 담겨 있다. 당대에 우월한 종족구성원임을 대변하는 파보 간행의 문제, 직계 조상의 증직을 위한 노력, 주요 인물들의 행장 복원, 묘지명의 작성, 족보상에 일정 지위 이상의 통혼성씨만을 선별해서 기록하는 사회적 구별짓기 행위 등이 그러한 사실을 드러내 준다. 이와 같이 족보는 그 자체가 사회적 관계망을 담고 있는 것으로서 권력의 계보망을 보여주는 자료가 된다.

사마방목

『사마방목司馬榜目』이란 조선시대 사마시司馬試의 급제자 명부를 말한다. 즉, 각 군현에서 처음으로 소과에 급제한 생원과 진사의 신상 명세를 담고 있다. 지방의 각 현을 정보 수집의 공간 단위로 하고 있다. 이 자료는 성명, 자字, 생년, 본관, 거주지와 함께 부父의 관직, 형제들의 성명 등을 상세히 기록하고 있다. 현재 전하는 사마방목은 1501년조선 연산군 7년에 반포된 생원방生員榜을 비롯해 총 149종에 달한다.[05]

이 글에서 관심을 두는 내용은 사마방목에 기록된 합격자의 본관, 성씨, 그리고 거주지 항목이다. 생원과 진사란 조선시기 각 군현의 지식인층을 대변하던 지위로서 통상 사회 정치적으로는 물론이고 경제적으로도 상류층, 곧 지역 엘리트local elites에 해당되었다. 조선시기에는 생원 진사 시험에 나아갈 때 거주지 내에서 응시하는 것을 원칙으로 하였다. 따라서 사마방목에 기록된 생원진사의 합격자 명단을 군현별로 분석하면 종족집단별 배출 추이를 시기별로 알 수 있다. 어떤 군현에서 어떤 종족집단들이 상류층을 구성했는지를 파악할 수 있는 것인데, 특히 부친 성명과 관직 항목을 족보와 비교하며 검토해 볼 수 있다. 이를 통해 종족집단 간 사회적 관계의 위계성, 그리고 시간에 따라 변하는 서열 관계의 변화 등을 살필 수 있다. 이 점은 조선시기 각종 관찬 지리지의 성씨조 항목의 정보보다 더욱 정확한 것인데 이에 관련된 자료와 정보들은 지역화과정을 논의할 때 주로 활용된다.

지리지

본 고에서 언급한 지리지는 『고려사』「지리지」, 『세종실록』「지리지」, 『신증동국여지승람』, 『동국여지지』, 『여지도서』, 그리고 조선후기의 읍지류이다. 이 중 고려사 지리지는 주로 행정 지명의 변천에 관해서만 기록하고 있을 뿐 별다른 내용이 없다. 그에 비해 조선시기의 지리지류에서는 토착 및 유입 성씨, 지역별 주요 출신 인물, 역사 유적의 분포와 건립 주체 등을 담고 있다. 이 중에서도 특히 주목하는 내용은 지역별 출신 인물에 관한 사항이다. 이 사항은 사마방목이나 여타 자료에서도 확인할 수 없는 것으로서 지리지만이 갖고 있는 장점이다. 이들 인물은 대체로 정계 요직에 진출한 바 있던 사람으로서 각 군현과 중앙 정계를 매개하던 역할을 하였다. 따라서 이들이 속한 종족집단의 정치적 지위와 그로 인한 경제적 배경이 지역사회 내에서 각 종족집단의 사회적 관계와 거주지 이동에 어떤 영향을 주었는지를 확인할 수 있는 단서가 된다.

전기 자료

조선시기에는 상류계층에 해당하는 사람이 죽으면 그의 생애에 관한 내용을 기록하여 남기는 관행이 있었다. 전기가 남아 있다는 것만으로도 그 인물 및 소속 종족집단의 정치 · 사회적 지위가 상류 집단에 해당하는 것으로 볼 수 있다. 전기 작성이 가능한 계층은 바로 이들 뿐이었기 때문이다. 어떤 경우에는, 인물이 죽은 뒤 수 십년에서 수 백년 이후에 후손들이 주체가 되어 전기를 작성하는 경우도 있었다. 이러한 행위는 일종의 '시간-확장'time distanciation으로서 '공간-확장'space distanciation과 밀접하게 연동하는 경향이 있다. 이러한 전기 자료는 종족집단의 시 · 공간 확장time-space distanciation의 과정과 다양한 장소 및 경관의 창출을 이해할 수 있는 단서들을 간직하고 있다.

주요 전기 자료로는 행장, 유사遺事, 묘갈 또는 묘지명이 있다. 행장은 가장家狀이라고도 불리는데, 죽은 자의 생존연대와 활동을 상세히 기록해 놓은 것이다. 행장은 죽은 자를 잘 아는 다른 종족집단 소속의 인물에게 의뢰하여 작성하는 것이 일반적이었지만 후손이 직접 작성하는 경우도 빈번했다. 묘갈은 비석에 새겨진 전기로서 행장의 내용과 유사하지만 보다 간략한 것이 특징이다. 묘갈 중에서 국가로부터 증贈 종2품 이상의 공신들에게 내리는 것을 특별히 신도비라 불렀다. 신도비문神道碑文은 국왕이 명한 특별한 문장가가 작성을 하였기 때문에 그 기록 내용에 신뢰성이 있고 신도비의 입지도 영역적 상징성을 갖게 된다.

기타: 향안, 서원지, 개인문집, 문인록

향안: 향약이라고도 불리며 조선시기의 향촌자치규약을 말한다. 이 자료에는 규약의 내용과 함께 향촌사회를 지배하고 운영하던 각 시기마다의 향원 명부가 들어있다. 각 종족집단들이 이 명부에 얼마나 많은 수의 인물을 등록하고 있는지를 살피게 되면 이들의 권력 관계의 일면을 이해할 수 있다.

서원지: 서원지書院誌에는 서원의 설치 연혁, 배향 인물, 서원의 규칙, 제례의 절차, 주요 운영인물, 서원의 중수重修에 관한 사실을 기록하고 있다. 이 중 배향 인물과 배향 시점에 관한 내용은 그 서원의 학연 관계와 관련된 것으로서 공간적 영역성을 이해하는 데 매우 중요한 자료가 된다.

개인문집: 개인문집은 어떤 인물의 저작물을 당대 혹은 후대에 모아놓은 자료를 말한다. 거기에는 각종 저술활동의 결과들이 포함되는데, 가령 저서, 서찰, 산문, 시문 등이

孺人光山金氏墓誌銘 并序

內兄故承宣復菴李公病既革泣謂余曰我本生先妣懿行無愧於古

賢媛而壙無誌矣汝其銘之余不忍辭而沉淹床第因循未果倏已十

八星霜而余則朝夕待盡矣若終無一言何以見復菴公於地下乎乃

力疾而敍次之孺人姓金氏系出光山新羅王子與光其始祖也　我

朝文元公沙溪先生以道學餕食聖廡其孫僉制忠獻公益勳以勳業

著孺人之七世祖也曾祖諱相定官大司諫號石堂以文章名世祖諱

箕德有學行薦授翊衞司副率不就號韋菴以孝　旌閭考諱某通德

郎妣南陽洪氏奉事準源女嶺川宋氏其考國休孺人宋氏出也以

純祖丁丑生七歲丁內艱十一歲遭通德郎公喪伯兄英陽公某鞠之

二十一歲歸我季舅月菴李公諱益公延安世家也延平忠定公賞

季子延城忠靖公時防八世孫而郡守諱琰諱度弘諱圭曾祖祖禰也

묘지명의 사례
유인(孺人) 광산김씨 묘지명

* 이 사진에서 묘지명을 의뢰한 자 및 그와 죽은 자의 관계, 죽은 자의 조상 계보와 주요 인물의 이력 등을 볼 수 있다. 이들 내용에 이어서는 대개의 경우 죽은 자의 생존시 활동 사항이 기록된다. 주요 활동 사항으로서는 거주 사항, 생활 특성, 습관, 자녀 관계, 묘소 위치, 정려(旌閭) 여부 등을 들 수 있다. 이 묘지명은 지산(志山) 김복한(金福漢, 1860~1924, 刑曹參議, 成均館長 歷任) 선생이 지은 것이다.

그것이다. 이러한 저작물에는 그 개인의 사회적 교류관계, 거주지 이동, 주요 교류 인물에 관한 정보 및 개인적인 의미의 장소와 경관들에 관한 사실들이 기재되어 있다.

문인록: 문인록은 어떤 스승의 문하에 있었던 제자들의 명부를 말한다. 문인록에는 대체로 제자들의 성명과 거주지가 기록되어 있어서 어떤 특정한 스승을 중심으로 하는 학연관계 및 그것의 공간적 범위를 파악하는 데 활용될 수 있다. 특히 서원이나 사우와 같은 경관의 분포 패턴과 입지, 배향 인물 등은 학연관계와 밀접한 관련을 가지므로 문인록의 활용 범위는 더욱 넓어진다고 할 수 있다. 서원이나 사우의 건립을 주도한 인물·세력, 건립시기, 분포와 입지에 관한 이해는 문인록을 분석함으로써 많은 부분이 해결될 수 있다. 학연관계에 의해 창출된 장소와 경관들은 지연이나 혈연 관계의 그것에 비해 훨씬 더 상징적이며, 그 분포와 입지 또한 고도로 전략적이며 정치적인 측면이 있다. 문인록과 개인문집은 바로 그러한 물질경관 배후에 존재하는 상징성, 전략, 정치를 탐색할 수 있는 핵심적인 정보를 담고 있다.

第2章

경관과 장소를 읽는 새로운 관점

1

포스트모던 인문지리학의 시선

    20세기 중반 이후 한국의 인문지리학계에서는 문화지리학과 역사지리학을 서로 구분하지 않은 채, '문화·역사지리학' 혹은 '문화역사지리학'이라는 명칭을 일반화하여 혼용함으로써 마치 하나의 분야를 지칭하는 것처럼 인식케 하였다. 이러한 호칭은 역사지리적 접근을 주된 방법론으로 하였던 미국 문화지리학계의 유산으로서, 초창기 한국의 문화·역사지리학계를 이끌었던 학자들에게 그 학문적 배경이 미국의 문화지리학 전통이었음을 말해준다.

    그러나 캠브리지Cambridge 대학의 R. Butlin은 18세기 이후 역사지리학의 학사學史를 검토하면서 20세기 후반까지 개척된 이 분야의 주요 주제로서 지형과 해안선의 변화, 경관, 권력과 통제, 촌락 사회, 도시화, 산업화, 교통과 무역 등이 있음을 구체적 연구 성과와 함께 제시한 바 있다.[01] 적어도 구미의 역사지리학은 1920~30년대를 거치면서 특화된 연구 주제들과 독자적 방법론을 가진 근대적 학문으로 확립되었음을 의미한다. 그 후 오늘날까지 독자적 학문 분야로서 주요 개념과 방법론이 시대에 따라 다양하게 구상되어 왔고 동시대에서도 국가마다, 민족마다, 심지어는 학자마다 다양하게 개발되

고 있다.[02]

　주제와 방법론이 시·공간적 맥락에 따라 다양할 수 있다는 사고는 역사지리학의 발
전에 결코 해가 되지 않았다. 오히려 역사지리학이 갖는 중요한 본질로 이해되어 왔
다.[03] 사회주의 국가, 아프리카 및 아시아 국가 할 것 없이 역사지리학의 진보에 대한
평가가 다양하게 이루어지고 있다[04]는 점을 보아도 이러한 사실을 알 수 있다. 오늘날
지리학 내의 타 분야에 비해서 역사지리학에서 학파와 연구 경향이 다양한 것도 그와
무관하지 않다. 역사지리학의 유형과 관점의 다양한 근본 원인은 어디에 있는가? 중요
한 한 가지 이유는 역사지리학이 '과거'에 관심을 둔다는 점에 있다. 과거를 해석하고
이해하는 관점과 방법은 현재의 요구 및 상황에 따라 매우 유동적일 수 있다. 과거의
지리는 시간 속에 묻혀서 부지런한 학자들에 의해 발굴되기만을 기다리는 그런 정체적
연구 대상이 아닌 것이다. 역사지리학이 과거에 접근하는 과정은 학자마다의 관심사,
학문적 풍토, 상상력을 비롯해 활용 가능한 자료의 종류, 분석 방식 등에 의존하지 않
을 수 없다. 또한 이 과정은 역사지리학을 둘러싼 인접 학문의 인식론적 배경과 당시대
의 관심사를 반영하게 된다. 역사지리학은 연구자가 처한 다양한 시·공간적 맥락 위
에서 과거 속의 지리를 해석하고 재해석하게 된다.

　1980년대 이후 현대 인문지리학의 연구 흐름 중에는 인문·사회과학에서 일었던 포
스트모더니즘postmodernism의 물결 위에서 연구 대상을 고정적으로 바라보지 않고 다양
한 관점과 방법론을 가지고 접근할 것을 주창하는 갈래가 있다.[05] 이 점과 관련하여 역
사지리학이 인문지리학의 진보에 있어 전위에 서 있다는 주장이 나오고 있다. 다분히
경험주의와 실증주의에 물들었던 기존의 인문지리학이 1970~80년대 이후 크게 비판
받으면서, 현대 인문지리학은 공간적 현상의 시간적 변화에 민감해지고historically
sensitive 구조와 동인 사이의 관계structure-agency relationship에 관심을 두기 시작하였다.
이 과정에서 인문지리학 내에서 역사지리학의 역할이 증대되고, 역사지리학이 다시 인
문지리학의 중심 테마로 부각된 것은 당연한 결과라고 할 수 있다.

　이렇게 시작된 포스트-모던 인문지리학과 역사지리학의 조우로 두 분야의 관계는
긴밀해졌고 인접 분야, 특히 사회 이론 및 역사철학과의 대화가 본격화되었다. 시간 개
념이 사회적으로 구성된 것이고 공간이 사회적으로 생산된 것이라는 인식이[06] 인문지

리학 전반에 확대되면서 인접 분야와의 경계 허물기와 교류는 더욱 가속화되었다. 공간은 이제 더 이상 지리학 분야의 배타적 연구 대상이 아니라 인문·사회과학에서 중요한 화두의 하나로 확산되고 있다.

인문지리학에서 사회적인 것에 대한 관심은 다른 한편에서 인문·사회과학에서의 공간 담론의 확산과 더불어, 비슷한 시기, 유사한 지적 토양에서 자라난 흐름이다. 이러한 지성적 풍토 속에서 1990년대에 이르러 역사지리학에서는 문화경관의 물질적 측면에 초점을 두던 기존의 분포학적, 형태적 연구를 넘어서, 문화경관 생산의 주체로서 사회집단, 경관의 분포와 형태 이면에 존재하는 상징과 권력, 그리고 텍스트 관점에서의 고지도 해석 등이 새로운 연구 테마로 부상하기 시작하였다. 국내외 문화·역사지리학 연구에서 새롭게 일고 있는 이러한 일련의 노정을 필자는 '사회적 전환'social turn 이라 규정하며 이해하려고 한다. 이 글에서는 문화경관의 가시적 차원에 관한 연구로 특화되어 왔던 문화·역사지리학의 고전적 전통이 어떠한 지성 세계 지형 위에서, 어떤 관점과 주제를 지향하며 이러한 사회적 전환을 맞이하고 있는가, 그 학사적 의의는 무엇인가를 고찰해 보기로 한다.

2

문화경관 연구와 그 반성

영미의 역사지리학: 전통과 현재

영어권 국가들에서 지리학이 근대적 학문으로 확립되면서 대학에 독립적인 분야로 정착하기 시작한 때는 19세기 말부터 20세기 초에 이르는 시기이다. 이 때에 지리학 내 하위분야들도 각자의 학문적 본질에 관한 논의와 개념 및 방법론을 탐색하기 시작하였고 역사지리학 역시 예외는 아니었다. 학문으로서 이 분야가 탄생한 과정 및 전통적 성격을 논하기 위해서는 역사지리학이 가장 왕성하게 연구되어온 영국의 경우를 살펴볼 필요가 있고, 다음으로 영국의 영향을 받으면서도 한국 문화 · 역사지리학계의 성립과정 초기에 영향을 준 북미 대륙의 경우와 비교해 볼 가치가 있다. 이를 위해, 소위 '고전적'classical 역사지리학이라 명명될 수 있는 초창기 주요 역사지리학자의 연구 성과와 사상을 중심으로 고전적 역사지리학의 쟁점들과 이에 대한 후대의 평가에 대해 살펴보는 것이 유용할 것 같다.

1920~30년대 영국에서는 역사지리학의 본질에 대한 논의가 활발하였다. 역사지리학의 본질에 대한 최초의 논의는 1921년 영국 지리학회 학술대회에서 있었다. 1932년

"역사지리학이란 무엇인가?"를 주제로 지리학회와 역사학회 간에 토론이 있었는데, 여기에서 'historical geography'를 지리학의 한 분야로 인정하게 된다.[07] 그 이후, 1930년대는 영국의 역사지리학이 독자적 방법론을 개발하고 이에 기초하여 독립된 분야로서의 성격을 다져가던 시기라 할 수 있다. 그 발판이 된 것은 H.C. Darby의 '과거 지리의 복원past geographies'과 그 방법론으로서의 횡단면법cross-sections이었다. 현대 영어권의 역사지리학에 미친 그의 영향은 지대하다.[08]

오늘날 H.C. Darby는 고전적 역사지리학의 형성과정에 가장 큰 공헌을 한 학자로 평가받고 있다. Darby는 1931년 자신의 학위논문을 완성한 이후 1990년대 초까지 끊임없이 연구물을 내었다. 초기에 그의 역사지리학 방법론은 횡단면법으로 특징지워질 수 있으나 그 후 1970년대에 와서 수직적 서사vertical narratives 기법을 결합함으로써 기존의 방법론을 보완하고자 하였다Darby et al., 1973. 이것은 가시적 현상들에 대한 단순한 '복원' 작업을 넘어서 지리적 요소들 사이의 연쇄성에 관한 '설명과 이해'을 추구하려는 시도였다.

영국의 고전적 역사지리학에 대한 평가는 몇 가지로 요약될 수 있다. 첫째, 특정한 시간 단면에 초점을 두면서 실용적이고 경험적인pragmatic and empirical 접근 방법을 발전시킴으로써 역사지리학에 독창적인 방법론을 제공하였다는 점이다. 이것은 역사지리학이 독립된 학문 분야로 인정받게 되는 토대가 되었다. 둘째, 경관의 변화, 삼림지 벌채, 습지의 배수, 황무지 개간 등 '수직적인vertical' 주제들을 개척하면서 역사지리학의 방법론을 정교화하였다는 점이다. 그리하여 역사학과의 관계에 있어 역사학과는 차별되는 고유한 주제와 방법론을 갖게 되었다. 셋째, 사료를 세심하고 면밀하게 분석하였고, 경관, 취락, 토지이용 패턴, 지역의 변화를 역사지리학의 연구 주제로 특화시켰다는 점이다. 결과적으로 영국의 역사지리학은 단순히 현상을 보는 관점이나 방법론에 머문 것이 아니라, 독특한 방법론을 개발하여 지리학의 다양한 주제들을 역사지리학의 영역으로 끌어들이면서 하나의 학문 분야로서 정체성을 가지게 된다. 이러한 영국 역사지리학의 전통은 영국은 물론이고 캐나다와 호주에도 강하게 전파되었고, 미약하나마 미국에서도 계승되고 있다.

그러나 미국의 역사지리학은 전체적으로 볼 때 영국의 경우와 대비되는 점이 많다.

미국 역사지리학의 초창기를 이끌었던 주요 인물은 R.H. Brown과 C.O. Sauer이다. Brown은 '과거 지리의 복원past geographies'에 관심을 가졌기 때문에 방법론으로는 Darby와 마찬가지로 횡단면법을 즐겨 사용하였다. 반면에 Sauer는 단면적 접근이나 연속적 점유sequent occupance에는 관심을 보이지 않고, 독일 전통의 경관 연구에 집착하면서 문화경관의 지리적 변천geographical change에 많은 연구를 내었다. 그는 학문으로서의 역사지리학보다는 문화경관 연구의 방법론으로서 역사지리적 시각에 관심을 가졌던 것으로 생각된다. 그의 연구 영역이 소위 '문화역사지리학'이라 명명되고 통용되는 까닭도 여기에 있다.

Sauer는 1941년 미국 지리학회장 취임 연설문에서 역사지리학을 제안의 성격으로 주창한 바 있다Sauer, 1941. 그러나 엄밀한 의미에서 그것은 문화지리학 혹은 인문지리학의 범주에서 역사지리적 방법론을 주창한 것으로 이해해야 할 것이다. 문화인류학, 고고학 등 문화경관 연구를 위한 인접 분야와의 교류를 중시하고 지리적 기초로서 자연지리학을 강조하는 연장선에서, 문화지리학 연구를 위한 관점이자 방법론으로서 역사지리적 시각을 거론했던 것이다. 그의 제자로서 확실히 역사지리학에 편향한 학자는 A.H. Clark이다. Sauer가 미국에서 역사지리학을 발제한 인물이라 한다면, Clark는 Sauer와는 달리 관점과 방법론의 측면에서 역사학과 역사지리학의 차별성을 분명히 하려 하였다. 그는 주요 역사지리학자들의 학문 계보를 탐색하였으며 미국 역사지리학의 학문적 성과와 과제를 제시하기도 하였다Clark, 1954.

그러나 미국의 역사지리학에 대한 당대 지리학계의 평가는 대단히 비판적이었다. 1950~60년대 미국의 지리학계는 계량 혁명기를 맞이하였다. 이러한 지리학 주변의 학문적 분위기와 실용주의pragmatism라는 미국적 가치 속에서 역사지리학은 다분히 시대에 뒤쳐진 분야로 간주되곤 하였다. 1970년의 *Economic Geography*에 게재되었던 '역사지리학 서평들'[09]을 보더라도 당시 미국 지리학계에서 역사지리학이 얼마나 폄하되고 있었는가를 알 수 있다. W.A. Koelsch는 Clark의 연구를 비판하면서 그의 연구가 경험적인 수준을 벗어나지 못하고 있으며, 1960년대 미국 지리학을 발전시켰던 개념적 틀, 모델, 기법 등을 전혀 사용하지 않고 있다고 평가절하 하였다. 나아가 미국의 역사지리학은 지리학에 있어서의 이론적, 방법론적 발전에 편승하지 못하는 비주류 학자들의 피난처일 뿐이라고 힐란詰難받는 지경에 이르렀다.[10] 그러나 이러한 평가는 당시의 미국에서는 매우 일반적인 것이었다. 이와 같이 미국의 역사지리학은 도약기에 접어들지 못하면서 역사지리학 내부로부터 자체적 반성의 기회를 갖지 못한 채 표류하게 되었다. 오늘날 미국의 역사지리학이 하나의 독립 분야로서보다는 'historical regional geography', 'historical human geography', 'historical settlement geography', 'historical population geography' 등으로 불리면서 단순히 관점 내지 방법론으로만 간주되는 원인도 이러한 학문적 평가와 무관치 않다.

결과적으로 영국의 역사지리학이 경관, 취락, 토지이용 패턴 등 문화경관과 관련된 다양한 주제들을 개척하면서 학문으로서의 정체성을 다져간 반면, 미국의 경우에는 독일 기원의 문화지리학에 전통을 두면서 이것의 구현을 위한 일종의 관점으로서 역사지리학이 설정되었다. 오늘날 역사지리학을 학문으로서 규정할 것인가 아니면 방법론 혹은 관점으로 이해할 것인가 하는 논란은 이러한 영미 역사지리학의 전통이 서로 다른 데서 야기된 것이라 할 수 있다. 그렇지만 넓은 시각에서 보면 영미 역사지리학은 공히 문화경관의 가시적, 형태적 연구에 초점을 맞추고 있다는 점에서 유사성을 지닌다. 최근 영어권의 역사지리학은 Darby의 직·간접적 제자들에 의해 연구되고 있다. 캠브리지 대학을 거점으로 하여 활동하는 영국의 Baker, Butlin, Lawton, 미국 Cyracuse의 Meinig, 캐나다 UBC의 D. Gregory, D. Ley, C. Harris 등은 영국 역사지리학의 고전적 전통 위에서 제 1세대를 계승하거나 새로운 방향을 모색하는 중에 있다. 이들을 중심으로 공간을 새로운 시선에서 바라보는 맑시즘, 인본주의, 관념론, 구조주의, 구조화이론, 그리고 최근에는 환경론적 관점에 주목하면서 역사지리학의 새로운 방향 전환이 모색되고 있다.[11]

1960년대 중반 이래로 몇몇 역사지리학자들은 제 1세대 방법론의 한계를 인식하면서 계량적 기법과 이론의 문제를 고려하기도 하고, 방법론의 측면에서 실용주의의 영역을 넘어 철학의 영역으로까지 탐색의 폭을 넓혀갔다. 이 과정에서 자연과학적 방법론과 이론에 집착하는 태도에 대하여 한계를 인식하게 되었다. 이것은 자연과학과는 다른 인문학 및 사회과학의 정체성을 인식하기 시작하면서 비롯된 것이다. 전통적 연구의 한계를 지적하는 양상은 다양했는데, 인문지리학과 역사지리학에 있어 그것은 사회학, 사회사, 사회심리학, 정치학 등에서 출간된 철학적이고 이론적인 저술들에 관심을 갖는다는 점이 특징이다. 새로운 연구 대상으로서 권력, 근대성, 문화정치, 담론의 영역을 탐색하기도 하고 F. Driver, 1985; C. Harris, 1991; M. Ogbron, 1996; A. Mcquillan, 1996, 방법론으로서 사회 이론과 역사철학을 차용하려는 노력도 나타난다 A.R.H. Baker, 1984; R.A. Butlin, 1987; C. Philo, 1992; D. Matless, 1992. 특히 1970년대 이후에는 사회학 및 문화연구 영역과 교류를 활성화하고 있다.

한편 과거지리의 복원, 경관 변화의 역사지리, 현재 속의 과거, 지리적 변화, 역사 자료의 지도화 등에 강한 편향성을 가지는 '고전적' 전통도 여전히 계속되고 있다. 물론 고전적 전통 내에서도 진보가 나타났다. 그것은 주로 자료 특성 및 문제점에 관련되는 방법론적 진보였으며 절차상의 진보였다. 이와 같이 최근의 영미 역사지리학은 기존의 전통 위에서 그것을 유지하기도 하고 부정하기도 하면서 새로운 사회적, 학문적 요구를 수용하려는 중에 있다.

한국의 문화 · 역사지리학

한국의 지리학계에서 역사지리학에 대한 논의는 1953년 노도양에 의해서 시작되었다. 그는 당대 지식인들의 토론장이었던 『사상계』에 "지리적 현상에 있어서 역사적 요소"[12]라는 짧은 글을 발표하였다. 그 후 1960년대 초부터 이찬1963, 노도양1969, 이성학1968; 1969을 중심으로 '역사지리'라는 용어를 명시적으로 사용하면서 이 분야의 논문이 본격적으로 발표되었다. 이들은 특정한 지리적 현상의 역사적 기원을 추적하거나 특정 시간 단면상의 지리적 사실을 복원하는 작업을 수행하였다. 이들 외에 취락의 형태와 입지를 역사적이고 생태적으로 분석하는 논문들 나도승, 1968; 오홍석, 1969이 추가로 발표되면서, 한국의 역사지리학은 과거지리의 복원, 경관의 형태 변화와 입지 분석을 중심으로 초창기 학사를 구성하여갔다. 그러나 당시 이 분야와 관련된 연구들은 문화지리학의 한 방법론으로 역사지리적 관점을 활용한 것이었는지 아니면 역사지리학의 한 주제로서 문화경관에 접근한 것인지를 분명히 하지 않은 채 '문화 · 역사지리학' 혹은 '문화역사지리학'이라는 다소 애매한 이름으로 불리게 되었다.

1970년대에 들어오면, 1960년대에 활약하던 역사지리학의 개척자들이 자신들의 연구를 계속 이어 나가는 한편, 이들로부터 배운 제2세대들이 새로운 연구자로 등장한다. 특히 이 분야의 초창기를 주도했던 이찬은 미국에서 학위를 취득한 최초의 한국인 지리학자였고 그를 통해 배출된 제2세대들은 영국보다는 미국 계통의 역사지리적 전통, 즉 문화경관의 형태적 연구에 천착하는 패러다임을 이어간 경우가 많았다. 제2세대들의 연구 경향은 문화경관의 가시적, 물질적 측면을 중시하는 형태적 연구였던 것이다 신중성, 1974; 최영준, 1974; 류제헌, 1979; ect.. 1970년대의 연구 주제 중에서 취락, 민가, 고지도 등은 1980년대에도 꾸준히 다루어졌다.

더욱이 1988년에는 이 분야의 전문 학회로서 한국문화역사지리학회가 창립되면서 역사지리학적 연구들이 체계적으로 성과를 누적시켜갔다. 다양한 실험 논문과 함께 많은 박사학위 논문들이 발표되었다. 특히 당시 박사학위 논문들은 기존의 연구 주제와 방법론을 심화시키거나 정착시키기도 하고, 전통에서 과감히 탈피하여 한국 역사지리학의 지평을 확대하는 역할을 하기도 하였다. 1970년대의 역사지리학의 연구 주제가 취락, 민가, 고지도에 국한되어 있었다고 한다면, 1980년대에는 그것이 인문지리학의 연구 대상 전체로 확대되는 현상이 나타났다.[13] 이 시기 박사학위논문들의 주제는 촌락을 비롯하여 교통과 상업, 종교, 어업과 어촌, 도시, 읍지 연구 등을 대상으로 삼고 있다 최영준, 1982; 이혜은, 1982; 최기엽, 1986; 류제헌, 1987; 양보경, 1987; 이문종, 1988; 김일기, 1988; 신중성, 1989; 한홍렬, 1989; ect..

한국 역사지리학의 발달사에 있어서 1980년대를 연구 주제의 수평적 확장기라 명명할 수 있다면, 1990년대는 연구 주제의 확대와 함께 주제에 접근하는 관점이 다양하게 모색되던 시기라 할 수 있다. 가령, 경관 자체나 공간적 배치에 특정 시대의 사상이나 관념, 상징, 의도가 어떻게 반영되고 있는지를 연구한 것e.g. 임덕순, 1996; 1998, 도시에 남아있는 역사적 경관을 장소성 및 장소 구축의 관점에서 해독한 것e.g. 김덕현, 1996; 2001, 문화경관을 권력과 이데올로기의 관점에서 해체한 것e.g. 류제헌, 2000, 조선시기의 고지도를 당대 사람들의 우주관과 세계인식을 반영한 것으로 분석한 것e.g. 오상학, 2000과 본관 개념이 갖는 의미의 시간적 누층성을 연구한 것전종한, 2001, 풍수 경관을 상징과 의미체로서 재해석한 것e.g. 최원석, 2001; 권선정, 2003 지역의 영역성 형성과정을 사회집단과 사회적 관계로부터 재구성한 것e.g. 전종한, 2002 등이 그것이다.

전체적으로 보면, 1990년대에는 촌락의 형성, 경지개간, 경관의 변화, 한국의 전통 지리풍수지리, 고지도, 읍지 연구 등 초창기부터 개척되어 온 주제들이 지속적으로 탐색되거나 재해석되면서, 경제와 유통, 지역 연구, 사회 집단의 영역성 등이 새로운 연구 영역으로서 확장되고 있다. 연구 영역의 확장과정에서 자연스럽게 인접 분야와의 대화가 시작되었고 기존의 주요 용어들에 대한 재개념화와 전통적 접근 방법론에 재검토가 진행되고 있다. 특히 최근 주목받고 있는 방법론 중에서도 경관에 내포된 권력과 이데올로기를 드러내기 위한 계보학적 방법론, 고지도나 지리지로부터 당대의 세계관 혹은 이들의 제작 의도를 읽어내는 텍스트론 등은 기존의 역사지리적 연구에서 사회적 맥락 social context을 적극 고려하도록 유도하고 있다.

포스트모던 인문지리학과 문화 · 역사지리학의 조우

오늘날의 현대 인문지리학은 대외적으로 사회 이론 및 역사적 관점에 개방적 관계를 유지하고 있다. 이러한 동향은 학문 간 교류의 역동성과 폭넓은 관점의 검토, 활발한 철학적 논의에 비추어 볼 때 과거 어느 때보다도 세련되고 진보적이라 할 수 있다. 전통적으로 인문지리학의 테마였던 공간과 장소의 문제는 인문학과 사회과학 내에서 점차 중요한 위치를 점유해 가고 있다.

1970년대의 맑시즘과 구조주의로부터, 1980년대의 실재론과 구조화이론을 거쳐, 1980~90년대의 포스트-모더니즘에 이르기까지 인문 · 사회과학의 사회 이론들은 지리학 내에서 벌어진 일련의 철학적 논쟁에 많은 영향을 주었고 인문지리학 역시 거기에 동참하고 있다. 여기에 최근에는 광범위한 철학적, 정신분석학적, 실천적, 미학적 관심사에 대한 논의가 수반되고 있다e.g. Bishop, 1992; Crang, 1992; Slater, 1992; Strohmayer and Hannah, 1992; Keith and Pile, 1993; Pile, 1993. 이 모든 동향을 포스트-모더니즘이라는 이름으로 귀속시키는 것은 무리가 있겠지만, 적어도 현대 인문지리학에서는 포스트-모더니즘이라는 표제 하에서 기존에 논의되어온 쟁점들이 역사적 관점과 사회 이론을 비롯한 폭넓은 관심사들에 문을 열어놓고 있다고 평가할 수 있다.

포스트-모던 인문지리학은 장소place, 공간space, 경관landscape 개념을 사회 생활의 맥락 위에서 새롭게 부각시키고 있다. 포스트-모던 인문지리학은 보편적 시간과 공간 개념에서 벗어나 파편화된 공간과 분절화된 시간을 인식한다. 전자는 포스트-모던 인문지리학이 사회 이론과 대화하는 이유가 되며 후자는 역사적 관점을 수용하는 배경이 된다. 1980~90년대 인문지리학의 동향은 이 두 갈래 흐름 속에서 조명할 수 있을 것이다.

첫째, 인문지리학과 사회 이론의 관계를 살펴보기로 한다. 영국의 경우, 제2차 세계 대전 이후 수 십년간 소원한 관계에 있었던 인문지리학과 사회학 간에는 1970년대 말 새로운 관계가 정립된다. 인문지리학과 여타 사회과학들 간에 괄목할만한 수렴대가 형성되었다.[14] 전통적으로 영국에서는 지리학과 인류학이 문화보다는 사회적인 것과 밀접한 관계를 보여왔다. 사회학에 있어서도 역사사회학historical sociology이 부각되면서 기존의 사회학은 '공간 구조'에 관심을 갖게 되었다.[15] 그리하여 공간과 장소의 개념을 사회 이론과 병합시키는 작업이 사회 이론가와 인문지리학자들에 의해 최근에 급진전 되었다Driver, 1994; Livingstone, 1995. 일찍이 Giddens는 시간 차원과 함께 공간을 사회 생활의 근간 축으로 이해하면서 사회 이론에 공간 개념을 결합하고자 하였다Giddens, 1979. 사회 이론이 공간 개념을 수용하면서 기존의 총체로서의 사회 개념은 부정되었다. '사회' 개념은 점차 지역화의 맥락 속에서 인식되어 갔고 '공간의 사회적 재생산'이 새로운 연구 주제로서 주목받기 시작하였다.

이렇게 공간과 사회의 변증법적 관계를 인식하는 가운데 '사회 집단'의 중요성이 인식되었다. 사회 집단 혹은 사회적 영력들social forces에 의해 공간이 어떻게 구성되는가가 논의되고 있다 Anderson and Gale, 1992; Vaness, 1992; Entrikin, 1994. 공간을 그 자체로 이해하기 보다는 사회적, 문화적 범주로 평가하고 있다. 그러나 사회 이론가들은 일반적으로 공간 개념을 장소, 지역, 경관 개념과 구분하지 않고 아직은 상당히 넓은 의미로 사용하고 있는 것으로 보인다.

지리학자 R. Sack은 공간 개념이 갖는 원근적 특성perspectival quality을 강조하면서 '장소'와 '공간'이 상대적으로 주관적인 관점과 객관적인 관점 사이에서 관찰자의 위치 여하에 따라 다양하게 개념화될 수 있으며 변증법적으로 통일될 수 있는 개념이라 인식한다.[16] 공간에 대한 이러한 Sack의 관점은 사회 이론에서 공간 개념이 움직일 수 있는 운신의 폭을 훨씬 더 넓혀주는 것이라 생각된다. 또한 시간과 공간에 관심을 갖게 되면서 방법론의 측면에서 역사지리적 관점을 필요로 하게 되었다. 이에 따라 최근에 진전되고 있는 사회 이론가와 인문지리학자들에 의한 일련의 논의들에서는 개인적, 집단적 주체와 장소의 관계, 장소 정체성place identity의 형성에 관한 테마가 중요한 부분을 이루게 되었다e.g. Sack, 1992; Thrift, 1992; Pile, 1993. 특히 장소 정체성의 두 가지 구성 요소인 장소와 자아의 경계가 희미해지면서 사회적으로 '자아정체성=장소'라는 인식이 나타났고, '사회와 공간의 관계'는 현대 인문지리학의 중심 주제로 자리하게 되었다. 결과적으로, 인문학과 사회과학에서 일어난 지리적 전환geographical turn[17]과 인문지리학의 사회적 전환이 습합하였고, Giddens가 지적한 것처럼 1980년대 이후 인문지리학과 사회 이론 간에는 괄목할 만한 수렴대가 형성되기에 이른 것이다.

둘째, 포스트-모더니즘의 지성 세계에서는 시간 개념의 분절을 통해서 기존의 진보적, 단선론적인 역사주의를 해체하고 있다. 이 부분에서 거론하기에 가장 적절한 인물로 M. Foucault를 들 수 있다. Foucault는 범지구적 이론화에 회의를 보이면서 기존의 단선적이고 목적론적인 시간 개념을 거부하였다. 그는 역사의 불연속성discontinuities과 단절breaks을 강조한다.[18] 따라서 그의 시간 개념은 국지적이고local 특수하고specific 장소적connected with place이라 할 수 있다. 그는 지리학이 자신의 핵심적 관심 중 하나이며 권력에 대한 분석은 공간에 대한 분석이라고까지 강조함으로써 공간의 문제를 철학적 수준으로 격상시켰다.

M. Foucault가 제시한 시간의 분절화는 역사지리학의 시간 개념과 상통하는 측면이 있다. Foucault 이전부터 이미 '역사지리학의 시간'은 공간적으로 불연속성과 단절성을 갖는 그런 개념이었다. 20세기 초 근대적 학문 분야로 거듭난 역사지리학의 관점과 방법론은 역사학의 역사주의와는 구분되었다. 역사지리학은 기본적으로 공간의 역사적 차별화에 관심을 두었기 때문이다. 공간의 역사적 차별화를 연구하기 위해 시간의 분절화는 당연한 전제가 되는 것이다. 공간을 보는 관점의 다양성을 견지하는 포스트-모던 인문지리학이 Foucault의 시간 개념에 매력을 갖고, 또한 역사지리적 관점을 필요로 하는 이유가 바로 여기에 있다. 특히 포스트-모던 인문지리학과 역사지리학의 문제 의식이 매우 유사했다는 점은 두 분야의 관계를 더욱 긴밀하게 해 주었다.

1970년대 이후 두 분야 모두 지리학의 실증주의를 비판하는 한편 e.g. Gregory, 1978;

Harris, 1971: Johnston, 1979, 맑시즘, 인본주의, 관념론, 구조주의 관점, 구조화이론을 차용해 가면서 새로운 대안을 모색하였다. 이 때 나타난 중요한 특징은 공간을 보는 관점이 변화하였다는 점이다. 사회와 경제를 조직하고 그에 영향을 주는 고정적 실체fixed entity로서의 공간관, 즉 과학적 공간관으로부터, 공간을 신축적이고 사회적으로 변형 가능하고 재생산되는 실체로서 바라보는 관점으로 변화하였다. 역사지리학 연구에서 이른바 '사회적 전환'이 일기 시작한 것이다. 이 과정에서 역사지리학이 인문지리학에 새로운 관점을 제시하고 연구의 지평을 확대하는 전선대에 서게 되었다. 동시에, 현대 인문지리학은 역사지리학을 전위대로 삼아 역사적 감각을 키워나가고 인접 사회과학 들의 시각을 인식하며 그들과의 대화 속도를 가속화하고 있다.

최근 변화와 쟁점들

1975년 *Journal of Historical Geography*가 창간되면서 대서양 양안의 영미 역사지 리학은 서로 간의 학문적 관심사를 본격적으로 공유하게 되었다. 이 학술지는 영국과 북미 대륙 간의 학술적 교류를 촉진시키는 매개가 되었다.[19] 오늘날 영미의 역사지리학 은 하나의 학문 블록bloc으로 인식할 수 있을 만큼 근대 시기에 비해서 쟁점을 공유하는 부분이 많아졌고 인문지리학 내에서의 학문적 비중도 점차 커지고 있다.

1980~90년대 이후 영미 역사지리학은 Darby, Sauer, Clark 등에 의해 이 분야가 확립된 20세기 전반기의 그것과는 매우 다른 지성적 풍토 위에 서게 되었다. 1950~60 년대까지만 하여도 실증주의적 방법론과 법칙추구적 성향이 인문·사회과학을 지배하고 있었다. 이러한 분위기 속에서 인문지리학은 공간과학으로서의 성격이 짙었다. 그러나 1980년대부터는 기존의 관점들에 회의가 일고 주요 용어들이 재개념화되면서 새로운 시각이 등장하기 시작하였다. 이론은 법칙의 후보로 인식되기보다는 '제안적이고 실험적인 사고들의 집합' 정도로 간주되었다. Harris[20]는 저명한 네 학자, 즉 역사철학자 M Foucault, 비판이론가 J. Habermas, 사회이론가 A Giddens와 Mann의 연구물을 검토하면서 역사지리학과 인문지리학에서 일고 있는 최근의 변화들을 조망한 바있다. 그가 이들 학자에 주목한 배경은 이들이 인문·사회과학에 권력과 근대성의 문제를 쟁점화함으로써 지성적 풍토의 변화를 이끌었다고 생각했기 때문이다. 특히 공간

및 시간 개념의 변화에 관해서는 Foucault와 Giddens의 연구물을 분석하고 있다. 본고에서도 우선 이 두 학자의 연구 속에서 공간 개념이 역사철학 및 사회이론에 어떤 방식으로 관여하기 시작했는지, 그로 인해 역사철학과 사회이론이 시간·공간 개념을 어떻게 구성해 갔는지를 검토하려고 한다. 이 작업을 통해 오늘날 역사지리학의 쟁점이 되고 있는 권력, 사회, 공간의 문제를 살펴보고, 결과적으로 그것이 역사지리학에서 사회적 전환이 일게 되는 배경으로 작용했음을 말하려는 것이다.

첫째, 역사철학의 최근 동향을 Foucault의 사상에서 읽어본다면, 그가 공간에 관심을 갖게 된 가장 큰 이유는 권력 개념에 대한 특별한 집착에서 비롯되었다. 그는 권력의 의미에 대해서 '소유되는 것이 아니라 행사되는 것이다', '지배 계급이 누리는 어떤 특권이 아니라 그 전략적 위치가 갖는 전체적 효과다', '권력은 어떤 하나의 원천으로 귀속될 수 없다', '권력은 경합 담론들 및 전략들 속에 분산되어 있으며' 등으로 표현하면서 권력에 대한 정의를 새롭게 시도하였다.[21] 그의 권력 개념은 소유로서 인식되던 기존의 권력 개념과는 매우 다른 것이었다. 또한 그는 자신이 추구하는 전체사a whole history에 대해서도 '전체사는 거대한 지정학적 전략으로부터 작은 거주 전략에 이르기까지 공간에 대한 기술이어야만 한다', '전체사는 권력에 대한 역사이어야만 한다', '공간은 권력의 행사 과정에 있어 가장 본질적인 요소가 된다'라고 하여 공간과 권력을 연결시키고 있다.[22]

Foucault에게 권력은 군주나 국가, 혹은 수도와 같은 한 지점에 고정된 것이 아니었다. 그는 권력이 사회적, 문화적 제담론들과 그들의 구성과정, 변화, 사회적 네트워크, 동맹, 전략 등을 통해 분산된다고 생각하였다.[23] 가령 경관의 형태, 변화, 입지, 공간적 배치 등 형태적인 측면은 물론이고 지리 사상, 사회적 담론, 영토 의식, 장소 정체성과 같은 무형적 측면에도 권력이 분산되어 있다고 생각할 수 있다. 이러한 형태적, 무형적 요소들로부터 공간을 고고학적으로 재구성할 수 있고 권력을 계보학적으로 읽어낼 수 있음을 의미한다.

이와 같이 Foucault의 권력 개념은 공간을 언급하지 않고서는 이해될 수 없다. 권력 관계에 대한 설명에 대한 설명에 있어서 공간이 갖는 중요성은 "권력에 대한 분석은 공간에 대한 분석이다"라고 말한 그의 고백에 비추어서도 알 수 있다. Foucault의 역사철학이 공간 개념에 크게 의지하는 한, 그의 시간 개념은 분절화될 수 밖에 없었을 것이다. Foucault가 역사를 에피스테메epistème의 부정합이라 주장한 배경이 여기에 있다. 시간을 사고의 중심에 놓을수록 공간이 소멸되는 것과 같이,[24] 공간을, 구체적으로 공간적 차별성을 인식하게 될 때 시간은 분절될 수 밖에 없는 것이다. 이와 같이 Foucault의 역사철학이 공간을 허용하면서 그의 사상은 이미 역사지리학의 그것과 근접한 입장에 서게 된 것이다.

둘째, 사회이론의 최근 쟁점은 Giddens의 구조화이론에서 잘 나타나고 있다. 아담 스미스, 마르크스, 베버 등의 사상에 기초하고 있는 전통적 사회 이론은 공간을 무시하고 시간을 우선적으로 고려하는 경향이 있었다. 전통적 사회이론은 한결같이 공간을 고려하지 않은 상태에서 사회적 진보와 혁명에 관한 논리를 구성하고 이것을 시간 개념만을 통하여 합리화시키고 있다.[25] 기존의 사회이론은 공간을 고정시켜 놓은 채 시간의 변화에 따른 논리를 전개하였다.[26] 그러나 Giddens는 공간을 자신의 이론적 사고의 중심에 위치시킴으로써 현대 사회이론의 변화를 주도 할 수 있었다. Giddens는 사회 변동의 패턴을 이해하기 위해서 시간적 차원과 공간적 측면을 동시에 그리고 같은 무게로 고려하는 구조화이론을 구성해냈다. 사회이론을 역사·지리적 맥락과 결합시킴으로써 구조주의 및 구조주의 맑시즘을 극복하려고 하였던 것이다.

사회이론 속에 공간을 수용한 그의 구조화이론은 사적유물론에 대한 비판이며 해체라 평가되고 있다.[27] 이렇게 그가 공간에 관심을 갖게 된 이유는 사회 생활의 체계를 '권력에 의해 짜여진 사회·공간적 그물망'multiple socio-spatial networks of power으로 인식한 데에 있다.[28] 구조화이론에서는 사회적 관계의 구조 및 사회적 실천 체계 같은 '구조적 측면'과 인본주의 시리학에서 말하는 '인간 동인의 측면'을 상관시키고사 한다. 행위자로서의 개인 및 집단의 역할에 강조점을 두되, 사회적 관계의 구조와 사회적 실천 체계의 재생산이라는 맥락에서 접근한다. 이와 같이 구조화이론에서는 구조와 동인에 관련된 광범위한 문제들에 관심을 가지면서 행위와 구조 간의 변증법을 탐색한다. 이 과정에서 무의식적 조건들unacknowledged condition과 비의도적 행위 결과 unintended consequences of action들이 존재함을 읽어낸다. 이 점에서 기존의 경험주의와는 다른 구조적 설명을 추구한다.[29] 구조화이론의 기본 사상은 맑시즘과 무관치 않으나, 중요한 점은 그것이 사회이론과 인문지리학 간의 대화의 산물이라는 사실이다.[30] 그리하여 시간과 공간은 구조화이론의 골격을 이루는 개념들이 된다. 특히 공간 개념의 수용을 통해서, 구조화이론은 사회이론이 더 이상 추상적 수준이 아닌 지역적, 사회 생활의 차원에서 논의할 수 있게 되었음을 보여주었다.

이상에서 실펴본 바와 같이 역사철학과 사회이론은 사회적 권력 및 사회집단 간 관계를 더 이상 지리적 맥락으로부터 분리시켜 인식하지 않는다. 권력은 공간을 필요로 하고, 권력의 행사는 공간을 구성하며, 공간은 다시 사회적 권력을 형성하게 만든다는 인식이 확산되고 있다. 시간에 따른 변화에 대해서도 관심을 소홀히 하지 않음으로써 역사지리학이 관여할 자리를 마련한다. 역사철학과 사회이론이 법칙이나 보편타당성의 추구로부터 벗어나 시·공간 맥락적이고 문화에 민감한 관점을 견지하는 동안, 역사지리학은 새롭게 수정된 사회이론 및 역사철학과의 대화에 참여하면서 자연스럽게 권력, 사회, 공간의 재생산적 관계에 주목하게 된 것이다. 이렇게 시작된 역사지리학의 새로운 노정은 다음과 같은 유형들로 요약될 수 있다.

3

새로운 노정 :
사회적 전환

사회집단의 지역화과정에 관한 연구

　사회집단의 지역화과정에 관한 연구는 역사지리학의 새로운 영역인 사회역사지리학의 대표적 연구 주제이다. 사회역사지리학이라는 명칭은 영국 역사지리학계에서 처음 사용되었다. 공식 문헌상으로 보면, 1984년 Alan Baker에 의해 처음,[31] 그 후 1987년 Butlin에 의해 재차 언급[32]되었다. 그들에 의하면 전통 인문지리학의 경험주의적, 실증주의적 방법론에 대한 반작용으로 대안적 방법론이 추구되는 시기가 도래하였고, 이때에 역사지리학이 현대 인문지리학 논의의 선봉에 서게 되었다고 주장한다. 또한 인간의 행위를 이해하기 위해서는 새로운 대안적 접근 방식이 개발되어야 하는데, 이것은 반드시 사회적 행위의 의미를 회복시켜주고 동인이라는 변수를 고려하는 입장을 취해야 함을 강조하였다. 그들의 관점은 1980~90년대 이후 일련의 해석학, 구조주의, 포스트-엠피리시즘post- empricism, 해체론 등을 통해 사회이론에 새로운 방향이 모색되던Skinner, 1985 지성적 상황에 뿌리를 두고 있다.

　새로운 방향이 모색되던 지성적 상황이란, 사회이론 및 역사철학에서 시간과 공간 개념을 재인식하고, 공간 담론이 인문학과 사회과학을 풍미하기 시작한 시기를 말한다. 사회이론이 '맥락화된 시·공간' 개념을 수용하면서 거대 이론으로서의 외형을 스스로 탈피하려던 시기이다. 또한 인문지리학에서는 유클리드적 공간 개념이 도전받고 사회와 공간 간의 관계에 관심을 두기 시작한 시기이다. 이른바 신인문지리학new human geography, 신문화지리학new cultural geography, 그리고 이 글의 사회역사지리학 social historical geography이란 이러한 지성적 풍토에서 탄생한 인문지리학의 다채로운 모습들이라 볼 수 있다.

이러한 시기에 Baker는 Darby적 전통 위에서 역사지리학의 영역을 확대하고자 한 영국의 선도적 역사지리학자이다. 그는 유물론적인 주제와 대상은 물론이고 비물질적인 측면들, 가령 행위와 태도, 관념과 사상 등도 역사지리학 안으로 끌어와야 한다고 주장하고 있다. 특히 그는 공동체-기초적 접근 방법community-based approach을 주창하였다.[33] 그는 사회 계층사회집단, 공동체, 사회 기관, 조직 등을 매개로 하여 권력의 조직화된 체계를 탐색할 수 있다고 주장한다.[34] 또한 그는 Billinge의 글을 인용하면서 사회적 재생산의 메카니즘을 탐구할 것을 강조한다. 공간적 표현spatial expression의 문제를 계층 형성class formation 혹은 계층 의식과 관련시켜 탐구해야 한다는 것이다. 이를 위해서 사회학적 분석과 사회이론으로부터 개념들을 차용해야 할 필요성이 있다고 말한다.

포스트-모더니즘 사회이론에서는 동인과 구조의 이원성을 인식한다. Baker에 의하면 동인과 구조의 이원성은 개인과 사회의 이원성에 대비될 수 있다고 한다. 그러나 그는 동인과 구조 사이의 관계를 이해하는 문제가 공간적 스케일의 변화나 시간적 스케일의 변화를 통해서 해결될 수 있는 단순한 스케일의 문제가 아님을 주장한다. 이런 종류의 스케일 변화를 통해 해결될 수 있는 것은 특정 사례 자체에 한정될 뿐이며 완전한 해답이 되지는 못한다는 것이다. Baker는 특히 사르트르의 실존적 맑시즘에 주목하면서, 인간 사회를 이해하기 위한 방법으로 개인을 사회 및 역사에 연결시키고자 한다. 개인은 고립되어 있을 때보다 집단 속에 존재할 때 보다 많은 것을 인지하고 행위하며, 개인들은 집단적으로 행위함으로써 사회와 역사를 만들어 나간다고 인식한다. 이러한 맥락에서 개인과 전체 사회를 매개해 주는 '사회집단의 규정과 인식'은 지역화과정에 관한 연구의 중심적 주제로 제기된다.

C.O. Sauer는 일찍이 '인문지리학human geography'에 있어 '인문human'의 의미는 개개인이나 인류 전체가 아닌 사회 집단임을 주장한 바 있다. 사회 집단에 관한 본격적인 연구의 선구자로서 단연 독일 비엔나 대학의 Hans Bobek을 들 수 있다. 독일 사회지리학의 창시자로 불리는 H. Bobek은 독일 인문지리학의 전통적 주제인 문화경관의 연구에 주목하면서 경관의 형성 인자로서 집단으로서의 인간에 관심을 가졌다. 이렇게 경관 생산이나 공간적 영역성 형성의 주체로서의 의미를 갖는 사회 집단을 특별히 '지리적 사회집단'이라고 부른다.

사회 집단의 종류는 광범위하다. 가족 단위로부터 국가에 이르기까지, 개인적인 것으로부터 전혀 개인적이지 않은 것에까지, 그리고 다양한 생태적 공간 단위별로 확인될 수 있는 것에까지 다양하다. 사회 집단은 사회 변화, 시간과 공간을 포함한 희소자원의 분배 과정, 그리고 사회 통제에 있어서 중핵적인 위치를 차지한다. A. Baker에 의하면 개인들을 사회 집단으로 묶어주는 '결합 요소'는 여러 가지가 있다고 한다. 가족, 성별, 직업, 계층, 교리 혹은 신조, 출생지, 거주지 등이 그것들이다.[35] 그러나 어떤 유형의 집단이라도 그 집단 형성과 집단 의식은 공간적 표출을 조건부로 하지는 않는다. 다시 말해서 사회 집단에 관한 연구가 반드시 그 집단의 공간적 패턴으로부터 시작해야 하는 것도, 끝맺어야 하는 것도 아니다. 이러한 의미에서 역사지리학자 A. Baker와 C. Harris는 '공간 분석'spatial analysis이 아닌 '장소 종합'place synthesis 혹은 지역 종합regional systhesis으로서의 역사지리학을 주장한다. 지역화과정에 대한 접근은 이같은 문제의식을 토대로 삼는다.

사회집단의 지역화과정에 대한 연구란 지리적 사회집단의 존재 양태, 사회관계망의 형성과 변화, 영역성의 재생산과정 등을 '지역'이라는 시·공간을 통해 투시하려는 것을 말한다. 이러한 접근에는 지리학 내외의 다양한 사회-공간 관계에 관한 개념들이 활용된다. 장소의 틀 안에서 사회집단의 생활 양식에 접근하는 Bourdieu의 '아비투스habitus'[36]를 비롯하여, 사회과학과 사회인류학에서 이루어진 최근의 이론들로부터 많은 도움을 받을 수 있다. 이들 분야에서 개발된 이론들은 맥락화된 시·공간 상에서 벌어지는 사회적 실천의 구성과정, 일상적 관례와 무의식적인 세대 전수, 사회구조의 재생산, 사회적 실천의 문화적 매개 등을 강조한다Revill, 1989; Butlin, 1993:68. 우리 나라의 경우 지역화과정에 관한 주제를 직접 전면에 제시한 연구는 극히 일부에 불과하다e.g. 전종한, 2002. 그러나 넓은 의미에서 촌락을 주제로 한 몇몇 역사지리학 연구들에서 이 주제를 간접적으로 검토하였음을 확인할 수 있다e.g. 홍현옥 외, 1985; 최기엽, 1986; 이문종, 1988; 이간용, 1994.

상징적 표상으로서의 문화경관 이해

경관이 일찍부터 학문적 연구 대상으로 인식된 영국에서는 이 용어가 역사학과 역사지리학의 주요 개념이 되어 왔다. 최초로 경관을 역사의 누적이라 인식한 것은 영국의 역사학자 W.G. Hoskins로부터 비롯되었다. 그러나 그의 저서 The making of the English Landscape는 H.C. Darby의 The Changing English Landscape보다 5년 뒤인 1955년에서야 출간되었다. 영국의 역사지리학이 공식적으로 역사학에 앞서 경관 개념을 학문적 연구 대상으로 선점하였던 것이다. 뿐만 아니라 당시 Hoskins의 저서를 전후로 출간된 경관에 관한 네 편의 학문적 저술 중에서 두 편만이 Hoskins를 포함한 역사학자의 것이었을 뿐, 나머지 두 편은 역사지리학자들에 의해 이루어졌다. 이 사실을 볼 때 당시의 역사학자들은 Hoskins의 사고를 수용함에 있어서 아직은 미숙했던 것 같고 경관 개념을 다룰 수 있었던 학문적 분위기와 지적 역량은 역사지리학에서 먼저 성숙되었던 것으로 보인다.[37]

경관 연구에 일생을 바친 H.C. Darby는 '자연과 인문은 경관의 형성으로 수렴되고, 경관은 권력들 간의 순간적인 균형이고 평형 상태이며, 인간의 사상, 태도, 미학적 정서의 표현이다'라고 인식하였다. 그가 이 같은 생각을 실제 연구로 실행하지는 않았지만 적어도 그가 가졌던 경관 개념은 새롭게 평가되어야 할 필요가 있다. 어떤 면에서 그의 경관 개념은 포스트-모던 시대의 현대 인문지리학과 사회역사지리학의 논의 차원에 있었다. Darby의 경관 개념은 신문화지리학자 Cosgrove의 이른바 'cultural production'으로서의 경관, 즉 권력과 자본, 지위의 표상 혹은 상징으로서의 경관 개념과 문제의식이 유사하다. Darby에서 시작된 영국의 경관 연구는 사회학 및 인류학과 밀접한 관련을 맺는다. 이것은 Sauer, Clark를 중심으로 하는 북미의 경관 연구가 자연지리학 및 생태학적 관점과 가까운 관계에 있었다는 점과 대비되는 특징이다.

사회적 전환을 경험하고 있는 최근의 역사지리학은 경관을 결과보다는 과정으로서 인식한다. 이러한 인식은 최근의 역사지리학 연구에서 큰 줄기를 차지하고 있는데, 2001년 세계지리학대회에서 발표된 이 분야의 논문들을 보더라도 이와 동일한 연구 경향을 확인할 수 있다.[38] 북미의 경관 연구가 경관을 결과로서 취급하고 분석하는 경향을 보이는 것에 비해 영국 역사지리학의 경관 연구에서는 경관의 형성 동인에 보다 관심을 갖는다. 가령 북미의 문화역사지리학이 가시적 물질 경관과 그 패턴, 확산 과정 등을 주로 연구했던 것에 비해 영국의 신문화지리학과 사회역사지리학은 경관 형성을 이데올로기, 사회적 관계, 권력 관계, 장소 정체성 등과 관련시키는 연구에 초점을 둔다. 그리하여 타자other로서 감추어져 있던 존재들을 포괄적으로 드러내고자 한다. 이들에게는 물질적 경관뿐만 아니라 지명place name과 아이콘icon 같은 이미지나 무형적 경관까지를 탐색의 범주에 포함시킨다. 신문화지리학과 사회역사지리학은 각각 문화지리학과 역사지리학이라는 서로 다른 영역에서 자라나고 있지만 이들의 시야가 도달하려는 지향점은 거의 유사하다고 볼 수 있다.

최근 역사지리학의 경관 연구는 사회 집단의 경관, 즉 사회적 경관의 형성 과정, 입지, 기능에 대해 탐색할 필요성을 제기하고 있다. 경관을 권력의 시선으로부터 접근하고 이해하려는 관점이 부각되고 있다. 또한 남성적 역사지리학에 의해 몰인식되었던 젠더gender의 경관을 분석할 필요성이 제안되고 있다. R. Butlin에 따르면 이데올로기로서의 경관, 상징으로서의 경관, 도덕적 표상으로서의 경관 등은 신문화지리학과 사회역사지리학의 경관 연구를 대변하는 주제가 된다고 한다. 역사지리학에서의 경관 개념은 가시적이고 분석적이기보다는 사회적 관계의 산물로 인식하고 사회적 맥락과 의미를 읽어내는 것이 되어야 함을 뜻하는 것이다.

텍스트 관점에서의 고지도 해석

특정한 지리적 현상을 텍스트로서 인식한다는 것은 그것을 객관적 실체로서가 아니라 사회적 맥락과 의미의 반영체로서 보는 것을 말한다. 가령 고지도를 하나의 텍스트로 보고 연구하는 작업에서는 고지도를 장소의 재현representation of place이라는 시각에서 접근하고, 지도 안에 담겨있는 의미와 세계상을 해독하는 것을 핵심적 과제로 삼는다. 전통시대의 지도에는 인간이 경험했던 공간이 표현되기도 하지만 상상 속에서 형성된 공간도 그려진다. 또한 인간이 경험했던 현실의 공간은 제작의 목적에 따라 선택되거나 생략되며 선택된 공간도 현실을 그대로 반영하는 것이 아니라 왜곡되어 나타나기도 한다. 고지도에 표현된 모든 공간이 당시인들이 객관적 실체로 인식하고 있었던 것이라고 할 수 없으며, 또한 지도에 그려져 있지 않다고 해서 그 지역을 전혀 인식하지 못했다고 할 수도 없다. 오히려 지도에는 표현되어 있지만 실제 그들이 경험적으로 인식하지 못했던 공간일 수 있으며, 반면에 지도에 그려진 공간 이외에 훨씬 넓은 영역을 인식하고 있었지만 그들에게 의미있는 공간만이 표현되고 나머지는 생략되기도 했다.[39] 이러한 표현의 양상은 역사적 · 공간적 맥락에 따라 다르게 나타나고 독자에 따라 다양하게 읽혀질 수 있으므로 역사지리학에서 고지도를 텍스트로서 간주하고 해독할 수 있는 것이다.

어떤 현상을 텍스트 관점에서 조명한다는 것은 그 현상의 저자, 저자의 의식 세계, 저술 의도, 저자가 처한 사회적 · 역사적 상황을 읽어냄으로써 그 현상이 보여주는 가시적 측면 너머의 무엇을 밝혀내려는 것이다. 이러한 연구 유형 역시 경관의 형태에 집착하는 역사지리학의 고전적 전통으로부터의 이탈을 의미한다. 가령 역사지리학의 고전적 주제 중 하나인 고지도 연구에 있어서 전통적으로는 고지도의 정확성, 제작 기술사적 검토, 투영법 등을 탐구하는 것이 일반적이었다. 그러나 최근의 역사지리학에서는 고지도에 반영된 당시의 세계관, 우주관, 제작자의 의도 등을 읽어냄으로써 고지도가 가시적으로 보여주는 것 이상의 역사적 · 사회적 과정을 이해하려고 한다. 이러한 텍스트 관점의 연구 대상은 결코 고지도에 국한되지 않으며 회화나 지리지, 금석문, 고문서 등 과거의 공간적 특성들을 재현하고 있는 광범위한 지리적 담론들에 걸친다.

물론 경우에 따라 경관도 텍스트 분석의 대상이 될 수 있다e.g. 임덕순, 1998. 이런 경우 전술한 상징적 표상으로서 경관에 접근하는 방식을 문화정치학cultural politics적 연구로, 그리고 경관을 텍스트로서 해석하려는 관점을 문화기호학cultural semiotics적 연구로 각각 구별할 수 있을 것이다. 전자의 연구에서는 사회적 관계 및 지식과 권력의 관계에 주목하면서 경관 생산의 사회적, 정치적 과정에, 그리고 후자는 경관 형태의 배후에 있는 당대의 관념 세계나 이념, 가치관을 읽어내는 것에 주안점을 둔다. 전자의 연구가 경관을 일단 실재로서 간주하고 거기에 담지된 다양한 상징과 전략을 포착하는데 열중한다면, 후자의 연구는 경관을 텍스트로 보면서 그것을 통해 그것의 생산자나 그가 처한 사회·역사적 맥락을 읽어내려고 시도한다. 그러나 이러한 구분은 결코 선험적인 것이 아니다. 경관과 관련한 기존의 연구 성과들을 전체적으로 검토해 볼때 연구자의 주안점에 따라 전자와 후자의 연구 유형이 식별 될 수 있다는 뜻이다.

텍스트 관점에서 현상을 해독하는 작업에서는 텍스트가 갖는 집단성을 전제로 한다. 어떠한 텍스트이든지 거기에는 공동체 혹은 사회 집단의 합의에 의한 코드가 존재하는 것이다. 이 점에서 어떤 하나의 텍스트는 사회적 맥락 위에서 의미가 부여된다고 할 수 있다. 그러한 사회적 맥락을 읽어내는 작업이 텍스트 해독에서 중요한 과업이 되는데, 문제는 그것이 단순하지 않다는 점이다. 텍스트 해독 작업에서는 텍스트 생산자와 그를 둘러싼 사회적 맥락, 텍스트 해석자와 그를 둘러싼 사회적 맥락이라는 이들 4자 사이의 조심스러운 대화가 요구된다. 텍스트 해독은 본질적으로 대화석인 방법[40]을 통해서 이루어질 수 밖에 없다. 텍스트 관점에서의 연구는 기호학, 상징학, 문화인류학 등과 개념 및 지식을 공유하면서 나타난 것으로 가장 최근에 등장한 사회적 전환의 유형이다. 또한 역사지리학에 있어서 텍스트 관점에서의 연구는 현재로서는 고지도나 고문헌, 경관 해독에 한정되어 있는 형편이다.[41] 그러나 해독의 다양성을 인정하는 텍스트 관점에서의 연구는 지금까지 상상치 못했던 역사지리적 연구의 영역을 개척하는데 앞으로 기여할 잠재력이 매우 크며, 이 과정에서 기존의 역사지리학적 연구들에서 읽어내지 못했던 수많은 의미들을 보여줄 것이라 기대한다.

4

맺는 말

영국의 역사지리학자 A. Baker와 R. Butlin은 인문지리학의 경험주의적, 실증주의적 방법론에 대한 반작용으로 대안적 방법론의 시기가 도래하면서 역사지리학이 현대 인문지리학의 선두에 서게 되었다고 인식한다Baker, A., 1984; Butlin, R., 1987. 또한 인간의 행위를 이해하기 위해서는 새로운 대안적 접근 방식이 개발되어야 하며 이것은 반드시 사회적 행위의 의미에 대한 회복과 동인의 입장을 고려한 해석의 형태를 띠어야 한다는 입장을 취하고 있다. 그들의 관점은 1980~90년대 이후 일련의 해석학, 구조주의, 포스트-엠피리시즘post-empricism, 해체주의 등에 의해 사회이론의 새로운 방향이 모색되던 지성 세계의 동향에 뿌리를 두면서 전통적 역사지리학의 방향 전환을 촉발하였다.

1980~90년대의 역사지리학에서 나타났던 새로운 움직임들은 다양하며 현재까지 진행 중에 있다. 일련의 움직임들은 주로 맑시즘, 인본주의, 관념론, 구조주의, 구조화 이론에 관심을 두고 있으며 새로운 형태의 환경론을 견지하면서 역사지리학의 방향에 대해 고심하고 있다. 예를 들어 역사를 물질적으로 이해하는 일에 강조점을 두면서 사

회의 유지와 재생산을 포괄적인 방식으로 이해하려는 맑시즘의 관점은 사회 구조와 인간 동인에 관한 개념들을 제공해 주었다. 지리학 내의 실증주의와 공간 과학의 교리를 거부하면서 등장한 인본주의는 인간 주체 및 사회 집단에 무게를 실어주었다. 구조주의는 인본주의가 극단적으로 치닫는 것에 경고가 되었다. 구조화 이론은 시간과 공간을 단순히 인간 행위의 환경으로 간주하던 시각을 넘어서 사회 체계와 사회적 맥락의 중심축으로 바라볼 것을 제안하였다.

이러한 역사지리학 주변의 이론과 관점들은 역사지리학에서 사회적 전환이 이루어지는 데 밑거름이 되었다. '경관의 형태적 연구', '역사적 자료-지리적 접근방법'으로 규정될 수 있는 고전적 전통의 역사지리학 연구가 기존의 틀 위에서 다양한 주제와 방법론에 관심을 갖게 되면서 나타난 결과였다. 최근의 역사지리학은 사회이론과 역사철학의 최근 동향으로부터 구조와 동인 간, 공간과 사회 간의 변증법적 관계를 탐험하려 시도하면서 인접 분야와의 교류를 유도하고 연구의 지평을 크게 확대시키고 있다. 인접 분야와의 교통과 더불어 진행되는 이같은 이론 및 개념들에 대한 논의는 가시적이고 형태적인 것 너머의 저편을 볼 수 있도록 지리학적 상상력을 더욱 자극하고 있다.

이 점에서 한국의 역사지리학 연구에서 가장 시급한 과제는 거시적 흐름의 이론적 동향을 주시하면서도 인접 학문과 주요 개념을 공유하는 일이다. 가령 한국의 성씨나 독특한 친족 관계, 문화 영역, 시기 구분에 관해서는 인류학이나 가족사회학, 역사학과의 공조가 필요하며, 또한 장소, 지역, 영역, 영역성 등 지리학에서 정교하게 구분하고 있는 다양한 공간 개념들을 주변 학문 분야에 소개해야 할 것이다. 특히 취락, 지역_지방, 사회집단 혹은 혈연집단, 경관 등 연구 주제의 면에서 볼 때 민속학, 지방사, 사회사 혹은 역사사회학, 역사인류학 등은 역사지리학 연구와 많은 공통된 문제의식을 갖고 있다. 따라서 이들과의 접촉을 통한 개념 공유는 지금까지 축적된 지식의 검증 및 확산적 재생산에 중요한 공헌을 할 것이다.

20세기 초부터 진행된 문화경관에의 천착으로 인해 역사지리학은 연구 대상을 보다 분명히 할 수 있었다. 그러나 변증법적 접근 방법이 퇴조하고 역사적 맥락이 잊혀졌으며 대신 경관의 기능적 면에 초점을 두게 되면서 경관 형태의 수집과 분류 작업이 성행하였다. 이 과정에서 이론과 개념이 빈곤해지고 결국 이론적 담론화를 이루어내지 못한 것이 사실이다. 최근 보여지는 이 분야의 사회적 전환은 전체적으로 물질적 경관과 형태의 이면에 내포되어 있는 사회적 맥락을 고려하자는 것이며, 이것은 보편적이고 초유기체적 문화 개념이 아닌 문화의 지역화에 관심을 갖는 작업이다. 그러나 이것은 문화·역사지리학 연구에서 고전적 주제였던 문화경관의 형태적 연구를 대체하려는 시도가 아니라 그 이해의 너비와 깊이를 확장하는 프로젝트로 평가하여야 할 것이다.

第3章

한국 종족집단의 본관,
그리고 장소 정체성

1

성은 중국산,
본관은 한국산

한국의 종족집단[01]은 성씨姓氏[02]와 본관本貫이라는 두 가지 요소로써 자신들의 정체성을 표시한다. 종족집단이 부계父系 혈통의 혈연적 출계를 의미하는 성씨와 소위 그들의 공간적 기원지라 간주되는 본관을 통해 자신을 다른 종족집단과 차별화시킨다는 것을 말한다. 한국 종족집단의 의식 속에는 종가와 본관 개념이 매우 강하다. 특히 단순한 거주지의 의미를 초월하는 종족집단의 공간적 '발상지'로서의 본관 개념은 중국 및 일본과 달리 한국의 종족집단만이 갖는 독특한 요소이다.

가령 청주한씨淸州韓氏의 경우, '한'씨라는 성씨를 통해 1차적으로 자신들을 한씨 이외의 타성씨집단과 구분하며, 본관인 '청주'를 통해 동일 명칭의 한씨이면서도 혈통이 다른 곡산한씨谷山韓氏와 구별한다.[03] 이렇게 성씨 명칭이 동일한 경우 본관을 사용해야만 비로소 종족집단의 정체성을 드러낼 수 있게 되는 것이다.

일반적으로 한국의 성씨 호칭은 중국의 성씨제도를 모방하여 그 혈연적 연관성과는 무관하게 중국에서 존재했던 성姓을 빌려온 것이라 이해되고 있다.[04] 이러한 '중국식 성'의 차용은 전국 각 처에서 동시다발적으로 이루어졌을 것이다. 따라서 '성에 의한 종족집단의 구별'은 종족집단의 정체성을 표현하고자 할 때 큰 의미를 갖지 못한다. 우리나라 여러 지방에서 '동일한 성들'이 공간적으로 동시에 출현한 경우가 많았을 것이기 때문이다.

이렇게 혈연적 연관성과 관계없이 각 처에서 중복 사용한 성씨 호칭에 대해 그 공간적 영역을 표시하여 줌으로써 종족집단의 장소 정체성을 보다 분명하게 해 준 요소가 바로 본관이다. 본관은 각 종족집단의 혈연적 계보와 공간적 영역성을 보다 확실히 정초하는 기능을 하였다. 한국의 종족집단은 본관이라는 지리적 성분을 통해 정체성을 구현하였기 때문에 지리적 사회집단[05]으로서의 기본적 요건을 갖추게 된다.

일반적으로 우리나라 성씨는 중국 성씨제도를 모방한 것으로서 고려시기를 전후로 하여 널리 보급된 것이라 이해되고 있다. 실제로 족보를 보면 우리나라 성씨집단 중 상당수가 자신들의 시조 기원을 중국에서 찾고 있다.[06] 그러면 우리 한민족의 다수는 중국인의 후예라는 말인가? 그러나 성씨와 달리 본관의 경우, 본관 제도 자체는 중국을 모방한 것이지만 본관이 취하고 있는 지명은 중국 기원이 아니며 대부분 우리나라 각 지방의 행정 지명을 취하고 있다. 오늘날 본관으로 쓰이는 지명은 대부분 고려 혹은 조선시기의 우리나라 주군현州郡縣 지명에 해당한다. 현존하는 한국의 성씨집단 중 1985년 현재 인구 1만 이상의 성씨는 본관수로는 321개, 성씨수로는 98개 집단이다. 이 중 본관을 우리나라의 지명이 아닌 중국의 지명을 취하고 있는 성씨집단은 곡부공씨曲阜孔氏, 서촉명씨西蜀明氏, 신안주씨新安朱氏, 영양천씨穎陽千氏, 절강편씨浙江片氏 등 극히 소수에 불과하다.

지금까지 지리학계를 비롯한 사회학, 인류학, 그리고 역사학계에서는 성씨집단을 동족집단同族集團, 동성집단同姓集團, 씨족집단氏族集團, 종족집단宗族集團 등으로 명명하면서[07] 비교적 많은 글들이 발표되어 왔다.[08] 연구는 대부분 성씨와 본관 중 성씨 측면, 즉 종법사상宗法思想, 친족제도親族制度, 분파원리分派原理, 그리고 성씨집단의 기능과 변화 등에 초점을 두었다. 현재까지 본관의 기원과 의미에 대해서는 소수의 단편적 연구가 있었으며, 체계적으로 접근한 저서급 연구물로서는 최근에 나온 두 편[09]이 있을 뿐이다. 정작 지리학계에서는 본관 자체가 지닌 공간적 속성에도 불구하고 이 문제를 전혀 다룬 적이 없었다. 종족집단과 관련한 기존 연구들은 대부분 한국의 사회구조와 친족체계를 이해하기 위한 단서로서 종족집단에 주목하였다. 그러나 이들은 본관이 종족집단의 정체성을 구성하는 또 하나의 중요한 성분이라는 점에 그다지 관심을 두지 않았다. 본관은 종족집단의 장소 정체성, 경관, 영역성등에 관련된 중요한 지리적 소재이다. 이 점을 감안하면 종족집단에 관한 역사지리학을 구축하기 위해서는 무엇보다 본관의 공간적 실재성 여부와 장소적 성격, 성씨집단의 공간적 기원의 문제를 밝히는 것이 중요하다.

여기서는 우선 우리나라 종족집단의 기원과, 거주지 이동에서 그 출발점이 되는 본관의 기원 문제를 다루려고 한다. 이를 위해서 사료 상에는 본관을 어떻게 기록하고 있는가, 본관은 언제부터 기원하였는가, 행정 구역별 본관의 분포는 어떤패턴을 보이는가, 본관은 각 성씨집단이 발생한 공간적 실재인가 아니면 허구적 개념인가, 본관과 거주지는 서로 일치하는가, 그리고 시기별로 본관의 의미가 변화되지는 않았는가 하는 질문들을 던져 보았다. 이에 대한 해답을 얻기 위해 사용된 문헌 자료는 족보와 묘지명墓誌銘 등의 사찬사료와 『삼국사기』, 『고려사』, 『조선왕조실록』 등 관찬사료들이다.

2

본관 개념의
출현 배경

역사 기록으로 본 본관

　일반적으로 본관이란 각 성씨집단의 부계 조상인 시조 발상 장소를 표시하는 것이라 볼 수 있다. 가령 김씨라고 해서 모든 김씨가 혈통상 동일한 계통은 아니기 때문에 김씨, 즉 성씨라는 하나의 표식만으로는 성씨집단의 부계 혈통을 분간할 수 없다. 이런 경우 본관이 성씨와 함께 병칭될 때 비로소 동일한 계통의 혈연 집단인가 아닌가가 구별될 수 있는 것이다. 『고려사』에서는 본관이라는 용어 외에 향관鄕貫, 향적鄕籍, 본향本鄕 등의 단어가 비슷한 빈도로 사용되고 있다. 이후에도 관향貫鄕, 본적本籍, 관적貫籍, 적관籍貫, 족본族本 등이 본관과 유사한 의미의 용어로서 사용되어 왔다. 그러나 『조선왕조실록』에서는 이들 유사한 용어들이 대체로 본관이라는 용어로 통일 되고 있다.

　본관이라는 단어는 『삼국사기』에서는 확인되지 않는다. 『고려사』에서 처음 기록이 보이고 『조선왕조실록』에서는 그 수를 헤아릴 수 없을 만큼 빈번히 나타난다. 『고려사』에서 본관과 관련된 용어가 처음 보이는 시기는 서기 918년고려 태조 원년이다. 당시 기록[10]에서는 관향이라는 용어가 사용되고 있다A. 그 뒤 1001년고려 목종 4년의 기록[11]에서 비로소 본관이라는 용어가 보인다B. 그리고 사찬 자료 중에서 본관이라는 표현은 1152년고려 의종 6년에 새겨진 묘지명[12]에서 발견된다C. 일반적으로 묘지명에는 죽은 자의 신상명세身上明細와 생존 때의 행적이 기록되는데 이 중 성명과 본관을 언급하는 신상명세에 관한 부분이 첫머리에 기록된다. 1152년에 제작된 이 묘지명의 내용으로 보아 이미 고려 전기부터 본관이라는 용어가 상당히 보편적으로 사용되고 있었음을 알 수 있다.

A. "경의 관향인 청주는 토지가 비옥하고 호걸이 많아……."卿貫鄕靑州土地沃饒人多豪傑
  .(918년, 고려 태조 원년.)

B. "왕이 이르되, …여기는 경의 본관이다. 경의 공로를 생각해 볼 때 가히 단주로 승격시킬만 하다."王曰…此卿本貫也念卿功勞可陞爲湍州 .(1001년, 고려 목종 4년).

C. "군의 민은 성이고 영은 그 이름이요 본관은 황려현이다."君閔姓瑛其名本貫黃驪縣.
  (1151년, 고려 의종 6년).

그 후 1273년고려 원종 14년에는 "예로부터 과거에 응시하는 사람으로 하여금 본관에 관한 항목을 성명, 사조四祖의 항목과 함께 기록하여 제출하게 하였다"는 기록[13]이 있다. 관직 진출자의 본관에 관한 자료를 국가가 관리하고 있었음을 보여주는 기록이다. 여기서 '예로부터'란 언제를 말하는 것일까? 이에 대한 해답을 줄 수 있는 내용이 『고려사』 문종 2년 즉 1048년의 기록과 관련이 있지 않을까 생각된다. 이에 의하면 "정유산鄭惟産이라는 자가 이름을 봉하여 제출하게 하는 법, 즉 봉미封彌를 시행하자고 제의하였고, 과거 시험장에서 이름을 봉하는 법이 이로부터 시작되었다"[14]고 적고 있다. 물론 이 기록에서는 "이름을 봉하여 제출하게 하였다"라고 하고 있을 뿐 본관에 대해서는 명시하지 않았으므로 이름을 쓸 때 본관도 함께 적었는지는 확신할 수 없다. 그러나 전술한 상황을 고려해 볼 때 적어도 고려 초기, 즉 13세기 이전부터 어떤 사람의 출신성분을 표시할 때 본관이 정부 수준에서 공식적으로 사용되고 관리되었다고 해석할 수 있다.

고려 개국 때부터 등장한 본관 개념은 고려 전기에는 이미 보편적으로 사용되었을 것으로 추정되며 관직 종사자를 관리하기 위한 공식적 국가 자료로서 조사, 기록되었을 것으로 생각된다. 그 이후 국가 자료로서 본관에 관한 정보는 조선시기까지 매우 엄격하게 관리되었다. 고려시기는 물론 이고 조선시기에 와서도 본관은 과거 시험장에서 필수 기재항목으로 되었으며, 『고려사』 열전 및 『조선왕조실록』의 인물 기록을 보아도 반드시 본관을 적고 있음을 확인 할 수 있다.

조선시기에 와서는 단순히 과거 입시자 뿐만 아니라 모든 양반, 향리, 백성의 본관에 관한 기록을 호조, 감사, 해당 고을 등 3개 기관에 각각 비치하도록 했다.[15] 조선 초기부터는 관직자뿐만 아니라 노비를 제외한 양인 이상 모든 국민들의 본관이 추적 관리되었던 것이다. 그 후에는 천민에까지도 반드시 본관을 호패에 기록하여 관리하였다.[16] 따라서 본관을 임의로 바꾸거나 속이는 것은 국왕을 속이는 것과 같은 중죄로 다스려졌다.[17] 반대로 국가에 큰 공을 세운 자의 경우에는 본관에 해당하는 고을의 행정적 지위를 격상시켜줌으로써 보상을 하였다.[18]

본관의 출현 배경

본관의 출현 배경에 관한 기존의 견해는 다양한 편이다. 기존 연구들을 유형별로 살펴보면 다음과 같이 네 가지로 정리할 수 있다. 첫째, 고려시기에 사회적으로 문벌이 유효하게 된 시대적 배경 속에서 자신들의 가문을 다른 가문과 구별하려는 의도에서 본관이 출현하게 되었다는 주장이다.[19] 둘째, 고려시기에 지역 주민의 신분 관계, 지배복속 관계를 국가적 규모로 재편성하는 과정에서 군현제도와 병행되어 등장했다는 주장,[20] 셋째, 고려시기의 본관은 귀족들의 씨족관념이나 문벌의식의 산물이고 조선시기의 경우에는 평민들이 피역하는 것을 방지하기 위해 국가가 호적을 정리하는 과정에서 백성들의 거주지를 본관화하였다는 주장이 있다. 마지막으로,[21] 나말여초에 전국적으로 발생한 인구 유동 현상에 대처하기 위해 백성들을 일정한 지역에 속박시키고 그들의 호구상태를 파악하여 통제하기 위한 수단으로 국가에 의해 실시되었다는 주장[22] 등이 있다.

이상의 주장들을 살펴보면, 첫 번째 견해는 본관이 성씨집단들에 의해 자발적으로 만들어졌다고 보는 경우이고, 둘째와 셋째는 사회적 위계 질서를 유지하기 위해 국가가 본관을 일방적으로 백성들에게 나누어주었다고 보는 의견이다. 네 번째의 견해는 국가와 지역민 간에 이루어진 통치 관계 및 양자 간의 정치·사회적 관계 속에서 본관의 출현 배경에 접근한 것이다. 넷째 주장은 비교적 최근의 연구를 통해 제기되고 있는 것으로 기존의 연구들을 종합하는 성격을 보인다. 이 네 가지 유형의 견해들이 갖는 공통점은 본관을 어떤 특정한 시기적 산물로 돌리거나, 아니면 국가, 귀족, 일반 백성 등 특정 주체나 사회계층이 만들어낸 것으로 본다는 점이다. 어떤 면에서 본관의 출현 배경에 접근한 양극단의 입장임을 뜻한다. 따라서 본관에 관한 기존 견해들이 보다 설득력을 얻으려면 특정한 시기 및 지역 상황의 맥락을 전제로 논의되어야 한다.

이렇게 선행 연구들의 결과가 시간적, 공간적 제약성을 갖는다고 보는 이유로는 대략 두 가지를 거론할 수 있다. 하나는 본관 자체가 연구의 주목적이기보다는 중세사회

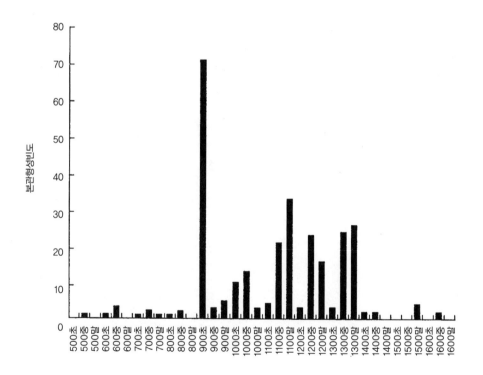

시기별 본관의 출현 빈도[23]

연구나 사회사 연구를 수행하는 가운데 부수적으로 언급하고 있다는 점이고, 다른 하나는 본관의 의미를 거의 고려시기에 한정해서만 다루고 있어 보다 장기적인 시간 맥락 위에서 조명하지 못했다는 점이다. 결국 지금까지의 본관 관련 연구들은 본관의 출현 배경과 그 의미를 이해함에 있어서 다른 주제의 연구를 위한 보완적 소재로 간주하거나, 어떤 단일한 의미만을 상정하고 본관에 접근함으로써 여러 한계를 갖게 되었다고 보여진다. 본관의 시기별 출현 빈도만 살펴보더라도 현존하는 우리나라의 본관들은 단기적 산물이 아님을 알 수 있으며, 따라서 그 개념에는 누층적 의미가 퇴적되었을 것이라는 시각에서 접근할 필요가 있다.

대부분의 본관은 출현 시기가 대체로 고려시기에 한정된다. 그러나 멀리는 신라시기부터 가깝게는 조선시기까지 발생하고 있으므로 본관의 발생 기간은 시간적으로 1,000년 이상에 걸친다. 본관이 집중적으로 발생한 고려시기의 경우에도 빈도상 시기별 차별성을 보이고 있다. 즉 본관의 출현 배경이 그만큼 다양했을 것이라는 점을 말한다. 나아가 종족집단의 본관 개념이나 본관 의식도 시기별로 다양하게 그려질 수 있음을 뜻하는 것이다.

본관의 실재성과 허구성:
그 의미의 세 차원

종족 세거지로서의 본관: 거주 장소

종족의 세거지 혹은 거주지로서의 본관은 본관의 출현 배경상 가장 원초적이며 '실지實地'에 가까운 의미층이다. 이 의미층은 '본관=세거지', 즉 조상 대대로 거주해온 장소를 의미한다. 본관의 출현 배경은 1차적으로 혈연적, 지연적 출신지를 나타내고자 함에 있다고 볼 수 있기 때문이다. 이러한 상황은 서로 다른 혈연적, 지연적 정체성을 지닌 종족집단들이 사회적, 정치적으로 서로 접촉하면서 발생했을 가능성이 크다. 가령 고려초기의 경우와 같이 이전까지 각 지방의 호족으로 존재했던 주요 성씨집단들이 자신의 근거지를 넘어 국도國都 개경에 모이게 된 경우가 그것이다.[24] 어느 한정된 지역에 혈연적, 지연적 정체성에 있어 서로 다른 각 종족집단들이 집거集居하게 됨으로써 서로를 구별하고 차별할 필요성이 자연스럽게 생겨날 것이기 때문이다.

이러한 필요성에서 각 종족집단은 개경으로 이거하기 전의 근거지 또는 전통적 세거지를 자신들의 본관으로 표시하게 되었다고 볼 수 있다. 중요한 사실은 이러한 과정에서 국가가 각 성씨의 본관을 객관적으로 인정하는 절차를 취하였다는 점이다. 즉 고려

왕조는 개국후 후삼국통일에 공헌한 개국공신들에게 식읍食邑 혹은 봉토封土를 내리고 작위를 수여하게 된다. 이 때 하사된 식읍이나 봉토는 각 종족집단들의 세거지인 경우가 대부분이었다. 각 종족집단들은 식읍과 작위 수여과정에서 기존 세거지에서의 영역권을 공식적으로 인정받음으로써 사회적 지위와 경제적 안정이 보장되는 기회를 얻었고, 이후 이를 바탕으로 자신들의 사회·공간적 정체성을 확보해나갈 수 있었다.

예를 들어 안동 지방에서 세거해 오던 안동권씨의 경우 시조가 개국공신이 되면서 이전의 김씨金氏 대신 권씨權氏를 하사받고 안동 일대의 공간을 봉토로 받게 된다. 이러한 과정을 통해 그 후손들은 안동을 본관으로 삼을 수 있게 된 것이다. 이러한 면에서 본관이란 세거지를 표시하고자 했던 각 성씨집단들의 자발적 필요성과 국가의 객관적 인준 절차가 결합되어 공인된 사회, 정치적 정보로서 활용되기 시작했다고 볼 수 있다.

이러한 사회 환경을 염두에 둘 때 세거지가 본관 설정의 근거가 된다는 것은 자연스러운 것이었다. 어떤 인물을 파악할 때 그의 거주지를 통해서 정체성을 확인하고자 했던 이와 같은 관행은 당시에는 지배적인 것이었으며 그 증거는 각종 묘지명과 비문에도 나타나 있다. 고려전기의 묘지명[25]을 해독하다 보면 죽은 자의 신상명세를 기록함에 있어 '~인人'이라는 표현이 자주 나타난다. 가령 '楊州人也',[26] '其先邵城人也',[27] '漢南道廣州牧管內水州人也',[28] '其先自狼川郡遷于水州遂爲水州人也'[29] 등이 그 예이다. 여기에 제시한 사례 중 특히 마지막의 그것에 주목해 보자. '그 선조가 낭천군으로부터 수주로 거주지를 옮겼기에 드디어 수주 사람이 되었다'는 내용인데 이것은 바로 '水州人 = 수주에 거주하는 사람'이라는 등식을 성립하게 해준다. 따라서 이 앞의 사례에서 제시된 '양주 사람이다'라든가 '그 선조가 소성 사람이다', '광주목 관내에 소속된 수주 사람이다' 등과 같은 내용에서도 바로 '거주지가 그곳인 사람'을 의미한다고 추정할 수 있다. 적어도 고려전기의 경우에는 소위 본관이라는 것이 거주지를 근거로 한 것이었고, 따라서 고려전기의 본관은 거주지와 일치했다고 볼 수 있다.

이에 비해 조선시기에 이르면 본관의 의미가 변화한다. 조선시기의 각종 문서에서 '~인人'이라 했을 때, 물론 그것은 고려시기와 마찬가지로 본관을 지칭하는 것이였지만 이 때의 본관이 반드시 실제 거주지와 일치한다고는 해석할 수 없다. 오히려 실제 거주지와 관계 없는 경우가 많았고, 시조 발상지로서의 상징적 공간을 의미하는 경우

70

가 더 많았다.

그렇다면 시기를 더욱 거슬러 올라서 고려왕조가 도래하기 이전의 시기에는 본관이 어떤 의미였을까? 통일신라 이전의 기록을 담고 있는 비문으로서 현재 남아있는 것은 북한산, 경남 창녕, 함흥 황초령, 이원 마운령 등지에서 발견된 진흥왕 순수비巡狩碑, 진평왕 때 세워진 경주 남산신성비南山新城碑, 그리고 진지왕 때의 것으로 추정되는 대구 무술오작비戊戌塢作碑 등이 있다. 신석호에 의하면 이들 비문에서는 성姓은 발견되지 않고 '출신지역−이름−직위' 순으로 인물들을 기록하고 있다[30]고 분석하였다. 가령 창녕 비문의 경우 '喙 竹夫智 沙尺干'이나 '沙喙 心麥夫智 及尺干', 북한산 비문의 '沙喙 屈丁次 奈末', 남한신성비의 '砂喙 晉乃古 大舍', 무술오작비의 '另冬里村 沙木乙 一伐', '稱得所里村 也得失利 一伐' 등에서 확인할 수 있는 것과 같이, 제일 앞에 출신지역으로 추정되는 '부部 명칭이나 촌村 명칭'을 기록하고 그 다음에 '사람 이름', '관직명'을 차례로 적고 있는 것이다.

삼국통일 직후 세워진 이들 비문도 각 공신들을 기록함에 있어 실제 거주 지역을 통해 인물을 파악했다는 증거로 보인다. 이것은 후삼국을 통일한 고려초기의 상황과 매우 유사하다고 볼 수 있다. 다만 통일신라의 경우에는 국가에 의해 일방적으로 그 출신 지역이 기록된 경우인데 비해서, 후자의 경우는 국가와 성씨집단의 쌍방적 의도가 결합되어 나타난 것으로 이해할 수 있다.

어떤 인물의 실제 거주지를 통해 그 출신 성분을 파악하고자 했던 관행은 이미 신라시대의 각종 비문들에서도 보인다. 특기할 점은 고려시기와는 달리 신라시기의 비문에서는 어떤 인물을 기록함에 있어 성씨가 없는 경우가 많고 오히려 지명이 등장하고 있다는 점이다. 이 점에 의미를 둔다면 인물 표식에 있어서 성씨보다 본관이 시기상 먼지 출현했다는 추측도 가능하다.

결과적으로 통일신라시기 이전부터 인물 표시를 위한 방법이었던 출신지명出身地名 표기의 관행이 고려시기에 와서 본관, 향관, 관향 등의 용어로 개념화되어 사용되기 시작한 것이라 이해된다. 그리고 적어도 고려전기까지만 하여도 본관이란 실제 거주지를 지칭하는 것이었으며, 이것은 이미 그 이전부터 존재하던 '거주지 지명 표시를 통한 인물 인식'의 관행이 제도적으로 정립된 것이라 이해할 수 있을 것이다.

족보를 비롯한 관련 자료의 분석에 의하면, ‘본관=세거지’에 해당하는 성씨집단은 총 307개로서 전체 321개의 95.9%에 달하는 것으로 나타났다. 이를 다시 세거 배경별로 세분해 보면, 작위 하사를 이유로 세거한 경우가 가장 많은 비중으로서 218개, 시조로부터의 단순 세거가 70개, 은거 혹은 표착으로 인한 세거가 19개였다. 그러나 95.9%라는 통계치에 포함된 성씨 중에는 시조로부터 중시조까지의 계대繼代가 상실된 경우가 상당수 있다. 보다 정확한 통계를 위해서는 시조~중시조에 이르는 계보에 대해서도 거주지 확인 작업이 필요하다. 그러나 현재로서는 그러한 확인 작업에 필요한 혈연 계보 자료를 구할 수 없으므로 95.9%라는 수치를 대략 수용할 수 있다.

시조 발상지로서의 본관: 기원 장소

기원으로서의 본관이란 실제 거주지와 본관이 분리되기 시작하던 상황에서 나타난 새로운 본관 의식이다. 본관 개념을 구성하는 또 다른 의미층인 것이다. 본관을 실제 거주지로서가 아니라 시조의 발상지 내지 먼 조상의 기원지, 자기 성씨의 출자지 정도로 인식하는 것을 뜻한다. 이 의미층은 ‘본관=기원지’를 의미하며 전술한 거주 장소로서의 의미층과는 달리 세거지라는 확증이 없는 상태에서 단지 기원지라는 구전口傳 이나 후손에 의한 막연한 인식에 기초한 경우를 뜻한다.

고려초기에는 그 이전까지 각 지방에서 세거하고 있던 공신들이 중앙 관직에 종사하게 되면서, 혹은 지방의 유력 성씨집단들이 과거를 통해 중앙 관직에 진출하게 되면서 기존의 세거지에 잔류하는 집단과 개경에 거주하는 집단으로 분화되기 시작하였다. 일반적으로 전자를 재지이족在地吏族, 후자를 재경사족在京士族이라 칭한다. 이 경우 재경사족에게 있어서는 세대가 거듭할수록 본관과 실제 거주지가 서로 다른 개념으로 인식되어갈 것임은 당연하다. 본관과 거주지 간의 이 같은 분리 현상은 재경사족과 재지이족으로 분화된 종족집단에게뿐만 아니라 여타의 종족집단들에게도 마찬가지였다. 그 원인은 고려시기를 거치면서 있었던 전란, 기근으로 인한 유민流民의 발생, 왕조 교체 과정에서의 대규모 숙청, 유배, 은거 등에서 찾아질 수 있다.

그러나 적어도 조선초기까지만 하여도 국가는 관직에 종사하는 주요 종족집단들을 파악하거나 유민을 통제하는 방법으로서 본관 자료를 고수하려고 노력하였음이 확인된다. 다음과 같은 기록에서 그것을 알 수 있다.

D. "관직에 입사하는 것을 7과科로 만들어 ··· 그 출신을 기록하는 것은 고려에서 행
했던 예와 같이 하고 연갑年甲, 본관本貫, 삼대三代를 명백히 써서……."
   태조 1년 8월 2일.[31]

E. "의정부에서 각 사各司로 하여금 각각 아는 사람을 천거하게 하되, ··· 그 이름 밑
에 연령, 본관, 출신, ···, 부·외조·처부父·外祖·妻父의 직명職名, 부모의 시거
향時居鄕을 써서 바치게 하였다."태종 3년 6월 13일.[32]

F. "예조에서 과거의 법을 올렸다. ··· 각 도에서 향시鄕試에 나아가는 자는 그 소거
관의 수령이 연갑, 본관, 경서經書를 갖추되, ··· 타도他道로 부시赴試함을 일체금
지하게 하소서."태종 17년 5월 14일.[33]

이상의 사례는 관직에 진출하는 자들의 본관을 국가가 주관하여 파악하고 본관지 이
외의 타도에서 과거 시험을 보는 행위를 엄격히 금하는 등 본관이 조선왕조 개창 직후
까지 관직자의 근거지와 정체를 확인하는데 사용된 주요 국가 자료였음을 의미한다.
한편 아래에 제시한 자료들은 조선초기를 지나는 동안 본관과 관련하여 다소 다른 상황
이 전개되고 있음을 보여준다.

G. "경기·강원도의 정역程驛 찰방察訪이 계하기를, ··· 각 관의 역리驛吏들을 소재지
의 수령들로 하여금 그 소종래所從來와 자손의 이름, 나이를 평민의 호구 조사하
는 예에 따라 갖추어 기록하고 본역本驛으로 본관을 삼도록 하여 각기 호구장부
를 만들어 주고 ··· 만약 도피하는 자가 있으면 그 호구 장부를 상고하여 곧 원래
본관지로 돌려보내고, 호구 장부가 없는 자는 영영 공천公賤에 속하게 하
고……."세종 6년 7월 20일.[34]

H. "승정원에 전교하기를, 유이流移한 사람 중에서 혼인으로 말미암아 다른 도에 옮
겨 사는 자라면 그만이겠지만 고향을 싫어하여 다른 도에 유이한 자는 쇄환刷還
하지 않을 수 없다. 그러나 처음 유이할 때에 반드시 전택田宅·노비를 죄다 팔

앉을 것이므로 본관지에 돌아가더라도 살아갈 계책이 없을 것이니, 고소하는 자가 있거든 모두 찾아서 돌려주게 하라."_{성종 15년 6월 7일.}[35]

I. "병조에서 아뢰기를, 유이한 사람 중에서 조부모나 부모 때부터 옮겨 살던 자는 다 본관지로 돌아가게 하고……."_{성종 15년 6월 7일.}[36]

위의 자료에서 알 수 있는 사실은 우선 역에 종사하는 역리의 경우 그 근무처를 본관으로 삼게 함으로써 본관과 거주지를 일치시키려는 국가의 의도가 보인다는 점이다. 또한 근무처를 떠나 도피하는 자의 경우에는 이전의 본관지로 돌려보내는 형벌을 가하기도 한다G 참조. H와 I의 사례는 본관을 이탈한 유이민의 경우 모두 색출하여 본관으로 돌려보내고, 심지어 부모나 조부모 때부터 유이한 자들까지도 본관으로 돌려보낸다는 내용이다. 이 같은 내용들은 조선전기에 본관과 거주지가 일치되지 않는 사건들이 발생해서 그들을 통제하고자 했던 국가의 시도들이라 생각된다. 여말선초 동안 본관을 떠나 있던 유이민들을 조선왕조가 정비하고자 했던 것 같다. 아래의 사례들은 그러한 국가의 노력이 결과적으로 어떠했는지 보여 준다:

J. "간원諫院이 아뢰기를, 거자擧子의 시권試券에 본관과 거주를 함께 쓰는 것은 이미 식례로 정해져 있으므로, 전에도 거주를 쓰지 않고 입격한 자는 삭제되었습니다."_{선조 29년 11월 2일.}[37]

K. "군사가 서로 잇따라 도망하고 있습니다. … 거주와 본관을 분명하게 개록해두면 반드시 뒤쫓아 찾을 길이 있을 것인데……."_{선조 34년 6월 2일.}[38]

L. "본관과 거주지를 기록한 녹명단자錄名單子 및 초방草榜에 ……."_{선조 38년 12월 19일.}[39]

위의 사례는 조선중기부터 보이는 기록들로서 본관에 대한 언급과 함께 거주지의 문제를 별도로 논하고 있다. 『조선왕조실록』에 의하면 조선전기에는 본관을 기록함에 있어 거주지를 병기한 적이 거의 없었다. 그러나 조선중기에 접어들면서 본관과 거주지를 이렇게 대등하게 언급하고 있다는 사실은 조선전기부터 국가가 노력해 온 본관과 거주의 일치 시도가 결과적으로 실패했다는 것을 의미하는 것이 아닐까?

즉 본관을 통해서 백성을 통제하는 것이 더 이상 실효성이 없어졌고, 따라서 본관과 함께 실제 거주지를 별도로 파악할 필요성이 대두되었던 것이다. 물론 J의 예시에서 보이듯이 거주에 관한 기록의 관리는 그 이전, 즉 조선전기부터 이루어져 왔던 것 같다. 그러나 조선중기에 이르게 되면서 과거 시험에 합격한 자 중에서 거주지를 표기하지 않은 자는 합격이 취소될 정도로 현실적으로 거주지 파악이 더욱 중요해진 상황, 본관과 거주가 별개의 것이 되어버린 상황이 발생한 것이다.

이상의 사례들을 통해서 보면, 조선전기를 본관과 거주의 분리 단계에 있어서 과도기로 인식할 수 있다. 그리고 조선전기까지만 해도 국가는 백성의 본관과 거주를 일치시키려 시도했으나 결과적으로 실패로 돌아갔음을 보여준다. 흥미롭게도 조선전기의 이 같은 상황은 우리나라에서 족보 편찬이 본격적으로 시작되던 때와 시기적으로 일치한다. 따라서 조선전기부터 시작된 각 종족집단의 족보 편찬 관행은 이미 자신들의 거주지로부터 멀어져 버린 혈연적 기원, 공간적 기원을 기록해 두고자 했던 시도의 결과로 이해할 수 있다.

족도族圖나 기억에만 의존하여 자신들의 혈연적, 지연적 계보의 기원을 더듬는 것이 더 이상 불가능할 정도로 본관과 거주지의 분리가 심하게 진행되었던 것이다. 오늘날의 많은 족보들에서 시조와 본관은 분명히 제시하면서도 시조 이하 중시조까지의 계대와 그 거주지를 밝히지 못하는 것은 조선전기의 '본관지-거주지 분화' 현상을 반영하는 것일 가능성이 있다. 각 종족집단의 기원 공간과 기원 인물을 탐색함으로써 더이상 기억이 아닌 문헌으로 기록, 보존하려는 시도였을 것으로 보는 것이다. 이같은 정황을 염두에 둘 때 조선전기부터는 본관을 시조의 기원 장소 정도로 이해하는 경향이 나타났고 이것이 바로 기원 장소로서의 의미층으로서 현재의 본관 개념 안에 자리한 것이다.

여기 해당하는 성씨의 사례로는 은진송씨恩津宋氏, 덕산황씨德山黃氏, 연산서씨連山徐氏 등을 들 수 있다. 은진송씨와 덕산황씨의 경우 이들의 본관은 각각 은진[충남 논산군 관할]과 덕산[충남 예산군 관할]이다. 그럼에도 불구하고 현재 이들의 본관지에는 선대의 묘소나 유적이 전혀 남아있지 않으며, 실제 대대로 거주해 온 근거지는 전혀 다른 곳이다. 은진송씨의 세거지는 충청남도 회덕, 덕산황씨의 세거지는 경상북도 선산이다. 이들 역시 시조로부터 중시조에 이르는 세대가 상실되어 있다. 이들에게 있어서 본관은 명확한 증거 없이 단순히 구전으로 전해져 내려오는 기원 장소로서의 의미일 뿐이다.

권력에의 의지로서의 본관[40]: 상징 장소

고려시기 이래로 지방사회에서 중앙으로 진출한 관료들은 본관이 같은 경우 모종의 동향의식同鄕意識을 갖고 있었다.[41] 조선시기로 들어와서 17세기 이후의 양반사회에서는 희성稀姓과 벽관僻貫을 멸시하는 관념이 만연되어 갔으며, 그 이전부터 성보다는 본관에 따라 성망姓望의 우열과 가격家格의 차등이 정해진다는 의식이 팽배하였다.[42] 18세기부터는 족보의 위조를 통해서 군역을 면하고자 하는 사건들이 자주 발생하였다.[43] 속현 이상의 군현을 본관으로 하면서 이미 조선 초기에 사족으로 성장했거나 명조, 현조를 확보한 가문은 본관을 바꾸지 않은 반면, 그렇지 못한 군현이나 종래 향, 소, 부곡 및 촌명村名을 본관으로 했던 성관들은 당초의 본관을 버리고 소속 주읍主邑을 새 본관으로 정하였다.[44]

이러한 일련의 상황들이 조선중기 이후 본관의 사칭과 위조를 불러일으킨 배경이 되었다. 이 과정에서 첨가된 본관의 의미층이 바로 권력에의 의지를 보여주는 상징 장소로서의 본관이다. 이 의미층은 '본관=상징 혹은 허구'를 의미한다. 이는 실제 거주 장소도 아니고 시조의 기원 장소도 아닌 이른바 권력에의 의지와 문벌의 상징으로 작용하는 본관의 또 다른 의미을 지칭한다. 시기상으로 볼 때 대체로 임진왜란과 병자호란 이후에 우세하게 나타난 현상이다.

전술한 바와 같이 양란 이전, 즉 조선전기의 족보 자료는 사문서私文書이면서 동시에 공문서로서의 성격을 갖고 있었기 때문에 비교적 신빙성이 높았다. 족보가 군역을 면제받을 수 있는 1차 자료였음은 『조선왕조실록』의 곳곳에서 확인할 수 있다. 따라서 족보의 위조를 통해 군역을 면제받는 사건이 생길 수 있는 소지가 조선 초기부터 있었다. 이전의 족보 자료가 상당수 소실된 양란 이후의 시기는 족보와 본관이 쉽게 위조될 수 있는 절호의 기회였다.[45] 『조선왕조실록』에서 영조 40년 및 정조 11년의 기록에는 다음과 같은 내용이 확인된다.

"역관驛官 김경희라는 자가 사사로이 활자를 주조한 다음 다른 사람들의 보첩譜牒을 많이 모아 놓고 시골에서 군정軍丁을 면하려는 무리들을 꼬여다가 그들의 이름을 기록하고 ……."영조 40년 10월 19일.

"유력한 현족顯族의 족보에 이름을 기록하여 군역의 면제를 도모하는 사례가 전국의 곳곳에서 발생하고 있다."정조 11년 4월 27일.

이로 보아 18세기에는 족보나 본관을 사칭하는 현상이 전국적으로 나타났다고 볼 수 있다. 그런데 여기에서 주목하고자 하는 것은 단순히 족보의 위조나 사칭 현상보다는, 다음의 기록과 같은 본관의 개관改貫에 관한 것이다.

M. "강서, 순천, 박천, 영변, 덕천, 운산, 희천, 초산 등 읍에서 이씨 성을 가진 자가 본관을 변환하여 ……."순조 7년 7월 25일.

N. "…보고된 자가 166인인데 그들의 호적을 고열하여 보았더니 그들의 수대 이상은 모두 다른 본관인데 전주라고 개서하고 있으며 ……."순조 7년 7월 25일.

O. "위조된 단자는 불태우고 호적을 정리하여 모두 군역에 충당하였으며 … 자칭 종성[全州李氏]이라 하고 내력이 분명하지 않은 자는 오래된 호적을 모두 소급하여 참고하여 본관을 원래의 것으로 돌려놓고 ……."순조 7년 7월 25일.

M의 사례는 자신들의 소속 종족집단을 위조함에 있어서 성을 바꾸기보다는 본관을 변환했다는 사실을 보여준다. 성은 부계 혈통과 직결되는 것이었다. 이 때문에 비록 사회 질서가 문란해졌다고 하여도 당시에 보편화된 유교적 예법에 비추어 볼 때 개성改姓 행위는 사회적으로나 개인적으로 매우 부담스러웠던 일이었던 것 같다. 이에 비해 본관을 변환하는 일은 도덕적인 면에서 그렇게 어려운 일도 아니었으며 여러 가지 변명을 둘러댈 수 있는 유효한 방법이었다. 대략 조선 중기부터는 성이 동일한 경우 과거에는 원래 같은 혈연집단이었을 것이라는 의식이 생기게 되었고, 이를 근거로 동성이본同姓異本의 성씨집단들이 하나의 본관으로 통합되는 경향이 나타났기 때문이다.[46] 그러나 국가에서는 본관의 변환 행위에 대해서 과거의 호적을 참고하여 엄중하게 조사, 감시하

였음이 O의 예에서 보인다. 그럼에도 불구하고 본관을 사사롭게 개관改貫하는 행위는 암암리에 계속되었을 것이라 생각되는데, 그 결과를 오늘날의 지역별 본관 빈도의 분포를 통해서도 역으로 추측할 수 있다.

　제시된 지도는 현재의 시·군 행정 구역을 단위로 하여 각 지역별로 본관의 수를 표현한 분포도이다. 예를 들어 지도상에서 가장 밀도가 높은 경기도의 개성, 충청도의 충주와 청주, 전라도의 전주와 나주, 경상도의 안동, 성주, 경주 등 9개 지역은 각각 20개 이상의 종족집단들이 본관으로 삼고 있는 지역들을 의미한다. 이들 지역은 고려시기의 지방 중심지에 해당하는데 본관의 분포가 이들 지역에 집중적으로 나타나고 있

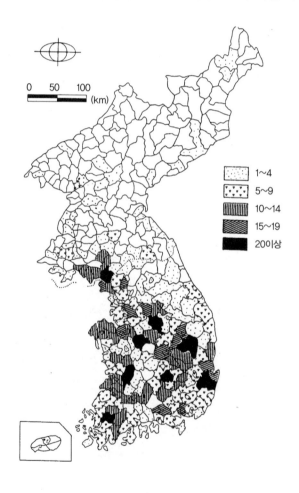

0　50　100
　　　　　(km)

1~4
5~9
10~14
15~19
20이상

지역별 본관 수의 분포[47]

다. 그리고 분포 밀도가 이들 각 지역을 중심으로 하여 주변지로 갈수록 낮아지는 경향을 보인다. 결국 본관의 분포가 고려시기의 주요 지방 중심지를 지향하고 있음을 알 수 있다.

이들 고려시기의 지방 중심지란 고려시기 이래로 주요 명망 있는 호족들의 본관이었다. 이 점을 상기할 때 주요 호족들의 본관을 사칭하게 되면 사회·정치적 지위를 격상시킬 수 있을 것이라는 의식이 자연스럽게 생겨났을 것으로 볼 수 있다. 뿐만 아니라 당대에는 성이 다르더라도 본관이 동일한 경우 동향의식을 가지고 있었기 때문에,[48] 소위 본관의 개관 혹은 사칭이 무리 없이 발생했을 것으로 본다. 따라서 현재의 본관수 분포는 고려시기 유력 호족들의 출신지에 집중하는 패턴으로서, 많은 종족집단들이 갖고 있던 권력에의 의지가 공간적으로 표현된 결과라고 해석할 수 있다. 현재의 본관 분포 패턴이 의미하는 바는 본관 개념속에 권력을 지향하고자 한 의지가 담겨 있다는 사실이다. 이것은 우리 사회에서 특정한 본관이 유력한 본관이냐 아니냐 하는 판단이 일종의 담론discourse임을 암시한다.

지도상의 분포를 조선중기 이후에 나타난 본관의 사칭 및 개관의 결과로 해석할 수 있는 이유로서 다음과 같은 논리가 가능하다. 조선시기의 유력한 종족집단들은 그 혈연 근원이 고려시기의 재경사족에서 나왔다. 이들은 대체로 각 지방 중심지에서 상경한 호족의 후예들로서 이들의 본관은 대부분 고려시기의 주요 지방 중심지와 일치하였다. 조선시기의 지방 중심지를 반영하는 것이 아니라 고려시기의 그것을 반영한다는 점을 주목하는 것이다. 조선중기이후 나타난 각 성씨집단들이 당시의 유력 성씨집단의 본관지로 자신의 본관을 개관하는 것은 사회적 지위를 향상시키고 권력 집단에 한층 가까이 갈 수 있었던 방법이었을 것이다.[49] 이 같은 결과가 지도상의 분포로 나타났던 것은 아닐까? 즉 이것이 사회적 지위와 권력에 대한 지향성을 상징하는 본관의 세 번째 의미층이 된다고 볼 수 있는 것이다.

여기에 해당하는 대표적 사례로는 함경남도 영흥군이 세거지이면서도 조선초 본관을 한양으로 변경한 한양조씨漢陽趙氏, 세거지가 전라도 압해도이면서도 조선 중기 나주로 본관을 바꾼 나주정씨羅州丁氏, 그리고 조선시기에 중국의 특정 지방을 본관으로 설정하고 있는 신안주씨新安朱氏, 곡부공씨曲阜孔氏를 들 수 있다. 이들이 본관을 바꾼 표면상의 이유는 종족집단 내에서 배출된 개국공신의 출신지, 행정구역 변경, 동일한 혈통 기원 등이다. 그러나 개관후 본관지의 행정 등급이 이전보다 높아졌다는 점, 중국을 본관으로 하는 경우 공자와 같은 유력 인물의 성씨와 성 호칭이 동일하다는 점에서만 보아도 이들의 본관 개관에서 권력 지향성을 엿볼 수 있다.

특정 인물의 후손으로 사칭해서 유력한 본관의 성씨집단 족보에 등재되는 사례도 있었다. 가령 청주한씨淸州韓氏 오교족보五校族譜, 乙丑譜 서문을 보면 "11세손 서제공은 이전의 네 차례 족보에 모두 후손이 없는 것으로 기록되어 있는데 이제 갑자기 10여세를 아무 근거도 없이 채워서 혈손血孫이 있는 것과 같이 꾸며놓았으니 통탄할 일이로다. 이것이 누구의 장난으로 된 것인가"[50]라 되어 있는데 이러한 경우가 그에 해당한다.

4

맺는 말

　이상에서 살펴본 것처럼 오늘날 우리나라 각 종족집단들이 사용하고 있는 본관은 크게 세 가지의 의미를 갖고 있다. 본관을 세거 장소로 인식하는 종족집단이 있는 반면, 본관을 실증이 불가능한 단순히 먼 조상의 기원 장소로 간주하는 경우도 있다.

　물론 세거 장소이자 동시에 기원 장소로서 본관을 이해하는 종족집단도 있고, 이 양자와는 관계없이 특정 시점부터 새로운 본관을 쓰기 시작함으로서 다분히 상징적인 장소로서의 의미를 갖는 경우도 있다. 이런 면에서 각 종족집단의 본관을 좀 더 깊이 이해하기 위해서는 가령 동일한 경주김씨라 하더라도 어느 지역에 거주하고 있는 경주김씨인가, 언제부터 현재의 근거지를 마련하였는가 하는 점, 그 밖에 고려와 조선시기 각 군현의 토성, 속성, 래성來姓, 망성 등의 추이와 관련지어 고찰해야만 한다.

　특히 종족집단의 거주지 이동이라는 문제는 종족집단의 본관 이탈 배경을 규명할 수 있는 주제로서, 이주가 발생하는 상황 및 패턴, 종족촌락宗族村落의 형성과정, 새로운 지역에의 유입과 지역화과정 등 종족집단과 관련된 다양한 지리적 측면들을 살펴볼 수 있다는 점에서 지리적으로 의미 있는 주제가 된다. 이러한 맥락에서 다음 장에서는 종족집단의 본관 이탈 배경과 공간 이동의 문제에 관해 좀 더 자세히 검토하기로 한다.

第4章

종족집단의 공간 이동과
종족촌락의 탄생

미시적으로
들여다보기

14~19세기를 중심으로 종법사상宗法思想의 보급, 동성동본 의식의 강화, 부계 혈통 중심의 친족의식, 장자 우대 관행, 족보 간행 등과 더불어 한국의 종족집단[01]은 사회적 구성에서 중요한 단위로 부각되기 시작하였다. 종족집단이 갖는 당대의 이 같은 사회적 단위성은 시·공간상에 다양한 패턴과 경관으로 표출되었는데, 그 중에서 역사지리적으로 가장 의미 있는 현상이 이들의 공간 이동과 종족촌락의 탄생 문제이다. 종족집단의 공간 이동과 종족촌락의 기원은 별개의 문제가 아니며 하나의 지리적 연쇄geographical chain[02] 속에 존재하는, 맥락적으로 긴밀한 관련을 가진 공간 현상이다.

그간 한국의 종족집단에 관해서는 '가족과 친족의 연구'라는 범주 속에서 사회학, 역사학, 인류학을 중심으로 접근하여왔으며 학사적學史的으로 매우 오랜 연구 전통을 갖고 있다. 그러나 20세기 전반기에는 가장 활발했던 연구 주제에 해당했지만, 소수의 정력적인 연구자들에 이루어진 것이 사실이며 최근에는 매우 침체된 상태에 있다김필동, 1990: 27. 특히 한국의 경우 이들 분야의 연구에서는 대체로 종족집단이 갖는 사회적 의미에 초점을 맞추어 왔고, 공간적 관점의 수용이라는 점에서는 매우 소극적이었음을 인정하지 않을 수 없다. 스케일에 있어서는 전체 사회구조 내지 사회적 변동과의 관련성을 지향하였으며, 미시적 스케일에서 질적 분석을 통한 '현상 그 자체의 해석'을 소홀히 한 측면이 있다.

한편 1950, 60년대 아날 학자들에 의해 '가족사 연구'가 본격화되면서 프랑스에서는 역사지리학, 경제사, 역사인구학 분야가 개척되었는데정진성, 1990: 71, 서양의 경우 지리학에서 이 주제에 관심을 갖게 된 것이 이 시기로부터 비롯한다. 이 과정에서 프랑스 및 영국의 사회학, 역사학, 지리학에서는 전통적으로 이 주제에 접근함에 있어 '공간과 사회의 관계'가 자연스럽게 중요한 의제로 다루어질 수 있었고, 그것은 현대 사회 이론과 역사철학에도 그대로 반영되고 있음을 확인할 수 있다전종한·류제헌, 1999: 174-176. 이러한 국내외의 학사적 흐름과 연구 동향을 조망하여 볼 때, 한국의 경우 종족집단에 관한 기존의 연구에서 가장 부족했던 부분의 하나는 공간적 관점의 활용과 관련되고 다른 하나는 미시적, 질적 분석임을 제기할 수 있다. 이러한 문제의식에 터할 때 공간적으로 의미 있는 주제로서 '종족집단의 공간 이동과 종족촌락의 탄생'을 제안할 수 있으며 이 글을 통해 그 일면을 고찰하고자 한다.

필자는 이 글에서 보성오씨를 사례로 삼아 기존에 구상한 종족집단 거주지 이동 패턴의 복원방법론전종한, 2001을 활용하여 그들의 거주지 이동 패턴을 복원reconstruction하고 패턴의 이면에 존재하는 이주과정을 재현representation하려는 목적을 갖는다. 거주지 이동 패턴의 복원을 위해 활용된 기본 자료는 족보상의 거주지 및 묘소 기록이었으며, 이주 배경과 과정을 재현함에 있어서는 족보 외에 행장行狀, 문집文集, 문인록門人錄 등의 사찬 사료를 분석하되 현달한 정치사회적 인물의 경우는 『조선왕조실록』과 사마방목司馬榜目의 기록을 참고하였다.

여기서 보성오씨 종족집단이 분석 대상으로서 갖는 의미는 크게 세 가지를 들 수 있다: 첫째, 본관과 종파宗派의 근거지가 다르기 때문에 본관 이탈과 거주지 이동, 종족촌락의 관계를 검토하기에 효과적일 것이라는 점; 둘째, 14세기 이래 정치사회적으로 현달顯達한 인물이 다수 배출되어 사찬 기록이 풍부하고 관찬 사료에도 등재되어 있는 등 관련 자료의 신빙성을 기할 수 있다는 점; 셋째, 종토宗土 및 종족 경관이 잘 보존되어 있어 현지답사를 통한 확인과 면담을 통해 연구 자료를 보완할 수 있다는 점.

그리하여 보성오씨 종족집단의 본관 정착 및 이탈, 거주지 이동과정을 통시적으로 복원할 것이다. 이를 통해 확인되는 다양한 이주 사례들을 분석하여 그 특성을 추출하되, 이주 배경과 이주거리의 관련성, 시기별 주요 정치사회적 변동과 이주 빈도의 관계, 그리고 거주지 위치가 갖는 지정학적 차원으로 나누어 각각 고찰할 것이다. 물론 이 특성들이 보성오씨 하나의 사례 분석으로부터 도출되는 결과라는 점에서 일반화에는 한계가 있을 수밖에 없다. 그러나 이주과정을 이주 주체의 입장에서 복원하고 각각의 이주 사례에 대해 미시적으로 검토함으로써, 이주 주체가 당면했던 이주의 주요 배경, 이주시 어떤 공간을 선택하였는가 하는 장소관, 하나의 종족집단 전체에서 전개된 이주의 통시적 과정 등에 구체적, 실증적으로 이해할 수 있다. 14~19세기 종족집단의 이주행위를 유발했던 다양한 맥락과 상황들을 포착할 수 있으며, 이 점에서 기존의 구조적이고 거시적인 연구 성과들을 보완함과 동시에 후속 연구들에 갖는 함의를 찾아볼 수 있으리라 사료된다.

한편 본 고에서는 종족촌락宗族村落의 탄생 배경에 관심을 갖는다. 기존 연구에 의하면 한국에서 종족촌락은 종법사상의 보급과 이로 인한 종족의식의 확산과정에서 발생한 지리적 현상으로 일반화되고 있다. 그 발생시기에 관해서는 대체로 양란이후, 즉 17세기 중엽 이후에 발생 빈도가 급증한 것으로 이해되는 것이 보통이며, 종법사상과 관련지어 종족촌락의 내부 구조에 관해 비교적 많은 성과를 축적하고 있다. 다시 말해서 특정한 종족촌락을 선정한 후 그 정착과정 및 공간구조 같은 내적 측면을 분석하는 연구가 많았다. 이러한 연구들에서는 당연히 종족촌락의 발생 배경 및 맥락에 관해서는 상대적으로 소홀히 다루어져 온 것이 사실이다. 필자는 기존 연구에서 소홀했던, 종족촌락 발생의 외적 배경을 탐색하려고 한다. 특히 종족촌락은 이주 현상의 연속선상에서 발생하는 것이기 때문에, 공간 이동에 대한 분석 결과는 종족촌락의 기원을 이해하는데 중요하게 활용될 것이다.

2

공간 이동의 무수한 상황들:
보성오씨 사례

본관 인접지역으로의 이주

　보성오씨의 시조는 오현필吳賢弼인데 그는 1216년고려 고종 3년 거란군의 침입을 격퇴
한 공으로 보성군寶城君에 봉해졌고 후손들이 전라도 보성을 본관으로 삼았다고 전한
다.03 그 후 4세世 존성이 역시 보성군에 봉해졌고 6세 사충이 영성군04에 올랐다. 7세
천복은 고려조에서 관직을 역임한 뒤 노년에 보성으로 돌아가 거주하였다.05 이러한
사실로 보면 보성오씨는 고려조와 조선조에서 연이어 관직을 역임하면서 개성 인근에
거주지를 마련한 한편 전라도 보성을 본관으로 삼아 근거지를 확보하고 있었던 것 같
다. 보성오씨 종족집단에게 있어 그 본관인 보성은 시조 이래의 보성오씨 세거지로서
'거주 장소로서의 본관'에 해당한다.

　보성에 거주했다는 기록을 가진 최초의 인물은 7세 천복이지만 현재 보성에 묘소가
남아있는 최고最古의 선조는 12세 천을이다. 천을의 직계 조상들의 관직을 보면 6세 광
석이 복야, 7세 자화가 평장사, 8세 예충이 예부상서, 9세 윤정이 문하찬성, 10세 백이
호부상서, 11세 예가 정승 등 고려의 중앙 관료로서 활동했다. 따라서 이들은 개경 일

대에 거주지를 마련했을 것으로 간주되지만 확실한 물적 증거는 없다. 묘소 확인이 가능한 경우는 12세 천을이라는 인물로부터이다.

천을은 홍문관 대제학을 역임하였는데 묘소는 전라도 보성군 조성면에 남겼다. 그의 아들은 오신지로서 세조의 왕위 등극을 도와 3등 공신에 봉해졌고[06] 이조참판을 지냈으며 묘소는 역시 보성에 있다. 오신지의 아들은 순천부사를 역임한 오자적으로 그 역시 보성에 묘소를 남겼다. 천을의 자손들은 중앙 관료를 지내면서도 묘소가 모두 보성에 위치한 것이 특징이다. 그 후 19세 덕윤의 자손들이 낙안, 하동, 광양, 고흥 지방으로 이주하였음이 확인된다. 천을의 자손은 덕윤이 생원, 그의 아들 20세 효립이 진사, 21세 우선이 태인현감 및 사헌부 장령을 역임하는 등 한동안 지방 사족으로서 명망을 유지하였으나, 22세 이후로는 관직 진출자를 내지 못하고 정치적으로 몰락한 것 같다. 그 시점은 대략 17세기 후반으로 추정된다.[07]

한편, 천을의 동생 충을은 귀은歸隱이라는 그의 호에서도 알 수 있듯이 고려 말 벼슬을 버리고 보성 지방에 낙향한 인물이다. 그의 아들 순 역시 충을과 함께 낙향하였

보성 인근으로의 이주

구분	이름	생존 시기	이주지	관직	비 고
12세	충을	14세기 후반	양주→보성〈전남〉	예문관직제학	고려말을 당하여 낙향
13세	순	14세기 말기	보성→능주〈전남〉	예부상서	『寶城地誌』: "恭讓元年棄官歸鄕里終身不出"
14세	효정		보성→강진〈전남〉		처: 밀양박씨, 부(父)는 참의를 지낸 순(栒).
19세	덕윤		보성→낙안〈전남〉	생원	처: 남평문씨
19세	전	1612- ?	보성→능주〈전남〉	교리	
20세	남걸	1618-1685	보성→고양〈경기〉	成均通士	처 성산이씨는 보성에 묘소

cf. 20세 남걸의 후손들은 25세에 이르도록 다시 보성에 묘소를 남기고 있다. 남걸 대에 일시적으로 경기도 고양에 거주한 것 같다.

구분	이름	생존 시기	이주지	관직	비 고
21세	민선		보성→광양〈전남〉		
22세	천석	1720- ?	보성→고흥〈전남〉		
23세	수성		보성→낙안〈전남〉		

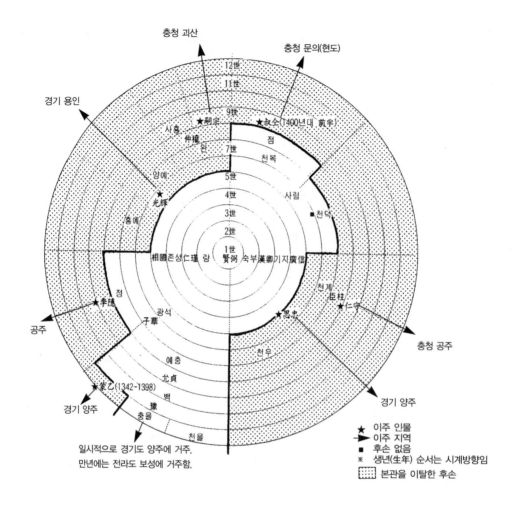

충청 괴산
충청 문의(현도)
경기 용인

12世
11世
9世
★嗣宗
사흉 ★叔소(1400년대 前半)
仲權
완 7世 점
천복
5世
光輝 4世 사림
3世 ■천덕
홍예 2世
1世
相國존셩仁璉 량 賢弼 숙부漢卿기지廣信
천계
臣柱
정 ★仁守
광석 ★思忠
子華 천우
공주
예충
충청 공주
尤貞
백
★蔘乙(1342-1398) 豫
충을 경기 양주
천을
경기 양주

★ 이주 인물
➤ 이주 지역
■ 후손 없음
※ 생년(生年) 순서는 시계방향임
▨ 본관을 이탈한 후손

일시적으로 경기도 양주에 거주.
만년에는 전라도 보성에 거주함.

* 이 그림에서 동심원들은 시조 이래의 각 세대(世代)를 의미한다. 가장 안쪽의 동심원에 보성오씨 시조인 1세 오현필이 위치하고, 그 외곽의 동심원에 차례로 2세로부터 12세까지의 후손 이름과 거주지 이동 사항을 표시하였다. 그림의 12시 방향을 기준으로 하여 시계 방향으로 장남, 차남 순으로 배열된다(예를 들면, 1세 오현필의 장남이 숙부이고 차남이 량이다. 마찬가지로 6세 사렴의 장남이 천복, 차남이 척덕이다.). 이 그림에서 흰색 부분은 본관인 보성 지방에 잔류한 후손들이 누구였는가를 보여주며, 점 패턴으로 표시된 부분은 보성을 이탈하여 타지방으로 이주한 경우 및 후손이 없는 경우를 뜻한다. 타지방으로 이주한 경우에는 이주 인물 및 이주 지역명을 동심원의 바깥쪽에 표기하였다. 대체로 보아 5~9세 후손들[시기상으로는 대체로 14세기 후반에 해당함]에게서 본관 이탈 빈도가 높으며, 12세 후손의 시점에서 볼 때 보성에 잔류한 자손은 11세 예의 장남 및 차남의 후손임을 확인할 수 있다.

보성오씨의 본관 잔류 후손과 이탈 인물*

다. 순의 아들들은 보성 인근의 군현으로 근거리 이주를 하였는데, 14세 효정이 강진으로, 15세 경창이 능주로 각각 이주하였다. 이 중 능주에 정착한 경창의 자손들은 학문으로 비교적 이름이 있었다. 18세 안주는 율곡 이이의 문인이었고 그의 아들 19세 방한은 죽천 박광전[08]의 문하에서 수업하는 등 사림士林으로 활동한 인물이 많았다. 어쨌든 이들의 후손은 보성 인근의 강진과 능주에 거주하게 되었다. 앞의 그림은 보성오씨 1세로부터 12세까지의 인물들을 대상으로 본관 잔류 후손 및 이탈 인물을 정리한 것이다.

본관으로부터의 중·장거리 이주

① 경기도 용인 및 충청도 괴산으로의 이주

6세 광휘는 중앙관직인 좌복야에 오르면서 보성으로부터 상경하여 경기도 용인에 거주하였다. 9세 사종은 고려 말 정계에 올라 여러 지방의 군수를 역임하다가 조선 초기 벼슬에서 물러나 충청도 괴산에 은거하였다.[09] 괴산의 산수가 좋았기 때문이라 전하는데, 괴산 지방은 그의 지방관 시절과 연관을 맺었을 가능성이 있다. 그는 조선 초 다시 부름을 받아 의정부 좌참찬을 역임한 기록이 있고,[10] 그의 아들 10세 숙은 괴산에 인접한 청풍군수를 역임하였다. 이 후에도 자손들이 정계에서 크게 활약하였는데, 11세 영노가 대사헌을 지내고 두성군荳城君에, 12세 익창이 함경도 길주 목사,[11] 백창이 중추부사를 지내고 세조 등극을 도와 좌리 1등 공신에 봉해졌다. 9세 사종 때에 괴산에 정착한 보성오씨는 잇따라 중앙 관료에 진출했으므로 틀림없이 한양 인근에도 거주지를 마련했을 것으로 생각된다. 황해도 풍덕에 남아 있는 12세 백창의 묘소와 14세 석경, 15세 숙문, 진 등 그 후손들의 묘소 분포가 그러한 추정을 뒷받침 해준다.

정계 진출은 13세 이후에도 계속되어 13세 순손이 의정부 좌참찬을 지내고 적개 2등 공신에 봉해졌고,[12] 15세 극성이 한성좌윤, 숙문이 충주목사 등을 역임하였다. 그리하여 괴산에 정착한 보성오씨 일파는 중앙 관직에 진출하면서 괴산과 경기도 두 곳에 거주지를 마련하게 된 것 같다. 그 분기점은 14세 자손 대에 해당한다. 14세 세내로부터 비롯되는 장남 계열이 괴산에 거주하였고, 차남 계열인 14세 석경과 한경, 수경은 고양

용인 및 괴산으로의 이주

구분	이름	생존 시기	이주지	관직	비 고
6세	광휘		보성→용인〈경기〉	좌복야	
9세	사종		용인→괴산〈충북〉	좌참찬	처: 성주이씨, 부는 정당문학(政堂文學)을 지낸 인미(仁美).
12세	백창	15세기	중반괴산→풍덕〈황해〉	성균관 통사	
14세	석경		괴산→고양〈경기〉	성균관 통사	후손들이 경기도에 거주

cf. 14세 장자長子 세내의 자손들은 괴산에 잔류, 거주.

| 16세 | 연준 | | 괴산→충주〈충북〉 | 진사 | 처: 강릉최씨 |
| 17세 | 환 | | 충주→제천〈충북〉 | 생원 | 처: 단양장씨 |

cf. 17세 환의 자손들은 26세 자손들에 이르기까지 관직 진출자가 나오지 않았다. 그리고 21세 이후 통혼권은 거주지인 제천을 중심으로 형성되었다. 주요 배필성씨로는 21세 탕이 횡성고씨, 22세 덕린이 원주원씨, 23세 욱은 강릉최씨, 번은 청풍유씨, 24세 중채는 평창이씨, 25세 건은 충주박씨 등이었다. 이러한 배필성씨의 본관명을 통해 보건대 이들은 모두 제천 인근 군현에 거주하던 토착성씨들인 것 같다.

| 23세 | 명성 | | 괴산→음성〈충북〉 | | 모(母):안동권씨, 외가에 거주 |
| 24세 | 지환 | | 음성→진천〈충북〉 | | 처: 원주원씨 |

에 거주하였다.

　괴산에 잔류한 14세 세내 계열은 15세에 와서 추가적인 거주지 분기가 일어났다. 15세 장남 극함의 자손들은 괴산에 여전히 잔류하였다. 차남인 극성은 한성좌윤에 올랐는데 그의 자손들은 청주로 이주하였다. 장자 극함의 자손들은 19세 식 및 20세 중헌이 부호군을 지낸 것을 제외하면 26세에 이르도록 관직 진출자가 없었고 거주지도 괴산을 중심으로 음성과 진천 등 인근 지방에 확산되었을 뿐이다. 이에 비해 차남 극성의 자손들은 청주에 거주지를 잡은 뒤 손자인 16세 창이 사헌부 감찰, 17세 경길이 장사랑, 18세 계립이 중추부사, 19세 수가 통덕랑, 20세 태연이 선전관을 지내는 등 정계 진출이 한동안 지속되었다. 특히 중추부사를 지낸 18세 계립은 다섯 명의 아들을 두었는데, 장남 계열은 청주에 잔류하였지만 3남 순의 자손들은 경기도 안성 및 용인에, 4남 헌의 자손들은 공주로 이주하였다.

　한편 괴산을 이탈한 14세 석경과 한경, 수경의 자손들은 괴산에 잔류한 장손 계열의 후손들에 비해 정치적으로 크게 현달하였고 거주지 이동도 활발하였다. 14세 석경과 수경은 각각 산음현감과 거창현감을 지냈다. 그리고 15세 숙문이 충주목사, 16세 해가 황간현감, 17세 계심이 음성현감, 18세 수남이 이조참판, 19세 정욱이 군기사정에 올랐다. 이 중 석경의 자손들은 20세 만성과 21세 상구는 벼슬에 오르지 못했으나, 22세 언철이 중추의금부사 및 오위도총부부총관을 거쳐 두흥군荳興君에 봉해짐으로써 조부 만성이 좌승지에 그리고 아버지 사구가 호조참판에 증직될 수 있었다. 24세 자손들까지는 경기도 고양 일대에 거주하였고, 25세 대우는 황해도 개풍군으로, 23세 한적은 경기도 가평군으로 각각 이주하였는데, 이로써 후손들은 적어도 19세기까지 대체로 경기도 일원에 거주하게 되었다.

② 양주로부터 충청도 공주로의 이주(1)

6세 사충은 조선왕조 개국공신이 되어 경기도 양주에 거주하였다. 조부가 중랑장, 아버지가 절제사, 형이 안무사 등의 관직에 있었던 사실을 보면 사충 이전부터 한양 인근에 거주하고 있었을 것으로 생각되며 양주 지방도 그 중 하나였을 것이다. 그러나 9세 인수가 어떤 이유에서 인지 15세기 전반 경 공주로 이거移居하였고 공주에 정착한 후 점차 정계 진출 빈도 및 정치적 지위가 낮아져갔다.[13] 그리하여 15세 자손부터16세 순 군기감 참봉을 제외 21세 자손까지 관직 진출자 없었으며, 후손들의 묘소는 거의 공주, 니산 등 충청도 공주 일원에 남아 있다.

양주로부터 공주로의 이주(1)

구분	이름	생존 시기	이주지	관직	비 고
6세	사충	? -1406	? →양주〈경기〉	개국삼등공신	사실이 태종실록에 기록
9세	인수	15세기전반	양주→공주〈충남〉	낭장	최초로 공주에 묘소

③ 양주로부터 충청도 공주로의 이주(2)

공주에 묘소가 보이는 또 다른 인물은 11세 효창이다. 그의 선대先代의 관직과 6세 사충의 거주지로부터 미루어 추측컨데 이전의 거주지는 양주였을 것으로 본다. 아무

양주로부터 공주로의 이주(2)

구분	이름	이주지	관직	비 고
8세	정		병조판서	
9세	계은		좌정승	최초로 공주에 묘소
10세	사경		고산현감	고산은 완산의 속지(屬地)
11세	효창	양주→공주〈충남〉	영릉 참봉	처: 정씨, 한산이씨
16세	성규	공주→아산〈충남〉	장사랑	모: 천안전씨(天安全氏)
16세	세주	공주→광주〈경기〉	증형조참판	처: 덕수장씨, 부는 부위(副尉)를 지낸 명구(命龜)
16세	세성	공주→풍덕〈황해〉		처:순흥안씨, 자부:해주정씨
19세	경우	공주→여산〈전남〉		부 희채의 묘소는 연산
19세	오봉	공주→논산〈충남〉	사고 참봉	모: 광산김씨, 처: 완산이씨

튼 11세 효창 代(대)에 공주로 이거하였음은 확실하다. 이주 배경은 확실치 않으나 효창 본인이 참봉을 지내고 그의 아들 12세 응성이 공조참판, 13세 대봉이 오위도총부 부총관, 대봉이 동지중추부사, 14세 집이 군자감 첨정 등에 오른 것을 보면 정치적 도피에 의한 은거는 아닌 것 같다. 대신, 효창의 배필 성씨가 충청도에 본관을 둔 한산이씨라는 점에서 처가의 거주지와 관련 있을 가능성이 있다.

효창의 후손들은 정착 2세대世代부터 진천임씨鎭川林氏,[14] 전의이씨全義李氏,[15] 한산이씨韓山李氏,[16] 은진송씨恩津宋氏,[17] 천안전씨天安全氏[18] 등 충청도 공주 주변 군현의 주요 토착 성씨들과 통혼관계를 맺어갔다. 유력 종족집단과의 통혼을 이용하는 지역화 전략을 보여준다. 효창의 장손 계열은 25세 후손까지 공주 효포 일대에 거주한 것으로 확인된다. 그 외 자손들은 16세 성규가 아산으로 이주하였는데, 이주 배경은 외가[19]의 근거지와 관련있을 것으로 추측되며, 형제들의 묘소는 그대로 공주에 남아있는 것으로 보아 성규는 아산 배방면으로 이주한 입향조임이 확실하다. 그 외에 16세 세주, 세성 형제가 경기도 광주와 황해도 풍덕으로 이주하였고, 19세 경우는 여산으로, 오봉은 논산 상월면으로 이주하였다. 이들은 각 이주지의 입향조가 된다.

④ 양주로부터 전라도 전주 · 충청도 천안으로의 이주

12세 오몽을1342~1398은 조선개국공신에 등재되어 있고 대장군을 거쳐 태종조에 이조판서를 역임한 인물이다. 그러나 세자 책봉 문제와 관련한 정쟁에서 패하여 전주로 유배됨으로써[20] 그 후 자손들이 전라도 전주 지방에 거주하게 된다.[21]

오몽을은 대장군을 지낸 무인으로서 자손들도 무인이 많았으며 후에 죄과가 사면되고 좌의정에 증직되었다. 그가 사면복권됨으로써 후손들은 재차 정계에 진출할 수

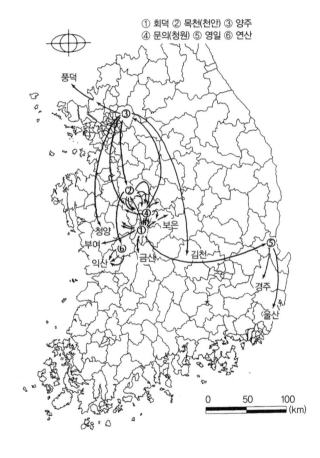

① 회덕 ② 목천(천안) ③ 양주
④ 문의(청원) ⑤ 영일 ⑥ 연산

보성오씨의 거주지 이동(1):
패턴과 거점

* 이 지도와 앞의 도표들 간의 비교를 통해 이주 시기별 이주 빈도, 이주 거리, 이주 배경, 이주 거점을 확인할 수 있다.

양주로부터 전라도 전주 · 충청도 천안으로의 이주

구분	이름	생존 시기	이주지	관직	비 고
12세	몽을	1342–1398	양주→전주〈전라〉	이조판서	처: 전주최씨, 부는 안렴사 (安廉使)를 지낸 용(龍).
13세	자경		양주→천안〈충남〉		처: 천안전씨
20세	익		천안→홍성〈충남〉		임진란을 당하여 이주
22세	경록		홍성→해미〈충남〉		
25세	백원		홍성→공주〈충남〉		

있었다. 13세 소남이 어모장군, 자경?-1475이 병조판서,[22] 14세 연순이 공조참판, 15세 찬이 대호군, 16세 세훈과 17세 문을이 어모장군, 18세 응립이 훈련원 봉사 등을 역임하였다. 오몽을의 자손들은 장손 계열과 차손 계열로 거주지가 나뉘는데, 전자는 전주에[23] 그리고 후자는 천안에 거주지를 갖게 되었다.

오몽을의 아들과 손자는 묘소를 알 수 없는데 아마도 당초 오몽을의 죄과와 관련되어 3대가 은거한 연유에서 일 것이다. 이런 배경에서 차남도 충남 천안 지방으로 숨어 들어간 것이라 추측된다. 차남 자경이 천안으로 이주한 배경은 그의 부인이 천안전씨라는 점과 관련있을 것이다. 당시 외가나 처가가 피화처避禍處로 인식되었음을 보여준다. 전주를 거주지로 삼았던 자손들은 25세 이후까지 거의 전주를 벗어나지 않았다. 그러나 천안의 자손들은 임진왜란을 당하여 일부가 홍성으로 이주하였고, 그 후 해미와 공주 지방에도 일부 확산되었다. 이상의 이주 사례 지도로 요약하면 다음과 같다.

근거지의 재구축: 충청도 문의현

9세 숙동은 보성오씨 대종손이다. 그는 보성으로부터 충청도 청주목 문의현 신탄[24]으로 이주하였다. 족보에는 그에 대하여 처가인 원주원씨의 거주지가 있는 곳에 이주해 왔다고 적고 있다.[25] 숙동은 조선초기에 난리를 피해 보성으로부터 문의 이도면 양지리 월대로 이거하였는데 이곳은 장인인 원계손의 집이 있던 마을이었다.[26]

숙동은 네 아들을 두었는데[27] 모두 무관 벼슬을 하였으며 숙동의 정착지에 묘소를 두고 있다. 그와 그의 아들 인정은 부위[정3품]를 지냈으며 손자 대에까지 높은 정치적 지위가 유지되었다. 11세 효원과 효관은 대호군[종3품], 옥린은 부사직[종5품]을 역임하였다. 보성오씨는 대체로 무관으로 현달한 인물이 많은지만 12세 윤은 문과에 합격하여[28] 중앙 정계에 진출하면서 경기도 양평으로 이주한 것으로 보인다. 그는 조광조를 비호하는 상소를 올렸다고 하는데,[29] 그의 아들들이 양평에 머물지 않고 다시 문의로

보성으로부터 충청도 문의[현도]로의 이주

구분	이름	생존 시기	이주지	관직	비 고
9세	숙동	15세기 전반	보성→문의〈충북〉	진의부위	대종손(大宗孫)
12세	윤		문의→양평〈경기〉		1511(중종6)년 문과 급제, 일시적으로 이주
12세	*옥린		문의→김제〈전북〉	부사직	처: 광산김씨. 부는 감찰을 지낸 일창(日昌)
13세	*사성		문의→전주〈전북〉		과거를 폐하고 강산을 두루 유람(廢科擧/周遊江山)
13세	세호	1515-?	문의→옹진〈황해〉		임진왜란 때 이주
13세	몽양	?-1537	문의→양주〈경기〉	봉교	1536년 문과에 급제

cf. 그의 아들 경춘(1537-1563)의 묘는 경기도 양주에 있었으나, 손자 만(1609-1655)부터는 경기도 포천에 정착였다. 포천은 그의 모친인 김해김씨[그녀의 아버지는 사헌부 감찰을 지낸 균(均)]의 묘소가 있던 곳이다.

구분	이름	생존 시기	이주지	관직	비 고
14세	태우	16세기 후반	문의→낭성〈충북〉		임진왜란 때 이주
14세	세란	1534-?	문의→직산〈충북〉		진사임진왜란 때 이주
14세	*원호		문의→구즉〈대전〉	부사직	처:여흥민씨. 구즉은 여흥민씨 세거지
15세	만	1609-1655	양주→포천〈경기〉		
17세	수창		문의→괴산〈충북〉		처:의성김씨, 본인 묘는 청원 강서, 처의 묘는 괴산에 있음
17세	홍건		직산→공주〈충남〉	진사	
17세	연국		문의→전주〈전북〉		
17세	진명		문의→공주〈충남〉		처: 부안림씨, 본인 묘는 청원 문의, 처의 묘는 공주에 있음
18세	수명		문의→공주〈충남〉		
18세	정우		문의→목천〈충북〉		처: 천안전씨

돌아온 것으로 보아 기묘사화를 당하여 다시 낙향하게 된 것으로 생각된다. 그 후 15세에 이르면 행건1562-?이 사마와 문과에 합격하였고, 행민1565-? 역시 문과에 합격하였으며, 행검이 문장과 학문으로 유명하였다. 이들 세 형제를 세칭 '삼오三烏'라 부를 만큼 보성오씨는 문의 신탄[현재의 현도면 달계리]을 근거지로 하면서 이 일대 지역사회를 구성하는 중요한 종족집단이 되었다.

한편 조선시기 전체에 걸쳐 보성오씨는 71건의 생원진사 합격자를 내었다. 이 중 문의 신탄에 정착한 종파宗派의 거주지를 문의와 청주 일원으로 본다면, 이곳에 거주하던 보성오씨가 차지하는 비중은 우리나라 보성로씨 전체의 50.7%가 된다.[30] 그 다음으로 한양에 거주하던 합격자가 14건, 전주가 6건, 공주가 5건, 임실이 2건, 기타 8건 등이다. 반면 본관지인 보성과 그 인근의 지역에서는 한명의 생원진사도 배출하지 못하였다. 당대의 문의 신탄이라는 지명은 현재의 청원군 현도면 일대에 해당하는데, 조선말기에 이르면 이 지방이 보성오씨의 전국적인 근거지로 부각된 것이다.

생원진사 합격자에 있어서 문의의 보성오씨가 이처럼 많은 인원을 배출한 배경에는 인접한 회덕 은진송씨와의 학연관계가 중요하게 작용한 것으로 보인다. 특히 송시열과 송준길의 문하생으로 수학한 인물들이 많았다. 가령 16세 오익승과 오한국 부자, 16세 오천구, 오상윤, 17세 오윤국 등이 그들이다. 족보의 통혼관계 기록을 살펴보면, 이러한 학연관계에 앞서서 혈연관계가 선행되었던 것으로 보인다. 보성오씨가 주로 통혼한 성씨는 청주의 청주이씨, 청주한씨, 회덕의 은진송씨, 진주강씨, 여흥민씨, 광산김씨 등이다. 그리하여 보성오씨는 지역적으로는 청주와 회덕의 중간에서 고유한 공간을 확보하면서 자신들의 장소를 만들고 영역성을 구축해갔다. 이들은 정착 후 약 100여년 뒤인 16세기 초부터 거주지 확대를 본격화해 나간다. 주요 사례를 열거하면 다음과 같다.

최초의 이주자는 11세 옥린이다. 그는 전라북도 김제로 이주하였다. 다음으로 13세 몽양?-1537[31]은 1536년 문과에 급제하면서 중앙 관료에 올라 경기도 양평에 거주한 것으로 보인다. 손자 만1609-1655부터는 경기도 포천으로 이주하였다. 그리고 입향 4세대인 16세 백주1643-1719에 이르러 정치적 지위가 크게 격상되었고, 이 때부터 포천 지방에 확고한 근거지를 마련한 것 같다. 백주는 무과에 급제한 후 병마절제사와 도호부사를 거쳐 형조판서[정2품]에 올랐다. 그 결과로 경기도 입향조인 증조부로부터 자신의 아버지에까지 관직의 증직이 이루어졌다. 증조부 몽양의 관직이 예문관 봉교[정7품]에서 사헌부 집의[종3품]로, 조부 경춘의 관직이 참봉[종9품]에서 공조참의[정3품]로, 부친 만의 관직이 무직無職에서 호조참판[종2품]으로 각각 증직되었다. 16세 해1686-?가 충북 옥천으로 이주한 것을 제외하면, 몽양 및 몽양의 형제의 자손들은 대부분 포천 지방에 세기해 내려오고 있다.

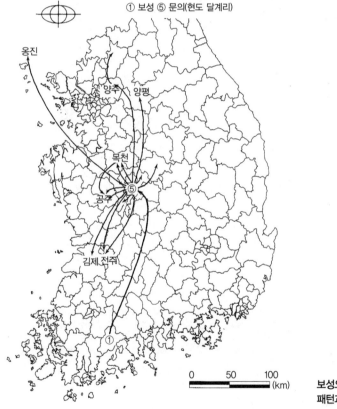

① 보성 ⑤ 문의(현도 달계리)

보성오씨의 거주지 이동(2):
패턴과 거점*

* 충청도 청주목 문의현 신탄[현재의 현도면]에 정착한 오숙동 및 그의 자손들의 거주지 이동을 지도화 한 것이다.

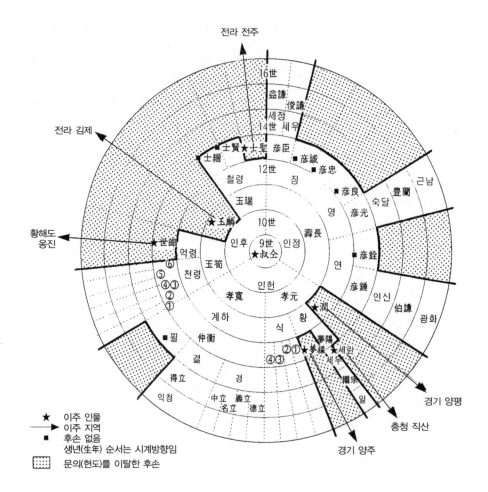

전라 전주

전라 김제

황해도 옹진

경기 양평

충청 직산

경기 양주

★ 이주 인물
→ 이주 지역
■ 후손 없음
  생년(生年) 순서는 시계방향임
▨ 문의(현도)를 이탈한 후손

* 이 그림은 문의[현재의 청원군 현도면 달계리]에 정착한 보성오씨 9세 오숙동으로부터 그 후손들의 거주지 이동 상황을 나타낸 것이다. 16세 후손을 기준으로 볼 때 당시 문의에 잔류한 후손들이 비교적 많았음을 확인할 수 있는데, 이러한 특성은 본관인 전라도 보성의 그것과 대비되는 특징이다. 한편 문의 지방을 이탈한 경우는 대체로 12~14세 후손들임을 알 수 있는데, 시기상으로는 대체로 임진왜란 및 병자호란기에 해당한다. 특히 이 시기 이후에는 후손이 없는 인물도 다수 관찰되는데 전란으로 인한 사상(死傷)에 기인하는 것이라 추측된다.

문의현[현도] 보성오씨의 잔류 후손과 이탈 인물*

한편 임진왜란으로 인한 이주도 활발하게 발생한 것으로 나타났다. 13세 세호1515-?가 황해도 옹진군 단천으로,[32] 14세 태우는 청원군 낭성면으로, 세란은 천안 직산으로 각각 이주하였다. 14세 원호의 경우도 시기상 처가로 이주한 것으로 보아 임진왜란과 관련한 이주일 가능성이 크다. 그 외에도 이들은 괴산, 공주, 전주 등지로 거주지를 확대시켜 갔는데 시기는 18세기 이후로 추정된다.

3

이주 패턴의 특성과
종족촌락의 기원 탐구

앞에서 복원한 보성오씨 종족집단의 이주 패턴과 과정을 토대로 여기서는 이들의 거주지 이동과정에서 나타나는 시·공간적 특성을 추출하려고 한다. 여기서 도출되는 특성들이란 그 성격이 매우 제한적인 것으로서, 일반화라기보다는 종족집단의 이주과정에서 작용하는 다양한 요인들에 대한 제안적 결론의 성격을 가진다. 아래에서는 먼저 이주 패턴의 특성을 세 가지 측면에서 나누어 살펴보기로 한다: 이주의 배경과 이주 거리의 관련성; 시기상의 주요 정치사회적 변동과 이주 빈도의 관계; 이주지의 위치가 갖는 지정학적 차원. 이들 항목에 대한 고찰은 앞에서 분석한 보성오씨의 사례를 바탕으로 이루어지겠지만, 필요에 따라 필자가 별도로 사전에 분석해 본 회덕황씨, 광산김씨, 은진송씨의 경우도 참조하였음을 밝혀둔다. [33]

이주 배경과 이동 거리는 어떤 관계일까?

가장 일상적이고 평범한 배경에서 기인하는 이주는 단거리 이주의 경향을 보인다. 이 말은 두 가지 의미를 갖는다. 하나는 사회적 안정기에는 기존 거주지로부터 인접 지역으로의 단거리 이주가 보편적이라는 점이며, 다른 하나는 인구 증가나 혼인 관계에 의한 이주가 단거리 이주라는 점이다.[34] 여기에 적용되는 이주 주체는 대체로 정치적 지위가 낮은 경우이다.[35] 정치적 지위가 높은 경우에는 특정한 한 장소를 중심으로 경제력을 축적하고 소유 토지를 확대하는 것이 일반적이기 때문에, 대체로 군현 단위 내에서 거주지 이동을 나타내게 된다. 공간 스케일에 있어서 '국지적local' 단위의 종족집단 근거지가 마련되는 것이다.[36] 보성오씨의 현도 지방 정착과정을 비롯하여, 은진송씨의 회덕 정착, 광산김씨의 연산 정착의 초기에 이런 현상이 나타났다. 따라서 이들은 기존 마을에 인접해서 거주지를 확대하는 경향이 있고, 인접 군현으로 이주하는 경우는 매우 드물다. 물론 조선 후기에 이르면 인접 군현으로의 이주가 나타나기 시작하는데, 그 배경은 정치적 지위가 높은 데에 있는 것이라기 보다는 기존 공간 수용력의 한계와 인구 증가에 의한 것으로 보아야 할 것이다.

이와 대조적으로 정치적 지위가 높은 경우에는 일상적인 배경에서도 장거리 이주를 보이는 경우가 많다.[37] 이들에게 장거리 이주의 주요 배경은 중앙 관료로의 진출이라 할 수 있다. 일단 중앙 관료로 진출한 후에는 통혼권이 중앙 정계를 무대로 형성되기 때문에, 통혼에 의한 이주에 있어서도 장거리 이주를 보이는 사례가 종종 있다.[38] 특히 조선시기에 있어서 정치적 지위가 높다는 것은 그 만큼 정쟁政爭에 휘말릴 가능성이 크다는 의미를 갖는다. 이 때 피화被禍의 정도가 작을수록 지방에 있는 기존의 종족집단 근거지로 낙향하곤 하지만, 역모逆謀나 당쟁黨爭과 관련되어 큰 피해를 입는 경우에는 전국적인 통혼망을 배경으로 장거리 이주를 결행한다.[39] 따라서 이 때의 이주지는 처가나 외가가 위치한 지방이 일반적인데 특히 전자로의 이주가 더 보편적이다.

같은 피화라 하더라도 전란의 피화로 인한 이주는 보통 단거리 이주를 나타낸다.[40] 그것은 기존의 근거지에서 생활하면서 터득한 주변 지역에 대한 공간 정보를 토대로 하여 이루어지기 때문일 것으로 본다. 전란의 피화에서 기인하는 이주에 있어서도 종종 장거리 이주를 나타내는 사례가 있다.[41] 이 때 장거리 이주의 배경은 전란의 영향권에 대한 정보 입수, 종족의 인척이 지방관으로 있는 경우 등이다. 이런 배경을 가질 수 있는 종족집단은 정치적 지위가 매우 높은 편이다. 결론적으로 14~19세기에 있어서 정치적 지위는 고도의 공간적, 사회적 이동성을 갖게 해주는 매우 중요한 요인이었다고 볼 수 있다.

정치·사회적 변동과 이주 빈도의 관계

인구 이주의 빈도에 있어서 가장 낮은, 즉 안정된 시기는 16세기에 해당하는 것으로 확인된다. 새로운 왕조 체제가 안정적으로 정착하고 사회적으로도 평온기였던 배경에서 나타난 현상이라 할 수 있다. 그러나 이 시기의 앞뒤로는 이주 빈도가 많았던 것으로 보인다.

일반적으로 알려진 것처럼 1600년 전후의 시기에 이주 빈도가 비교적 많았다. 이 글에서 분석한 사례를 보더라도 이 때 발생한 이주 사례들은 전란을 배경으로 하는 경우가 다수 있었다. 그러나 상대적으로 14세기 말의 거주지 이동은 17세기 전후의 그것보다 더 큰 의미를 지닌 것으로 보여진다. 단순한 이주의 빈도만을 지표로 이 두 시기를 비교하는 것은 무의미하다. 14세기 말의 시기는 왕조 변천기로서 이주 단위에 있어서도 실제로 종족 단위의 거주지 이동이 많았다. 이 점은 전란기의 거주지 이동이 상대적으로 개별적 내지 가족 단위의 이동이었다는 점과 대조된다. 앞에서 언급한 네 개의 종족집단도 모두 왕조 변천기에 새로운 근거지에 정착한 성씨들이다. 그리고 이들의 이주 거리를 살펴 보건데, 당시 전국적 스케일에서 종족집단 근거지의 재편성이 이루어졌을 가능성을 시사한다.

왕조변천기의 이주는 그 배경에 있어서도 새로운 왕조에 대한 동참 여부가 중요한 요인으로 작용했다. 따라서 새롭게 등장한 왕조를 부인한 종족집단들은 기존의 거주지로부터 최대한 차단된 은폐지隱蔽地를 찾고자 했기 때문에 경기권을 벗어난 산간 지역에 정착한 경우가 많았다. 이 점에서 경기권을 벗어나는 1차 장벽인 충청권의 차령산맥 일대와 그 이남의 소백산맥 산열들은 매우 선호되는 공간 중 하나였을 것이다. 흥미로운 점은 이들 지역이 조선중기 이후 사림파의 주요 근거지였다는 사실이다. 사림士林을 산림山林이라 부르기도 하는데 그 만큼 이들이 고려 말 이후 '산간계곡에 은거하며' 학연 집단을 이루고 있었다는 데에서 연유하는 것이다. 후속적 연구가 필요하겠지만, 이들 사림집단들이 조선중기부터 중앙과 지방 간 장거리 이주를 보인 대표적 주체들로 등장하게 된다. 이처럼 왕조변천기의 거주지 이동에 대한 사항은 조선 중기 이후의 중앙-지방 간 거주지 이동현상을 이해하고자 할 경우에도 중요한 변수가 된다.

이주 빈도상의 특징에 대해서는 사회적 안정기와 혼란기로 나누어서 파악 할 수도 있다. 이 점에 있어서는 혼란기의 이주 빈도가 절대적으로 많았을 것임을 부인할 수 없다. 혼란기의 인구 이주는 공간적 방향성에 있어서도 매우 복잡한 편이다. 이에 비해 안정기의 인구 이주는 주로 중앙 정계로의 진출로 인한 경우가 많다. 공간적 패턴에 있어서도 중앙과 지방을 오고가는 일정한 양상을 나타낸다. 한 가지 덧붙일 점은 17~18세기를 중심으로 한 조선후기의 경우에는 비교적 안정된 기간이었지만 이주의 빈도가 급증했다는 사실이다. 이 시기의 인구 이주에 관한 이해를 위해서는 정치적 측면보다는 사회경제적 변화와 인구 증가에 초점을 두어야 할 것이다.[42]

이주지의 위치에 함축된 지정학

상기 네 종족집단의 이주 패턴에서 나타나는 공통점 중 하나는 한양 인근에 근거지를 마련하는 경우 정치적 지위가 오랫동안 지속되고 거주지 이동의 새로운 기원지가 된다는 점이다. 즉 '정치적 현달–한양 인근에의 거주지 확보–장거리 이주'가 하나의 메커니즘 안에서 순환되고 있다는 사실이다. 지방의 근거지에서와는 달리 한양 인근에 근거지를 확보하는 경우 단거리 이주에 비해 장거리 이주가 우세한 편이다. 특히 '정치적 현달'과 '한양 인근에의 거주지 확보'는 서로 상생적 관계를 보이는 성향이 있다. 이러한 특성들은 한양과의 거리에 따라 정치적 지위의 유지와 거주지 이동의 패턴이 달라짐을 암시하는 것이다.

실제로 보성오씨의 사례에서도 유사한 패턴이 나타났다. 보성오씨는 본관인 보성으로부터 충청도 문의로 근거지를 옮긴것이 계기가 되어 정치적으로 크게 성장할 수 있었다. 문의에 정착한 인물은 오숙동 1인이었음에도 불구하고 보성오씨의 정치적 현달은 대부분 오숙동이라는 한 인물의 후손들에 의해서 이루어졌다. 보성의 보성오씨는 14세기 말을 끝으로 더 이상 한양으로의 진출을 보이지 않았으며,[43] 강진, 낙안, 능주, 광양, 고흥 등 인접 지방으로 이주하면서 완전히 지방화되었다. 전술했던 바와 같이 조선시기 전체에 걸쳐 생원진사 합격자 현황을 보아도 보성의 보성오씨는 단 한 명의 합격자도 배출하지 못한 것에 비해 문의 인근의 보성오씨는 전체 합격자의 과반수를 차지하였다.

문의의 보성오씨는 단거리 이주는 물론이고 장거리 이주도 활발하였다. 정치적 지위가 크게 향상되면서 한양 인근의 양주 지방에 새로운 근거지를 확보할 수도 있었다. 양주 지방에 마련된 새로운 근거지는 한양으로의 접근성을 향상시킨 교두보로서 이해될 수 있을 것이다. 문의의 보성오씨는 한양에도 거주지를 두면서 한양에서 실시하는 시험에 응시할 수 있었다.[44] 잘 알려진 것처럼 조선시기 한양은 국가의 행사나 임금의 행차와 관련하여 지방에 비해 과거 시험도 수시로 시행되었다. 그 만큼 한양과의 거리는 정치적 진출과 지위의 향상을 기할 수 있는 지정학적 요인으로 작용했다고 사료된다.

이 같은 거주지의 위치에 따른 폐단은 당대의 학자들도 문제로 인식하고 있었다. 17세기초 우의정 김육1580~1654은 '관료로 채용되는 상당수가 한양 인근의 자제들이며 지방의 선비들은 재주를 갖고서도 허무하게 늙어가니 애석하다'[45]고 토로한 바 있다. 그렇다고 한양이나 그 인근 지역에 근거지를 마련하는 것이 지정학적으로 최선의 입지라고는 볼 수 없다. 앞에서 분석한 많은 사례들에서 볼 수 있듯이 한양 인근의 근거지로부터는 지방으로의 장거리 이주가 빈번히 나타난다. 왜 중앙으로부터 지방으로의 이주가 자주 발생했던 것일까?

그것은 다분히 정쟁과 관련한 피화와 관계가 깊다. 즉 한양 인근은 정계 진출의 가능성은 높았지만, 상대적으로 종족집단의 배타적 근거지로 유지하기엔 적당한 장소가 못되었던 것 같다. 중앙집권적인 조정의 간섭이 그만큼 크게 미치는 영역에 속했다는 점, 전국의 유력 종족집단들의 집합 공간이었던 만큼 종족 집단만 세력의 파도 변화가 심했다는 점 등에 그 원인이 있다. 이런 점에서 한양으로부터 일정 거리를 유지하면서도 정계 변동을 관망할 수 있는 지역들이 거주지로서 선호되었을 것이라 볼 수 있다. 역으로 이미 그러한 공간을 점유한 종족집단들은 정치적 지위와 토착적 기반을 동시에 추구할 수 있었을 것으로 생각할 수 있다. 한편으로는 중앙의 관료로서 직접적인 지배력과 권위를 확보하고, 다른 한편에서는 근거지를 중심으로 유교적 질서에 보급하며 영역성을 형성해갔을 것으로 볼 수 있는 것이다.

종족촌락은 어떤 장소에서 탄생하는가?

여기서는 앞서 분석한 거주지 이동의 패턴과 1930년대 겐쇼에이스케善生永助에 의해 파악된 소위 동족부락의 분포를 비교하여 보려고 한다. 앞에서 대략 19세기까지 추적하여 복원한 각 종족집단의 이주 패턴과 1930년대의 종족촌락 분포 사이에 분명히 모종의 상관관계가 있을 것이라는 점을 염두에 두었다. 이러한 검토를 통해서, 어떠한 상황의, 어느 시기의 거주지 이동 과정에서 종족촌락이 발생하는가를 고찰할 수 있다. 특히 보성오씨寶城吳氏 사례 외에 회덕황씨懷德黃氏 사례와 함께 이 부분의 설명을 보충하고자 한다.

회덕황씨의 경우를 보면 본관지에서는 종족촌락이 발생하지 않고 있고 충남 천안에서 두 곳이 있으며, 청원 문의, 금산 복수, 보은 회남, 경북의 영일과 월성에서 각각 한 곳씩 분포함을 알 수 있다.[46] 이들이 본관지에서 종족촌락을 형성하지 못한 가장 큰 이유는 16세기 초 역모에 연관되어 종족 전체가 화를 당함으로써 각지로 분산되었다는

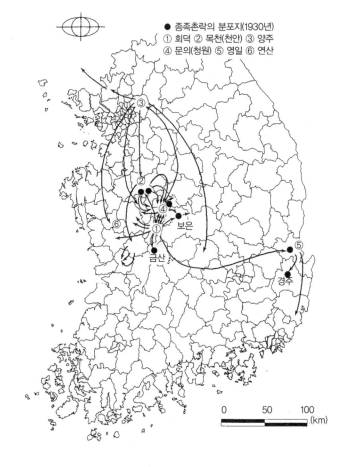

회덕황씨의 이주 패턴과
종족촌락의 분포

점에 있다.

본관지의 빈자리는 이들과 통혼관계를 통해 들어온 은진송씨가 정치적 진출을 배경으로 채워나갔다. 현재 본관지에는 회덕황씨 선대 묘소와 재실이 남아있기는 하지만, 은진송씨의 선산과 재실, 묘소 등으로 둘러싸여 마치 하나의 섬처럼 잔존하고 있을 뿐이다. 반면에 천안 지방에 입지한 두 곳의 회덕황씨 종족촌락은 회덕황씨의 부흥을 보여주는 상징적 장소로 볼 수 있다. 이 지역은 3세 정이라는 인물이 정착한 후 14세기 말부터 17세기까지 약 200여년간 회덕황씨가 안정적으로 세거한 곳이다. 이들은 정치적으로도 높은 지위에 올랐고, 통혼에서도 당상관 이상의 집안들과 빈번한 관계에 있었다. 이 외에 경북 영일과 월성에서 종족촌락의 분포가 확인된다. 이 지역은 6세 징이 흥해의 병마만호兵馬萬戶로 임명받은 뒤 후손들이 정착한 곳이다. 일반적으로 지방관으로 정착한 곳에서 종족촌락이 발생하는 경우는 매우 드물다. 회덕황씨의 경우 이 사례는 본관지의 종족이 큰 화를 입은 상황에서 결국 귀향하지 못하고 임관지에 잔류한 경우라 사료된다. 이 외에 회덕 인근의 청원, 보은, 금산 등에 분포하는 종족촌락은 본관지를 이탈하여 은거하는 과정에서 발생한 것이다.

다음으로 보성오씨의 사례를 보면, 본관인 보성 지방에는 단 한 곳의 종족촌락이 분포할 뿐이라는 점과 종파宗派가 정착한 문의 및 청주 지방에 무려 여덟 곳의 종족촌락이 형성되어 있다는 점이 가장 큰 특징이다.[47] 새로운 근거지를 장소화했다고 이해할 수 있다.

이러한 장소화는 근거지를 중심으로 한 이들 종족집단의 영역성을 확대 재생산하게 된다. 문의 보성오씨의 경우, 보성 지방에서와 달리 그러한 장소화가 가능했던 것은 이들이 이룬 정치적 현달이 배경이 되었기 때문이다. 한가지 배경은 종파, 즉 종손 계열의 후손이 문의에 정착했다는 점에서 찾을 수 있다. 이러한 종파로서의 상징성과 새로운 근거지로서의 장소성이 유교적 가치관과 결합됨으로써 결과적으로 문의 일대에 많은 종족촌락을 발생시켰다고 볼 수 있다.

이상의 사례들을 통해 종족촌락에 관한 다음과 같은 유추가 가능하다. 종족촌락이 발생하는 장소는 정치적으로 높은 지위에 올랐던 조상의 출신지인 경우가 많다. 이 말은 두 가지 의미를 갖는다. 하나는 정치적 현달이 마을 단위의 토지 확보를 가능하게 해준 유력한 요인이라는 점이고, 다른 하나는 정치적 현달과 토지 확보를 이루어낸 바로 그 인물이 종족집단을 마을 단위로 거주할 수 있도록 한 정신적 구심점이 된다는 점이다. 이 두 가지 요인은 종족촌락이 발생할 수 있는 양대 배경이 된다.

이들 요인에 의해서 종족촌락의 경관은 두 가지 차원에서 조성되는 것으로 볼 수 있다. 전자는 집단적 거주지로서의 집촌 경관을 유도하는 동인이고, 후자는 사당, 문중 서원, 정려, 선산 등 집단 의식을 반영한 상징 경관을 만들어내는 요인이라 볼 수 있다. 전자에 의해서는 종족촌락의 물리적인 배경이 제공되는 것이고, 후자는 영역성의 창출에 기여함으로써 종족촌락의 시 · 공간적 존속을 가능케 하였다고 생각될 수 있을

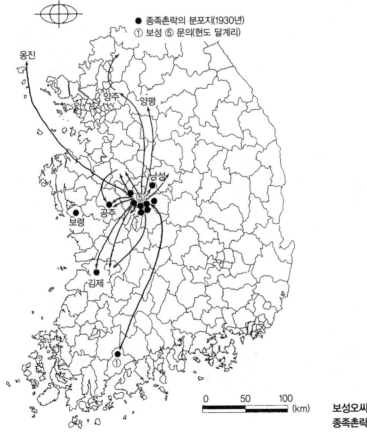

보성오씨의 이주 패턴과
종족촌락의 분포

문의[현도] 보성오씨 종족촌락 입구(위) 및 선산(先山)의 장소화(아래)

것이다.

이러한 맥락에서 종족촌락의 입자는 종족집단에게 매우 상징적이고 의미 있는 장소에 자리하게 된다. 즉 본관지나 새롭게 마련된 근거지가 그러한 장소에 해당될 것이다. 본관지에서의 종족촌락은 시조 발상지를 상징하고 그 지방의 토착세력임을 과시하려는 의도가, 그리고 새로운 근거지에서는 집단 거주와 현달한 조상을 매개로 하여 자신들의 존재를 부각시킴으로써 기존의 모사회母社會에 적응하기 위한 목적이 내포되어 있다고 간주할 수 있다.

특히 후자의 경우는 본관지로부터 장거리 이주를 통해 정착한 지역에서 나타나는 인클레이브enclave로서의 성격을 갖는 것으로 해석할 수 있다. 새로운 근거지를 상징적으로 장소화해 갔다는 점에서 종족촌락의 형성 배경을 거주지의 원격지 이동의 결과로 나타나는 지리적, 사회적 군집현상이라는 시각에서 이해할 필요가 있다는 뜻이다. 물론 본관지本貫地 인근 지역에 분포하는 종족촌락의 경우는 조선시기의 유교 이념과 같은 사회적 이데올로기가 반영된 결과라 볼 수 있을 것이다.[48] 그러나, 가령 본관지와 같은 종족집단의 기존근거지와 떨어져 원격지 분포하는 종족촌락의 경우, 기존의 근거지와 다른 '새로운 모사회'[이주지]에 적응하는 과정에서 나타난 군집현상으로 이해하려는 것이다. 이 때 모사회의 정치·사회·문화적 배경이 그 사회에 진입하고자 하는 이들 소수 종족집단의 그것과 차이가 있는 경우 그 차이의 정도에 따라서 다양한 유형의 군집현상이 발생하게 될 것이다.

본관지와 떨어진 원격지의 종족촌락을 지리적 군집 현상의 여러 유형[49] 중에서도 인클레이브로서 규정할 수 있는 것은 1차적으로 자발적인 군집 현상으로 볼 수 있기 때문이며, 다음으로 시간·공간적 지속성을 갖고 있다는 점에서 그러하다. 특히 소선시기의 경우 임진왜란과 병자호란 등 범국가적 전란의 결과 전국적으로 거주지의 원격지 이동이 활발히 전개된 것이 사실이다. 또한 당시의 사회체계는 유교적 이데올로기에 뿌리박은 연적緣的 관계가 중요한 부분으로 작용하던 상황이었다. 이 같은 공간적, 시대적 맥락 속에서 원격지로 이주해간 종족집단들은 하나의 소수집단으로서 모사회의 연적 사회질서에 적응해야만 했을 것이다. 이 과정에서 '적응을 위한 공간적, 사회적 전략'으로 나타난 것이 종족촌락일 것이라 보는 것이다.

第5章

종족집단간
사회관계망과 촌락권의 형성

개별 촌락이 아닌
'촌락들'을 보자

지역적 존재로서의 촌락: 촌락권

촌락권rural community이란 일정 수의 촌락들이 사회적으로 상호 작용하는 기본 단위를 말한다. 촌락권이 차지하는 공간 범위는 촌락간 사회관계망을 반영하는 일종의 사회적 공간social space[01]이다. 여기서 촌락간 사회관계망이란 혈연·지연·학연과 같은 연적 결합이나 계, 공동체 의례, 협동 관행 등과 같이 일단의 촌락들을 서로 묶어주는 연줄, 즉 사회·공간적 연망socio-spatial nexus을 뜻한다. 촌락권에 관한 연구에서는 각 촌락의 형성 주체들을 확인한 다음 그들 간의 사회관계망에 주목할 필요가 있는데, 이는 궁극적으로 국지적 공간 스케일에서 진개되어 온 사회구조와 공간구조의 습합관계를 탐구하기 위함이다.

이 글에서는 종족촌락을 사회적 공간이라는 관점에서 투시한다. 촌락을 대상으로 공간과 사회의 관계를 해석하려고 한다. 이것은 촌락성rurality을 이해함에 있어서 단일성을 지닌 공간으로 인식하는 시각을 지양하고 그 대신 사회적, 도덕적, 문화적 가치의 세계를 담고 있는 일종의 사회적 구성으로 인식하려는 것이다. 따라서 촌락에는 서로 다른 사회적 공간들이 존재하며 이들이 촌락이라는 동일한 지리적 공간상에 중첩되어 있다고 본다. 촌락을 사회적, 문화적 구성으로서 인정한다는 것은 촌락성의 의미를 관련 공간상에서 전개되는 동인 및 구조와 끊임없이 상호 작용하는, 그리고 구성되고 타협되고 경험될 수 있는 것으로서 이해하겠다는 것이며, 나아가 촌락이 하나의 중요한 해석적 탐구 범주로서 부상함을 뜻한다Cloke et al. 1994, 1-5.

그 동안 한국 인문지리학계의 촌락 연구는 개별 촌락에 초점을 두는 연구들이 지배적이었고 많은 사례 연구도 축적된 편이었다. 예를 들면 하나의 촌락을 사례로 선정하여 촌락 형성의 역사를 정리한 다음, 촌락 내부의 경관 배치를 설명하거나 혹은 각종 경관의 의미를 이해하고자 한 연구들이 그것이다류제헌 1979; 양보경 1980; 김덕현 1983; 홍현옥·최기엽 1985; 최영준·손종균 1990. 다수의 촌락을 연구 대상으로 삼았던 논문도 종종 발표된 바 있었지만옥한석 1986; 정진원 1990; 정치영 2000, 대부분의 경우 그것은 전체론적이기보다는 집합의 관점에서 입지 분석이나 분포 패턴의 설명에 접근한 것이었으며 촌락과 촌락 사이의 사회·공간적 관계에 대해서는 그다지 주목하지 않았다.

특히 한국의 종족촌락과 같이 특정 사회집단이 절대 다수를 차지하여 마을 내부의 동질성이 큰 마을일수록 촌락에 관한 연구에 있어서 촌락 내부의 측면 못지않게 촌락간 관계의 차원, 즉 촌락권이라는 문제에 비중을 둘 필요가 있다. 촌락권에 접근함에 있어서는 촌락 형성의 주체가 정치·사회적으로 어떤 계층에 속하는지, 경제적 지위는 어떠한지 하는 점이 해당 촌락권의 정체성 및 인접 촌락권과의 경계를 파악할 수 있다는 점에서 반드시 확인해야 할 항목이 된다. 다음으로 촌락권의 내부구성에 관한 분석이 요구된다. 촌락권의 내부구성은 도로나 방위 같은 선형의 통로들, 거주, 생산 등을 위한 각종 면상의 공간들, 사회집단에 의해 의미 부여된 각종의 장소, 상징성을 내포한 경관들 등 다양한 물리적, 상징적, 관념적 차원의 장소와 경관들을 통해 이해될 수 있다.

이러한 입장에서 이 글은 오서산의 계거지 청라동을 사례로 조선시대 사족집단의 사회관계망과 촌락권 형성과정에 접근하고자 한다. 『택리지擇里志』에서 확인할 수 있듯이 '계거溪居'는 조선시대 사대부들이 거주지로서 가장 선호했던 입지 유형이었고 연구 지역은 충청도 내포지역을 대표하는 최고의 계거지에 해당하였다. 조선시대이래 청라동에 관한 풍수설이나 각종 비기秘記의 담론들은 청라동에 대해 길지吉地, 복지福地로서의 장소성을 부여하는데 기여하였다. 이에 따라 여말선초 이래 청라동에는 많은 사족집단들이 집거集居하게 된 것이다. 이 점에서 청라동은 사족집단들에 의해 주도되어 온 촌락의 형성과 전개과정을 검토하기에 매우 적절한 사례 지역이 된다.

본 연구의 내용은 크게 촌락권의 형성과정에 관한 설명과 촌락권의 내부구성에 대한 해석으로 이루어진다. 촌락권의 형성과정에 관한 내용은 어느 시점부터 이 지역이 사족집단에 의해 점유되기 시작하는지, 이곳에 입향한 사족집단들의 정치·사회적 신분은 어떠했는지, 사족집단의 유입 배경과 정착 순서, 촌락의 입지, 촌락권의 성격과 범위가 그들의 사회관계망과 얼마나 밀접하게 연관되어 있는지에 관한 탐구로 구성된다. 촌락권의 내부구성을 이해함에 있어서는 내부구성을 물리적, 상징적, 관념적 차원의 장소와 경관들을 도출하여 해석하는 방식으로 서술하기로 한다. 궁극적으로, 이러한 연구를 통해서 개별 촌락을 자기완결적 개체가 아닌 지역적 존재로 파악할 필요가 있다는 점과 사족촌락을 사례로 촌락이라는 가시적 현상이 내포하는 사회적 과정들은 무엇인지 드러내려는 것이다.

촌락에서 전개되는 사회–공간 관계

촌락공간론theories of rural space이란 전통 촌락을 이해함에 있어 그 안에서 삶을 영위해 온 사람들의 관점에서 영역, 경계, 경관, 장소, 방위 등 기본적인 공간인지 단위를 추출하고 이들의 재구성을 통해 촌락을 이해하려는 분야이다. 즉 촌락 거주민들의 시각을 중시하며 그들이 인식하는 촌락 공간의 범위와 내부 구성요소를 다루는 학제적 분야를 말하는 것이다. 촌락공간론은 촌락지리학의 전통적 연구 범주에 더하여 장소 재현이나 경관 해석과 같은 소위 기호론적semiotic 장소 담론들을 포함하고 사회관계망과 권력 개념을 도입하여 촌락 공간을 지역적 맥락에서 이해하려는 입장을 취한다Philo 1993; Murdoch and Pratt 1993; Cloke et al. 1994; Pratt 1996; Phillips 1998; Little 2002. 이 같은 관점은 영어권의 촌락사회지리학을 대변하는 최근의 중요한 사조思潮이기도 하다. 일본의 경우 촌락공간론의 맹아는 1960~70년대의 촌락사회지리학과 문화인류학 및 문화지리학에서 시작되었고 1980년대에는 민속학을 중심으로 부흥을 이룬 것으로 보고되어 있다今里悟之 1999, 433.

촌락공간론은 대상이나 방법에 따라 촌락영역론, 경계론, 민속분류 연구, 상징공간론, 세계관 연구, 방위관 연구, 장소론, 사회공간론 등으로 대별된다. 이 중 민속분류 연구와 세계관 연구를 제외하면 대부분 인문지리학에서 관심 가져온 주제들에 해당한다. 그러나 우리나라에서는 촌락영역론, 장소론, 사회공간론에 관련되는 선구적 연구가 있었으나 극히 소수에 불과하였고최기엽 1987; 1993; 이문종 1998, 전체적으로 촌락공간론 내지 촌락사회지리학적 연구가 아직 본격화되지 않았다고 볼 수 있다전종한 2003, 576; 2004, 267-268. 본 연구의 경우 촌락권의 형성에 관한 전반부의 논의는 촌락영역론 및 경계론에 해당하며 촌락권의 내부구성에 관한 후반부의 내용은 장소론 및 사회공간론에 상응한다.

촌락은 지역적 존재이므로 촌락의 영역은 개별 촌락을 단위로 하기 보다는 촌락권의 스케일에서 조망할 필요가 있으며, 그것은 바로 촌락권의 형성과 사회관계망간의 관계를 검토하는 작업이 요구됨을 의미한다. 이에 본 연구에서는 청라동에 거주하여 온 사족집단들의 족보 자료를 면밀히 분석함으로써 혈연 및 사회관계를 파악하고자 하였다. 특히 지역 주민들과의 지속적이고 집중적인 면담을 수행하여 촌락의 형성과정, 촌락권의 범위와 경계, 기타 상징적인 경관 및 장소들을 해독할 수 있었다.

촌락 내부의 공간 요소들에 접근함에 있어서는 촌락의 형성 주체가 어떤 신분의 사회집단이었는지에 따라 연구 주안점이 달라질 수 있다는 점에 유의하였다. 가령, 같은 종족촌락이라 하더라도 그것이 사족촌락인지 아니면 향리촌락 혹은 평민촌락인지 구분하는 것이 중요하다. 평민촌락일수록 생계의 문제가 중요하기 때문에 촌락 내에서 생산 공간이 중심적 위상을 차지하게 되며 각종 경관과 장소에는 생산이나 생존과 관련되는 관념이 주로 반영되기 마련이다. 이에 비해 사족촌락일수록 촌락 내부의 공간 요소들은 권력의 지형 위에서 전개될 가능성이 크고, 다양한 경관과 장소들은 고도의 상징성을 내포하며 사회적 배제와 포함의 문제를 반영한다고 볼 수 있다. 이러한 맥락에서 필자는 사족촌락인 청라동의 경우 촌락의 영역과 촌락내의 경관 및 장소들에 다양한 사회관계 및 사회구조가 내포되어 있을 것이라는 점에 주목하였다.

이중환이 추천한
오서산의 복지福地 '청라동'

오직 계거溪居는 평온한 아름다움과 맑고 상쾌한 경치가 있고 또 관개와 경작하는 이익이 있기 때문에, "바닷가의 삶은 강가에 사는 것만 못하고 강가의 삶은 계곡에 사는 것만 못하다"고 한다. – 충청도에서는 보령의 청라동, 홍주의 광천, 해미의 무릉동, 남포의 화계가 모두 대이어 사는 사대부 부자가 많다. – 모두 바다 모퉁이며 땅이 궁벽하여 전쟁이 애당초 들어오지 않으므로 가장 복지福地라고 일컫는다 惟溪居 有平穩之美蕭洒之致又有灌溉耕耘之利 故曰海居不如江居 江居不如溪居 –忠淸則保寧靑蘿洞 洪州廣川 海美武陵洞 藍浦花溪 俱多世居富厚者 – 以海隅地僻兵戈初不入 故最稱福地.

[이중환李重煥, 1751, 택리지擇里志, 「복거총론卜居總論」.]

청라동의 위치는 현 행정구역상 충남 보령시 청라면의 일부이다. 이 일대는 충청도 내포지역의 종산宗山이라 불리는 오서산의 남사면에 해당하며, 오서산지가 제공하는 크고 작은 계곡 및 풍부한 영양염류를 가진 토양, 분지형의 수려한 산세는 일찍부터 사족집단의 집거集居를 유도했던 주요 인자였다고 볼 수 있다. 지도에서 볼 수 있듯이 연

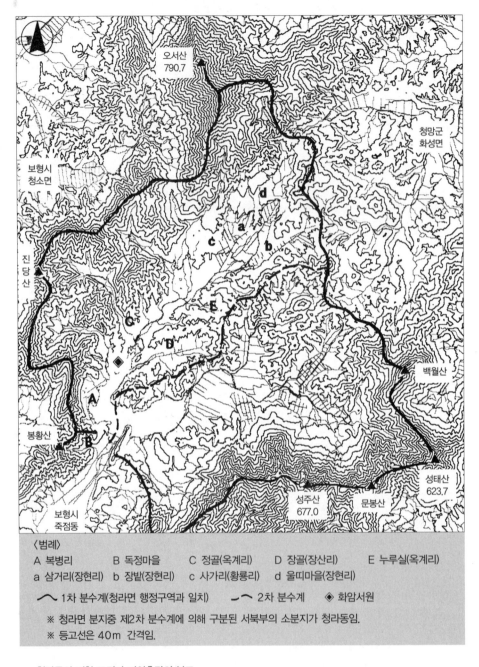

〈범례〉

A 복병리　　　　B 독정마을　　　　C 정골(옥계리)　　　D 장골(장산리)　　　E 누루실(옥계리)

a 삼거리(장현리)　　b 장밭(장현리)　　c 사가리(황룡리)　　d 울띠마을(장현리)

⌒ 1차 분수계(청라면 행정구역과 일치)　⌒ 2차 분수계　◈ 화암서원

※ 청라면 분지중 제2차 분수계에 의해 구분된 서북부의 소분지가 청라동임.

※ 등고선은 40m 간격임.

청라동의 지형 조건과 자연촌락의 분포

구지역 일대의 제1차 분수계는 현 청라면의 행정구역 경계와 일치한다. 전체적으로 볼 때 청라면 일대의 지형 조건은 오서산, 진당산, 봉황산, 성주산, 성태산, 백월산 등 일련의 산지에 의해 둘러싸인 전형적인 분지를 이룬다. 이곳이 바로 도참설圖讖說에서 지칭하는 '오서산남 만년영화지지烏棲山南萬年榮華之地'[02]이고, 풍수가들이 말하는 '오성지간 만년가활지지烏聖之間萬人可活之地'[03]에 해당하며, 이중환이 『택리지擇里志』에서 기록하고 있는 '오서산의 복지福地 청라동靑蘿洞'[04]인 것이다.

청라면 분지의 수구水口 위치는 현재의 보령시 죽정동으로 이어지는 남서부에 있는데 수구가 매우 좁은 까닭에 외부에서는 청라면 내부가 거의 보이지 않는다.[05] 수구 일대는 일종의 지리적 병목 구간으로서 이러한 자연지리적 조건이 전통적으로 청라면 일대를 전란 속의 길지吉地, 사대부의 은거지隱居地로 만들어준 제1차 요인으로 작용했다고 볼 수 있다. 수구 안쪽에는 복병리伏兵里라는 마을이 있는데 고려 말 '왜구의 침입에 대비하여 병사를 잠복시켰던 곳'이라는 유래를 갖고 있다. 복병리에 인접한 북측으로 화암서원이 있고 이 경관은 일대가 조선시대 사대부들의 집단적 웅거지였음을 상징한다.

청라면은 제2차 분수계에 의해 다시 두 개의 소분지로 구분된다. 이 두 개의 소분지는 구한말·일제시기에 오삼전면吾三田面과 청라면靑蘿面으로 나뉘어 서로 다른 행정구역으로 획정된 때도 있었다. 이 중 오삼전면에 해당했던 서북쪽의 분지가 남동쪽의 그것에 비해 자연지리적 조건상 사족집단의 거주지로서 보다 선호되었을 것으로 짐작할 수 있다. 서북부 소분지 중에서도 특히 복병리, 독정마을, 정골옥계리 원옥계, 장골장산리, 누루실옥계리 황곡 등의 자연촌락이 위치한 남서부 구역은 남동향의 산사면이 잘 발달되어 있고, 흐르는 계류가 많아 관개와 농지 개간에 유리하며 수려한 경치가 펼쳐지는 등 전통 사족촌락의 입지에 적합했기 때문이다. 옥계리玉溪里라는 마을명은 이 일대 계곡의 수려함을 대변하는 것으로 이해할 수 있고, 이 일대에서 수량이 가장 풍부한 명대계곡은 오서산에서 발원하여 많은 계류들을 합류하면서 청라동을 남서방향으로 관통한다. 따라서 고문헌이나 구전으로 내려오는 청라동의 구체적인 위치가 바로 이곳일 가능성이 크며 이 글의 연구지역에 해당한다.

3

사회관계망과
촌락권의 습합관계

어떤 종족집단이 청라동을 차지했나?

최초 정착자를 촌락의 기원으로 간주할 때 현존하는 촌락 중 그 기원이 가장 오래된 마을은 복병리이다. 복병리는 광산김씨光山金氏 판도판서공파의 종족촌락으로서 고려말 왜구 방어를 위해 이곳에 주둔했던 김성우金成雨 장군의 후손들에 의해 형성된 마을이다.[06] 행적과 묘갈명에 의하면 김성우는 고려말 전라우도 도만호都萬戶, 초토사招討使에 임명되어 한반도 서해안에 출몰하던 왜구 토벌을 담당하였다.[07] 그는 남포와 보령 일대를 중심으로 활약하였는데, 청라동의 지형 조건을 보고 이곳을 군사 매복처로 삼았다고 하며 여기에서 유래한 마을이 복병리伏兵里이다. 그 후 그는 조선왕조의 개국에 동참하지 않았으며 보령의 청라동을 좋아하여 복병리에 복거하였고 자손들이 이곳에 세거하게 된다.[08] 이렇게 볼 때 복병리의 촌락 기원은 적어도 14세기 말까지 거슬러 올라간다.

복병리의 광산김씨는 조선 세종 때부터 중앙 정계에 재차 등장한다. 김성우의 증손 김맹권?-1511은 세종 때에 성균관 진사를 지내다가 수양대군의 왕위 찬탈에 반대하며

**청라동 최초의 사족촌락
복병리**

* 사진의 왼쪽 산록부에 펼쳐진 마을이 복병리이다(점선 안쪽 부분). 복병리의 일부는 청
라저수지에 의해 수몰되었고 나머지 일부가 남아있으며 현재까지 주민의 다수가 광산
김씨이다. 복병리 배후에는 일정한 방향으로 뻗은 산줄기(사진의 왼쪽에서 오른쪽을 향
한)가 보이는데 이 산줄기의 끝이 오서산이다. 즉, 복병리는 오서산으로부터 기원한 산
줄기와 계곡을 각각 (배산)과 (임수)로 삼아 입지한 전형적인 사족촌락이다.

복병리에 은둔하였다. 그의 장자 김극신1469-1521은 전주이씨 축산군竺山君의 사위로서 생원, 진사에 모두 합격하고 문과에 급제하였으나 연산군을 피하여 낙향하였다. 둘째 아들 김극성1474-1541은 중종반정으로 4등공신에 봉해졌으며 광성부원군光城府院君으로 서 의정부 우의정에 올랐다. 이로 인해 그의 증조에게는 이조판서, 조부에게는 좌찬성, 아버지 김맹권에게는 영의정의 관직 추증이 이루어질 수 있었다.[09] 사후死後 그에게는 국왕으로부터 불천지위不遷之位가 내려졌으며 사당이 복병리에 건립되었다.[10] 결과적으 로 15세기 후반부터 복병리의 광산김씨는 정치·사회적 지위를 기반으로 청라동에서 가장 강력한 권력집단으로 부상하였으며, 조선중기이후 보령 지방의 향권을 주도하는 세력이 될 수 있었다최근묵 1997, 43.

청라동에서 두 번째로 형성된 촌락은 능성구씨 낭장공파의 옥계리 정골마을이다. 이 곳을 원옥계라고도 부르는데 입향조는 능성구씨 12세 구현복具玄福, 1506-1565이라 전한 다.[11] 그의 선조 묘역이 모두 충남 서천군 비인면에 있는 것으로 보아 이전의 세거지는 서천 지방이었을 것으로 생각된다.[12] 능성구씨가 정골마을에 입향한 계기는 정확히 알 수 없으나, 그가 보령의 남포현감을 지냈다는 사실을 염두에 두면 지방관 재임시 인근의 청라동을 낙향지로 정한 것이 아닌가 추측된다. 그러나 구현복의 묘소 또한 선영이 있는 서천군 비인면에 남아 있다는 점에서 입향 시점도 그의 세대 때부터라고 명확히 단정할 수는 없다. 다만 구현복의 세 아들과 그 자손들의 묘소가 대부분 청라동 옥계리의 선산에 있다는 점에서 이들의 입향 시점을 대략 16세기 전반기로 추정할 수 있다.

복병리와 정골마을에 이어 세 번째로 형성된 촌락은 독정마을로서 경주이씨 판서공파의 종족촌락이다. 판서공파의 시조는 경주이씨 23세 이인신李仁臣이라는 인물로서 그의 세대까지는 경기도 포천과 파주 일대에 세거하고 있었다.[13] 이인신의 아들과 손자들은 일제히 세거지를 떠나 전라도와 충청도 일대에 산거하게 되는데 이런 경우 정치적 피화로 인한 은거일 가능성이 크다. 독정 마을의 입향조 역시 이인신의 넷째 아들인 천휴당 이몽규李夢奎, 1510~1563로서, 16세기 중반 복병리 광산김씨의 사위가 되면서 이곳에 정착하였다. 그는 이미 생원시를 합격하였지만 을사사화이후 1547년명종 2년부터 더 이상 출사하지 않고 독정마을에 은거하였다고 한다.[14]

조선전기를 거치면서 위에서 언급한 사족집단들은 최초 정착지 인근에 새로운 촌락을 형성하며 확산되어 갔다. 복병리의 광산김씨는 장골장산리 2구로 확산되었고, 정골마을의 능성구씨는 질골과 서원말[15]을 이루었다. 독정마을의 경주이씨는 이몽규의 현손이후 청라동 황룡리의 삼거리 일대와 불무골[16] 등 청라동의 북동부로 확산되며 마을을 형성하였다지도 참조.

이외에 16세기말 임진왜란을 당하여 원주원씨가 옥계리 누루실에 정착하였다. 이곳에 정착한 인물은 원득회로서 임진왜란을 전후하여 입향한 것으로 전한다.[17] 현재 마을을 에워싸고 있는 산지 대부분이 종중산으로 되어 있다. 한편 한산이씨가 보령 지방에 입향하기 시작했는데 12세 이치1477~1530가 청라동에 인접한 주포면 고정리에 정착하였다. 이치는 토정 이지함의 아버지로서 그가 보령 지방에 입향한 것은 광산김씨 김맹권의 사위가 된 것이 중요한 계기였다. 이치의 손자 이산보1539~1594가 능성구씨 구현복의 처남이고 장골에 있던 외가 광산김씨 마을에서 출생했다는 사실을 볼 때, 한산이씨는 16세기후반부터 주포면으로부터 청라동으로 유입하며 광산김씨 및 능성구씨와 함께 혈연·지연 관계를 긴밀히 유지한 것으로 보인다. 이치의 손자들은 청라동 북동

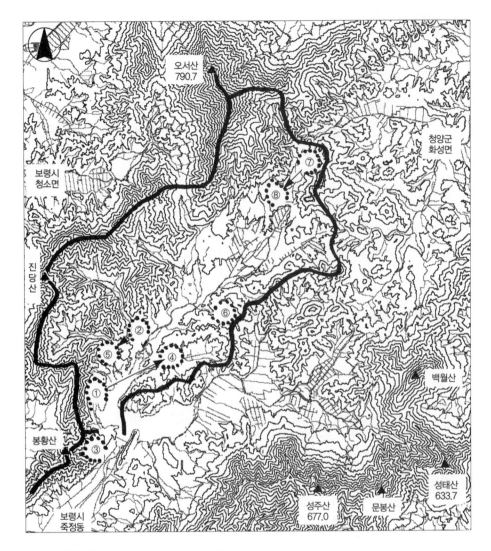

* 촌락의 형성 순서

　① 복병리(광산김씨, 14세기말) ⇒ ② 정골(능성구씨, 16세기 전반) ⇒ ③ 독정마을(경주이씨, 16세기 중반) ⇒ ④ 장골(복병리의 분촌, 조선전기) ⇒ ⑤ 질골(정골의 분촌, 조선전기) ⇒ ⑥ 누루실(원주원씨, 16세기말) ⇒ ⑦ 명대마을(한산이씨, 16세기말) ⇒ ⑧ 울띠마을(한산이씨, 17세기초)

　※　지도상의 화살표(→)는 모촌(母村)에서 분화된 분촌(分村)을 뜻함.

청라동 종족촌락의 형성 순서와 분촌화(分村化)

부의 계거지를 향해 거주지를 확산시켜갔는데 이 과정에서 형성된 촌락이 장현리 명대 마을과 울띠마을이다.[18]

사회 · 공간적 연망이 만들어낸 청라동의 사족촌락권

청라동에 정착한 사족집단들은 이미 정착과정에서부터 혈연적으로 밀접한 관계에 있었다. 고려말 청라동에 처음 사족촌락을 형성한 광산김씨는 조선초를 지나면서 중앙 정계에서 높은 정치 · 사회적 지위에 올랐는데, 바로 이 점이 사회 · 공간적으로 광범위한 혈연관계를 유도한 요인으로 작용했다고 볼 수 있다. 다시 말해서 광산김씨의 높은 정치 · 사회적 지위가 중앙 정계를 무대로 한 폭넓은 혈연관계를 유도했고, 이를 바탕으로 순차적 공간 점유, 즉 청라동의 촌락천과 같은 시간적 연속성과 공간적 근접성을

청라동 광산김씨, 능성구씨, 경주이씨의 혈연관계

17세	성우(成雨, 14세기말, 전라우도 도만호, 묘:청라향 발산, 처:진원박씨, ★광산김씨 복병리 입향조)
	|
18세	남호 (무과, 묘:대천 죽정동, 처:흥덕진씨 ― 남렴황해도 장연에 거주)
	|
19세	중로 (무과, 처:결성장씨)선노 ― 숙노 ― 흥노 ― 계노 ― 女(한양 조이로)
	|
20세	맹권 (晩翠堂, 처:나주전씨) ― 공권 ― 순권 ― 종권
	| ⋮
21세	극신 (1469-1521, ― 극성 1474-1540, 광성부원군, ― 극양…
	| 문과, 처:전주이씨) | 우의정, 처:신평이씨) ⋮
22세	문서 ― 인서 ― 광서 인사 ― 女(공주이좌명) ― 女(파평윤지양) ― 女(경주 이몽규)
	⋮ ⋮ ⋮ | ↖★경주이씨 독정 입향조
23세	내윤 ― 경록 ― 경지 ― 경상…
	|
24세	정준 ― 정걸… 구현복(1506-1565, ★능성구씨 12세 정골 입향조)
	|
25세	지선(처:능성구씨, 부父 구계우)

※ 자료: 광산김씨판도판서공파세보(光山金氏版圖判書公派世譜)권일, 판도판서공파 문중, 1992.
　　　능성구씨세보(綾城具氏世譜)권구, 능성구씨 대종회, 2002.
　　　경주이씨대동보(慶州李氏大同譜), 경주이씨 대동보편찬위원회, 1978.

담보한 촌락 형성이 이루어진 것이다.

청라동의 사족촌락들은 서로 인접 지역에 입지함으로 인해 혈연관계가 더욱 중층적으로 누적될 수 있었고, 여기에 학연 및 정치적 연맹이 부가되어 사회관계망은 더욱 공고화되었으며 나아가 지방의 향권을 주도하는 세력으로 발전할 수 있었다. 예를 들어 1861년철종 12년의 보령 지방의 청금록[19]을 살펴보면, 1739년부터 1800년까지의 도유사 47명중 광산김씨 10명, 한산이씨 7명, 경주이씨 4명으로 거의 절반을 이들 세 성씨가 맡고 있었다.

청라동 사족집단들의 사회관계망을 공간상에 투영해 본다면 일정한 사회적 공간, 즉 촌락권이 인식될 수 있다. 확인된 혈연관계를 토대로 촌락권의 범위를 파악할 경우 복병리와 장골, 옥계리의 정골과 질골, 독정마을을 하나의 촌락권으로 묶어낼 수 있다. 청라동 북서부의 명대마을과 울띠마을의 경우, 계거를 지향한다는 점에서는 남서부의 촌락들과 공통점이 있지만 지리적으로 다소 격리되어 있다. 그러나 제시된 표에서 보았듯이 이들간 사회관계망을 고려한다면 그 두 마을 역시 앞의 네 개 마을과 함께 동일한 촌락권으로 간주할 수 있다.

여기서 <촌락권- I >의 사회관계망과 영역성을 내포하는 상징경관으로서 화암서원에 주목할 필요가 있다. 화암서원의 창건은 사회관계망이 발현된 결과이며, 그 입지는 이 촌락권의 중심적 장소를 상징하고 배향인물은 사족집단간 권력 구조를 보여준다. 서원이 입지한 곳은 <촌락권- I >의 사회·공간적 중심에 해당한다. 즉 광산김씨, 능성구씨, 경주이씨, 한산이씨의 촌락들로부터 접근성이 공통적으로 좋은 곳이며 동시에 이들 촌락을 관통하여 흐르는 계류들이 합수하는 지점에 입지한다는 상징성이 있다.[20]

화암서원은 1610년광해군 2년에 창립되어 1624년인조 2년 이지함, 이산보 두 인물을 봉안하였다. 서원 창건을 허가한 당시의 충청도 도관찰사 정엽鄭曄은 이산보의 사위였다. 그리고 1685년숙종 11년 보령의 생원 김황과 진사 최문해가 잇따라 사액을 청하는 상소를 올린 결과 1686년숙종 12년에 '화암花巖'의 액호가 내려지게 된다. 서원 창건에는 광산김씨를 핵심으로 한 <촌락권- I >의 사회관계망이 전격 가동된 것으로 보인다. 즉 서원 창건을 주도한 세력은 청라동의 광산김씨, 능성구씨, 한산이씨, 경주이씨였다. 앞의 표에서 확인하였듯이 배향 인물 중 토정 이지함과 명곡 이산보는 광산김씨 김맹권의 문인이자 각각 그의 외손과 외증손이다. 천휴당 이몽규는 광성부원군 김극성의 사위이며, 수암 구계우는 광산김씨 김지선金至善의 장인으로서 그가 바로 지역민의 여론을 수렴하여 서원 창건을 발기한 인물이다.

이 서원은 당초 토정 이지함을 배향하기 위해 발의된 것이었다. 그러나 사족들간 논의 기간이 있었고 결국 창건 14년후인 1624년인조 2년에 토정 이지함, 명곡 이산보이상 한산이씨를 봉안하게 된 것이다. 1723년경종 3년에는 경주이씨 이세현의 청으로 천휴당 이몽규경주이씨를 추향했는데, 이 과정에는 광산김씨, 한산이씨, 경주이씨 사이의 정치적 동맹이 있었음을 추측할 수 있다. 화암서원은 1871년고종 8년 서원철폐령에 따라 훼철되었다가 1920년 중건이 이루어졌고, 이 때 경주이씨 퇴우당 이정암과 수암 구계우능성구씨를 각각 추배하게 된다. 구계우는 정엽과 함께 화암서원 창건을 주장한 인물이며

청라동 광산김씨, 능성구씨, 한산이씨의 혈연관계

17세	성우 (14세기말, ★광산김씨 청라복병리 입향조)
18세	남호
19세	중로 (무과, 처:결성장씨)…
20세	맹권 (晚翠堂, 처:나주전씨, ★외손겸문인: 이지함,이산해,이산보,이몽규) ─ 공권 ─ 순권 ─ 종권 ┌★경주이씨 독정마을 입향조
	★한산이씨 주포면 고정리 입향조↘
21세	극신 (1469-1521) ─ 극성 (1474-1540) ─ 극양 ─ 女(한산 이치) ─ 女[원이元頤]…
22세	문서 ─ 인서 ─ 광서 인사 지번 ─ 지무 ─ 지함
23세	내윤 ─ 경록 ─ 경지 ─ 경상… 산해 ─ 산광 산보(★청라동 장골 태생) ↘구현복의 처남
24세	정준 ─ 정걸… 구현복 ★청라동 명대마을 입향조
25세	지선 (처:능성구씨, 부 계우) ↖★한산이씨 이산보와 고종사촌간

※ 자료: 광산김씨판도판서공파세보(光山金氏版圖判書公派世譜)권일, 판도판서공파 문중, 1992.
　　능성구씨세보(綾城具氏世譜)권구, 능성구씨 대종회, 2002.
　　한산이씨양경공파보(韓山李氏良景公派譜), 한산이씨 양경공파보소, 1982.

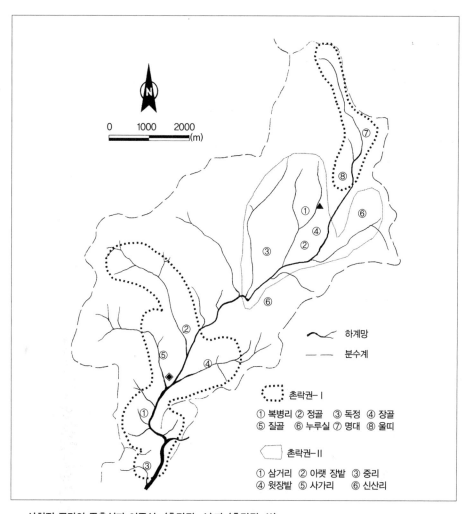

사회적 공간의 중층성과 이중성: 〈촌락권-Ⅰ〉과 〈촌락권-Ⅱ〉

범례:
- 〜 하계망
- – – 분수계
- 〔∷〕 촌락권-Ⅰ
  - ① 복병리 ② 정골 ③ 독정 ④ 장골
  - ⑤ 질골 ⑥ 누루실 ⑦ 명대 ⑧ 올띠
- 〈〉 촌락권-Ⅱ
  - ① 삼거리 ② 아랫 장밭 ③ 중리
  - ④ 윗장밭 ⑤ 사가리 ⑥ 신산리

* 청라동 사회적 공간의 중층성과 이중성

1. 사회적 공간의 중층성: 청라동에는 중층으로 존재하는 이중의 사회적 공간이 있다. 개별 종족촌락은 혈연·지연 관계에 기초한 공동체로서 하층위의 사회적 공간을 이루고, 이 상층위에는 종족촌락간 연맹에 의해 창출된 보다 큰 스케일의 사회적 공간, 즉 촌락권이 존재한다.

2. 사회적 공간의 이중성: 청라동에는 두 개의 촌락권이 존재한다. 하나는 14세기말 이래 청라동의 주요 계거지를 점유하면서 비교적 높은 정치·사회적 지위를 유지해 온 〈촌락권-Ⅰ〉이고, 다른 하나는 구릉지를 점유하면서 18세기 이후 비로소 정주화가 시작된 〈촌락권-Ⅱ〉이다. 두 촌락권에는 각 촌락권의 성격과 중심 장소를 상징하는 경관이 확인되는데 〈촌락권-Ⅰ〉의 화암서원(그림의 ◆)과 〈촌락권-Ⅱ〉의 당산(그림에서 ▲)이 바로 그것이다.

토정 이지함의 문인이기도 했다.

특이한 것은 배향인물 중에 청라동의 핵심 종족집단인 광산김씨가 확인되지 않는다는 점인데, 그 이유는 복병리에서 불천지위 사당을 통해 절대적 위상을 확보한 광산김씨로서는 서원의 배향인물에 자신들의 선조를 굳이 고집할 필요가 없었기 때문으로 보인다. 배향인물 추배가 논의될 때에 토정 이지함의 외조부이자 스승인 광산김씨 김맹권이 거론된 적도 있었으나 외손자 아래에 위패가 놓여지는 것이 옳지 않다는 광산김씨 문중의 반대로 실현되지 않았다고 한다.[21] 조선 선조조에 중간重刊된 보령현지 『신안현지』와 『우정집』에도 "공[김맹권]의 교화 후에 성암, 토정, 명곡, 천휴당이 모두 이 고을에서 배출되었다. (중략) 공을 고을의 선생으로 칭하면서 사론이 모두 사우院宇 영건의 뜻을 발하였으나 끝내 이루지 못하여 아쉬워하지 않은 사람이 없었다"[22]라고 하여 김맹권[광산김씨]이 청라동과 보령 지방에 미친 학문적 · 정치적 영향력을 대변하고 있다. 이와 같이 화암서원의 배향 인물들에게 있어서 복병리의 광산김씨는 중요한 권력 배경이 되고 있으며, 화암서원의 현 배향 인물들은 그러한 사실을 대변해주고 있는 것이다.

화암서원 전경(좌)과 배향 인물의 위패 배치(우)

청라동에 출현한 또 하나의 촌락권

19세기 이후 청라동에는 전통적 사족촌락권 외에 또 하나의 촌락권이 출현하였다. <촌락권-Ⅱ>는 평산신씨平山申氏와 안동김씨安東金氏의 종족촌락을 중심으로 형성되었다. 18세기말 평산신씨는 청라동 아랫장밭 마을에 정착하는데 입향조는 28세 신광태申光泰, 1756-1788라는 인물이다. 선조들의 묘소 위치로 짐작컨대 이곳에 정착하기 이전의 근거지는 경기도 양주였을 것으로 추정된다. 신광태의 배필은 경주이씨였다. 그녀의 조부 이득오李得五는 경주이씨 청라 입향조 이몽규의 7세손이라는 점에서 경주이씨와의 통혼이 입향 배경이었던 것으로 보인다. 청라동 독정마을을 근거지로 하고 있던 경주이씨의 일부 후손들은 조선전기를 지나면서 청라동 삼거리에 거주하기 시작했는데, 평산신씨가 정착한 곳은 삼거리에 인접한 아랫장밭이라는 마을이었다.

청라동 동북부에 해당하는 이 일대촌락권-Ⅱ는 솔밭이 넓게 펼쳐진 구릉지로서 돌이

청라동 아랫장밭마을 평산신씨와 안동김씨의 통혼관계

27세	위 (暐, 1707-1772, 문과(1739), 관직:대사헌, 묘:양주금촌면, 처:남양홍씨)
	│ ★경주에서 독정마을 입향조인 이몽규의 7세손(30세)↘
28세	광익 ─ 광태 (1756-1788, 묘:청라, 처:경주이씨 부 경익(慶翊) 조(祖) 득오(得五), ★평산신씨 청라 입향조)
	∶(묘:양주) │
29세	재진 (1778-1843, 관직:직장, 묘:청라) ─ 女(안동 김이철)
	│ ↖★안동김씨 청라 입향조
30세	석룡 (진사,묘:청라,처:안동김씨 부 이대) ─ 석봉 ─ 석붕 (처:안동김씨 부 정현) ─석린 ─ 석기(처:안동김씨
	│ │ ⇩ ∶ ⇩ 부 이근)
31세	태규(1820-1848) ─ 태기… 태익(처:안동김씨 부 현순) ─ 태영 ─ 태오(처:안동김씨)
	│ ∶ │ 태원 ─ 女(안동 김병석)… │ 태환
32세	응균 (처:안동김씨 부 덕순) 홍균 ∶ 필균(처:안동김씨)
	∶ │ 女(안동 김병갑)
33세	현국 ─ 女(안동 김병일) 현희(처:안동김씨)
	∶ ∶

※ 자료:『평산신씨사간공파보(平山申氏思簡公派譜)』(권일~권이), 평산신씨 사간공파보 편찬위원회, 1990.
  註 : 평산신씨는 28세 광태 대에 청라동에 입향하였다. 정착 초기에 평산신씨는 안동김씨 김이철을 사위로 맞아들였고 그가 바로 안동김씨의 청라동 중리 입향조가 된다. 그 후 평산신씨와 안동김씨는 비상한 통혼관계를 맺어갔는데 19세기 중반을 전후로 한 시기에 집중되고 있다. 특히 유사한 시기의 계보망에서 안동김씨 김이철, 김이대, 김이근, 김병석, 김병갑, 김병일 등 동일 항렬의 인물이 동시 포착되고 있는 점은 이들이 혈연·지연공동체를 넘어 매우 긴밀한 생계공동체였음을 암시한다.

많고 하천명대 계곡보다 고도가 높아 관개에 불리했기 때문에 애초부터 경지 개척에 어려움이 많았던 곳이었다.[23] 그러나 신광태의 손자 대에 장손長孫 석룡이 장밭에 세거하고 차손次孫 석봉이 사가리로, 그리고 그 후손들이 신산리로 거주지를 확대해간 것을 볼 때 이들이 18세기 이후 이 일대의 삼림지 개간을 주도했다고 추정할 수 있다.

한편 신광태는 안동김씨 김이철金履澈을 사위로 맞아들였는데 그는 안동김씨 청라동 중리 입향조가 된다. 시점은 대략 19세기 초반이다. 그 후 평산신씨와 안동김씨는 서로 인접 지역에 거주하면서 비상한 통혼관계를 맺어갔다. 특히 19세기 중반을 전후로 불과 4세대世代만에 12건의 중복 통혼이 확인된다. 이 같은 점을 고려한다면 19세기를 중심으로 이 일대의 경지개간이 급속히 전개되었을 것이라는 점과 두 종족집단간의 관계가 혈연·지연공동체를 넘어 매우 긴밀한 생계공동체가 되어갔을 것임을 알 수 있다.

결과적으로 적어도 19세기이후부터 청라동에는 두 개의 대비되는 촌락권이 공존하게 되었다. 하나는 14세기말 이래 청라동의 주요 계거지를 점유하면서 비교적 높은 정치·사회적 지위를 과시해 온 <촌락권-Ⅰ>이고, 다른 하나는 구릉지를 점유하면서 18세기 이후 비로소 정주화定住化가 시작된 <촌락권-Ⅱ>이다. 두 개의 촌락권은 모두 혈연·지연관계를 토대로 형성되었지만, <촌락권-Ⅰ>이 화암서원을 상징경관으로 내세우는 권력공동체로서 전형적인 사족촌락권에 해당한다면 <촌락권-Ⅱ>는 청라동 북동부에 펼쳐진 구릉성 평지의 개간 주체로서 경지개척 공동체로서의 성격이 강하며 근·현대 이후 경제적으로 크게 성장한 것으로 확인되었다.

4

경관과 장소를 통해
촌락권의 정체성 읽기

장소란 개인이나 집단에 의해 주관적으로 의미 부여된 지표 공간의 일부를 말하며, 사회적으로 생산된 공간의 성격 즉 공간성spatiality은 다양한 상징경관 속에 함축되어 있다. 이런 면에서 볼 때 종족촌락이나 촌락권과 같은 어떤 사회적 공간의 성격을 이해하기 위해서는 다양한 장소와 경관들을 확인·해석하는 것이 필수이다. 연구지역의 경우 특히 유교경관은 사족집단의 정체성과 사회관계망, 촌락권의 성격을 탐구할 수 있는 매체가 된다. 자연환경에 대한 기층민의 적응 전략을 반영하고 있는 기층민속경관 역시 기층사회의 공동체적 삶의 양식을 이해하는데 중요한 요소이다.[24] 이러한 시각에서 청라동의 경관과 장소들을 유교경관, 기층민속경관, 기타로 구분하고 앞에서 살펴본 두 촌락권의 정체성에 어떻게 관련될 수 있는지 검토해 보기로 한다.

청라동 일대에서 확인되는 주요 장소 및 경관들로는 서원, 정자, 정려, 사우 등 유교경관과 성황당, 당산, 산신제당, 기우제당 등의 기층민속경관이 있었다. 이들 범주 이외에 능성구씨의 선조 묘역 일대가 풍수적 명당으로 인식되고 있었으며 전통 사족집단들의 장소로 볼 수 있는 궁도장 터가 있었다. 이들 경관과 장소를 그 분포지역과 함께 정리하면 표와 같다.

제시된 표에서 알 수 있는 중요한 사실은 경관과 장소의 주요 유형에 있어서 두 촌락권이 서로 대조적이라는 점이다. 즉 <촌락권-Ⅰ>에서는 유교적 경관이나 풍수적 장소들이 압도적으로 많은 비중을 차지하는 반면 <촌락권-Ⅱ>에서는 기층민속경관이 탁월하다. <촌락권-Ⅱ>에서도 유교경관으로서 정려[25]와 정자가 각각 1개씩 분포하지만 모두 19세기 이후의 비교적 최근 것이며, 특히 정자의 경우 건물구조나 외관상 초라한 편이다. '가소정可笑亭'이라는 현액을 가진 이 정자는 안동김씨 입향조 김이철이 교우하던 장소로 알려져 있다. 이 정자는 계곡으로부터 격리되어 마을의 간선도로변에 위치하고 사각 기둥의 초가로서 <촌락권-Ⅰ>의 유교경관들과는 입지 조건이나 외관상 큰

청라동의 주요 경관과 장소 및 그 분포지역

구분	경관과 장소(관계 주체/영역)	분포 지역
유교경관	화암서원(광산김씨/능성구씨/경주이씨, 옥계리)	촌락권-Ⅰ
	김극성 불천지위사우(광산김씨, 복병리)	〃 -Ⅰ
	조창원사우(?, 장산리)	〃 -Ⅰ
	언양김씨 정려(능성구씨, 복병리)	〃 -Ⅰ
	구만원 효자정려(능성구씨, 복병리)	〃 -Ⅰ
	한산이씨 정려(한산이씨/능성구씨, 복병리)	〃 -Ⅰ
	서한경 정려(달성서씨, 옥계리)	〃 -Ⅰ
	신석붕 효자정려(평산신씨, 장밭마을)	〃 -Ⅰ
	만취정(광산김씨, 복병리)	〃 -Ⅱ
	옥계정(한산이씨, 옥계리)	〃 -Ⅰ
	귀학정(한산이씨, 장현리 금자동)	〃 -Ⅰ
	가소정(평산신씨, 장밭마을)	〃 -Ⅱ
기층민속경관	통샘제당 및 당산(장밭마을, 삼거리)	촌락권-Ⅱ
	산신제산(장밭마을, 삼거리)	〃 -Ⅱ
	기우제당(청라동 전역)	〃 -Ⅱ
	질재 성황사(보령현 전역)	〃 -Ⅰ
	장승백이 성황당(삼거리)	〃 -Ⅱ
	넙티 성황당(청라동)	〃 -Ⅱ
기타	오봉산의 장군대지將軍大地 명당(능성구씨)	촌락권-Ⅰ
	복호형伏虎形 명당(정골)	〃 -Ⅰ
	궁도장(옥계리 시궁골)	〃 -Ⅰ

〈촌락권-Ⅱ〉의 유교경관:
가소정(可笑亭) 현액(위) 및 전경

대조를 이룬다. 결국 〈촌락권-Ⅰ〉과 〈촌락권-Ⅱ〉는 형성 시기와 형성 주체의 성격에 있어서 차별적일 뿐만 아니라, 경관과 장소의 유형을 통해본 정체성에 있어서도 서로 구분되고 있음을 확인할 수 있다.

　〈촌락권-Ⅰ〉과 비교할 때, 〈촌락권-Ⅱ〉의 상징 거점은 당산이며 두 촌락권이 구분되는 기점은 기우제가 행해지는 용둠벙이다지도상의 경관 분포 참조. 평산신씨와 안동김씨를 주축으로 한 〈촌락권-Ⅱ〉의 주민들은 이 일대의 삼림지개간을 주도한 생활공동체로서 지연적 유대가 대단히 강했다. 이러한 지연적 유대는 삼거리와 장밭마을 사이에 위치한 통샘과 당산을 정신적 구심점으로 삼는다. 당산은 오서산지의 한 지맥이 장밭마을을 향해 뻗어내린 말단부에 위치하는데, 10여년 전까지도 윗장밭과 아랫장밭 마을 주민들을 중심으로 이곳에서 산신山神과 천신天神을 숭배하는 당제를 수행하며 공동체 의식을 다져왔다.26 기우제를 지내던 용둠벙은 〈촌락권-Ⅱ〉의 최하단부인 누루실 입구에 위치하며 마을 사람들의 의식 속에는 용이 승천한 곳이자 바닥을 결코 드러내지

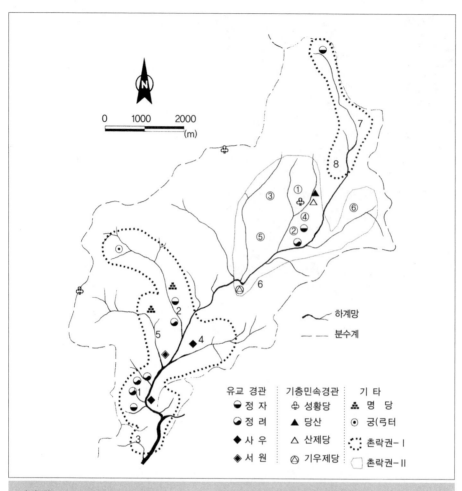

0   1000   2000
(m)

━━━ 하계망

- - - 분수계

유교 경관	기층민속경관	기 타
◖ 정 자	♣ 성황당	♣ 명 당
◗ 정 려	▲ 당산	⊙ 궁(릭터
◆ 사 우	△ 산제당	⋯ 촌락권-Ⅰ
◈ 서 원	◉ 기우제당	⬡ 촌락권-Ⅱ

〈범례〉

1 복병리(광산김씨)　2 정골(능성구씨)　3 독정마을(경주이씨)　4 장골(광산김씨)
5 질골(능성구씨)　6 누루실(원주원씨)　7 명대마을(한산이씨)　8 울띠(한산이씨)
① 삼거리(경주이씨)　② 아랫장밭(평산신씨, 안동김씨)　③ 중리(안동김씨)
④ 윗장밭(평산신씨)　⑤ 사가리(평산신씨)　⑥ 신산리(평산신씨)

* 지도에 기입된 경관과 장소의 유형 및 분포로부터 〈촌락권-Ⅰ〉과 〈촌락권-Ⅱ〉사이의 정체성의 차이를 확인할 수 있다.
두 개의 촌락권 모두 혈연·지연관계를 토대로 형성되었지만, 〈촌락권-Ⅰ〉이 화암서원(지도에서 ◈)을 상징경관으로 내세
우는 권력공동체로서 전형적인 사족촌락권에 해당한다면, 〈촌락권-Ⅱ〉는 당산(지도에서 ▲)을 정신적 구심점으로 한 삼림
지의 개간 주체로서 경지개척의 공동체, 생계공동체로서의 성격이 강하며 근·현대 이후 경제적으로 크게 성장하였다.

두 촌락권의 내부구성: 장소와 경관들

136

〈촌락권-II〉의 상징 장소:
당산(堂山)

〈촌락권-I〉과 〈촌락권-II〉의
경계 장소: 용둠벙

않은 곳이며 물이 마르지 않는 장소로서 인식되고 있다. 즉 이 지점 하류에 펼쳐진 〈촌락권-I〉은 그 만큼 물이 풍부했다는 의미이며, 반대로 용둠벙 상류의 마을 주민들에게 이 공간은 기우제를 지내기에 매우 의미 있는 장소였던 것이다.[27]

근·현대 이후 〈촌락권-II〉는 전통시기의 정치·사회적 중심이었던 〈촌락권-I〉을 대신하여 청라동의 새로운 경제적 중심지로 부상하였다. 〈촌락권-II〉의 평산신씨와 안동김씨는 정미소와 양조장 운영, 광산업에 진출하면서 이 지역의 자본가로 크게 성장하였다. 장밭마을 신경섭 가옥[28]의 한 켠에는 양조장 시설이 있었다고 하며, 평산신씨 신홍식申弘湜은 성주탄광을 운영하면서 새마을운동 당시 장밭마을의 지붕 개량에 거금을 희사하기도 하였다.[29] 현재 운영되고 있는 삼거리 정미소와 장밭마을의 장현 정미소 역시 각각 안동김씨 김장한과 평산신씨 신영섭의 소유로 되어 있다.

안동김씨 김장한의 아버지 김창진은 1961년 장전저수지 축조 및 명대수리조합 결성에 주도적으로 참여하여 장밭마을 일대의 농경지 관개에 지대한 공헌을 하였다. 이로 인해 장밭 일대의 메밀 밭과 송림 경관은 논농사 지대로 바뀌게 되었으며 1996년 황룡지와 옥계지의 축조와 함께 관개면적이 더욱 확장됨으로써 오늘날 <촌락권-Ⅱ>는 청라동에서 가장 넓은 농경지를 확보하게 되었다. 이와 대조적으로 전통적으로 청라동 사족집단의 근거지였던 <촌락권-Ⅰ>의 주요 계류지는 청라저수지가 건설된 1960년이후 상당한 면적이 수몰지구로 편입되며 사라졌고, 일부 종족촌락 및 유교경관만이 잔존하여 <촌락권-Ⅰ>의 정체성을 단편적으로 보여줄 뿐이다.

요컨대 두 촌락권 모두 혈연·지연관계를 토대로 형성되었지만, <촌락권-Ⅰ>의 정체성이 권력공동체로서 전형적인 사족촌락권에 해당한다면 <촌락권-Ⅱ>는 청라동 북동부에 펼쳐진 구릉성 평지의 개간 주체로서 경지개척의 공동체, 생계공동체로서의 성격이 강하며 근·현대 이후 경제적으로 크게 성장한 것으로 해석되었다. 그리하여 19세기이후 오늘날 청라동에는 전통시기의 정치·사회적 중심이었던 <촌락권-Ⅰ>과 근·현대 이후 청라동의 새로운 경제적 중심지로 부상한 <촌락권-Ⅱ>가 사회·공간적으로 여전히 분리성향을 띠며 서로 공존하게 된 것이다.

第6章

종족집단의 지역화과정
(I : 생태적 정착 단계)

1

거주민의 시선으로
지역을 보기

어떤 사회집단에 의한 거주지 확보를 시작으로 상징경관 및 장소의 생산, 그리고 사회적 관계망의 확장을 토대로 순차적으로 진행되는 지리적 영역성의 형성과정을 지역화과정regionalization이라 한다. 이 개념은 사회집단, 지리적 범위, 그리고 역사적 조형과정이라는 세 차원의 결합을 내포한다는 점에서, 소위 지역사회community의 출현과정과 동일시될 수 있는 개념이다. 잠정적으로 지역적 규모regional scale에서 내부적으로는 일정한 공간 범위의 지역사회가 만들어지고 사회관계망의 구조화가 이루어지며, 외적으로는 여타 지역사회와 사회·공간적으로 차별화되는 과정이라 정의된다.[01]

지역화과정에 관한 논의는 다른 분야보다도 문화지리, 사회지리, 사회사[혹은 역사사회학], 그리고 지방사의 연동聯動에 의한 학제적 접근을 필요로 한다. 그 이유는 지역화과정이 갖는 속성이 그 만큼 공간적이고 사회적이며 역사적이므로 단일한 시선으로는 그 실체를 포착하기 어렵기 때문이다. 지역화과정에 관한 논의에서는 지역적 규모에서 진행된 사회적 관계망의 구성 및 이를 통해 나타난 영역성의 역사적 변천을 고찰하여야 한다. 이 같은 학제적 접근의 필요성과 연구가 갖는 의미에도 불구하고, 여기에 접근한 기존의 연구는 양적으로 절대적으로 부족하며,[02] 특히 종족집단을 매개로 하여 혈연이나 학연 등 조선시기의 가장 본질적인 사회적 관계망에 초점을 둔 진행한 연구는 거의 없는 듯하다. 기존의 연구에서는 지역화과정이라는 개념을 학사적으로 검토하거나 명확히 규정하려고 시도한 바 없으며, 지역화과정에 대한 연구의 필요성과 접근방법이 충분히 제시되었다고 보기 어렵다.

지역화과정에 접근하기 위한 시기상의 범위 및 그 실증 분석을 위한 사례지역의 위치와 규모는 다양하게 설정될 수 있을 것이다. 필자는 종족집단을 조선시기의 대표적인 '지리적 사회집단'[03]으로 간주하고 이들의 지역화과정을 충청도 연산·회덕이라는 구체적 지역을 사례로하여 검토하고자 한다. 일반적으로 지역화과정은 생태적 정착 단계habitat phase, 경관과 장소의 생산 및 사회적 관계망의 확장 단계landscape phase, 그리고 영역성의 재생산 단계territoriality phase로 진행된다. 특히 이 중에서 생태적 정착 단계는 이후에 전개될 지역화과정의 성격이 어떠할 것인지,[04] 지역화과정의 단계별 시기 구분이 어떻게 이루어질 것인지, 그리고 어떤 사회집단에 의해 지역화과정이 주도될 것인지를 암시한다는 점에서 면밀히 검토할 가치가 있다. 이러한 시도는 14~19세기 한반도라는 공간상에서 종족집단을 주체로 하여 전개된 지역화과정의 제단계와 성격에 접근하려는 것의 일환이된다.

이 글의 목적은 조선중기 이후 호서사림파의 핵심지로 부각된 충청도 '연산-회덕'을 역사적으로 구성된 '사회·공간적 실체'로 간주하고, 이를 연구 지역으로 하여 14~15세기 동안 이 지방에서 진행된 주요 종족집단의 생태적 정착 단계habitat phase를 고찰하려는 것이다. 연구 내용은 크게 세 가지로 구성된다. 먼저 거주사居住史 초기단계에서 정주공간을 확보한 종족집단들이 어느 성씨였는가를 추적하고, 이들의 정착배경 및 정착지의 지리적 특성을 분석하는 것이며, 마지막으로 이러한 생태적 정착 단계가 종료되는 15세기말경 두 지역에서 기존의 주요 종족집단을 대신하여 새로운 수위首位 종족집단이 등장하는 과정을 드러내는 일이다.

충청도 양반의
공간적 실체를 찾아서

충청도 양반의 근거지

　지역화과정을 검토하기에 적합한 지역은 무엇보다 다음과 같은 요건을 갖추고 있어
야 할 것이다. 연구 지역은 역사적으로 보아 사회와 공간이 서로 긴밀한 관계에 있었던
지역사회이어야 한다는 점이다. 그것은 지역화과정이 곧 '사회-공간의 변증법적 관
계' 속에서 전개되는 과정이기 때문이다. '사회-공간'의 긴밀한 관계는 역사적 단면상
에서 종종 담론discourses의 형태로 표출되기 때문에 그러한 담론적 단서들을 찾는 노
력이 사례 지역을 선정하는 작업에서 맨 먼저 요구된다.

　이 점을 염두에 두면서 본 고에서는 충청도 '연산-회덕'을 연구지역으로 선정하였
다. 역사적으로 '연산-회덕'을 하나의 지역사회로 부각시킨 담론 중의 하나는 '충청
도 양반의 근거지', '호서사림파의 본거지'라는 것이다. 구한말의 유학자 황현黃玹,
1855-1910은 자신의 『매천야록梅泉野錄』에서 조선의 세 가지 폐단 중 하나로 '호서지방
의 사대부', 즉 충청도 양반을 거론한 바 있다. 그의 생존 시기가 19세기에 해당하므로,
19세기의 조선에 횡행橫行했던 주요 담론 중에 '호서사림파'라는 '사회-공간적 실체'

가 자리했던 것이다. 19세기 당시 사림이라는 '사회집단'이 호서라는 '공간'을 통해 정체성을 부여받고 있었던 것이라 이해할 수 있다. 그러면 그 사림을 구성했던 인물은 구체적으로 누구였고 그들은 어떤 종족적 배경을 갖고 있었는가? 호서로 대표되었던 장소는 도대체 어디를 말하는 것인가?

'연산-회덕'을 하나의 지역사회로 인식한 상기한 바와 같은 담론적 단서들은 그 이

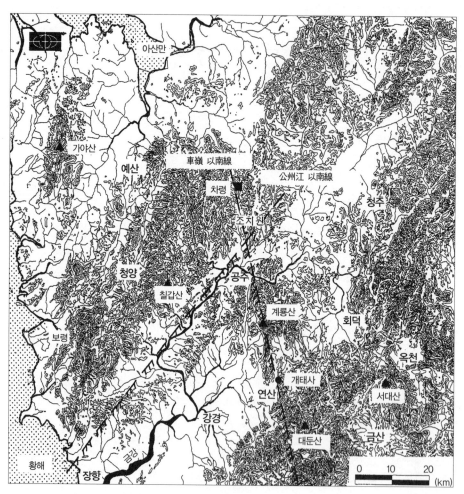

충청도 양반의 근거지 : 연산과 회덕 일대 지형 조건

전의 기록들에서도 나타난다. 조선 인조 14년1636의 왕조실록에는 다음과 같은 내용이 기록되어 있다 : "세도世道가 나빠지면서 풍속이 못되어져 스승과 제자의 기풍氣風이 없어졌는데, 유독A 연산의 김장생金長生에게만은 생도가 있습니다. … 회덕의 송준길宋浚吉, 송시열宋時烈은 모두 김장생의 문인門人인데, 신완성군 최명길은 비록 서로 만나보지는 못했으나B, 그들이 살고 있는 지방연산-회덕의 사람들은c 감히 멋대로 그른 짓을 하지 못한다고 합니다D."05 여기서 A, B, C, D로 표시한 부분은 '연산-회덕'에 관한 '이야기'가 역사A · 사회B, D · 공간c적 배경 속에서 '만들어진' 하나의 담론임을 보여 준다 : '연산-회덕'이 하나의 지역사회로 언급되고 있고, 세샹(사회적, 공간적 측면을 모두 포함)의 다른 지역과 차별적이라는 인식을 갖고 있다. 또한 이 글을 올린 사람은 이 지역사회의 인물들과 '직접적' 접촉이 없었음에도 불구하고B와 D를 참조), 국왕에게까지 이러한 상소를 했을 만큼 당시의 시 · 공간상에서 이미 '정상화된' 담론임을 시사한다. 이렇게 '연산-회덕'이라는 지역과 거기에 살고 있는 사람들을 상관적으로 인식한 담론은 그 지역사회 자체 내에서도 '만들어'졌다. 회덕향약懷德鄉約의 서문 1672중에는 다음과 같은 기록이 있다 : "余惟湖西舊有三大族之稱、盖謂連山之金、尼山之尹、而其一卽懷之我宋也。故案中所錄宋氏最多、而一鄉之中又有南宋北姜之稱故、姜氏爲次多焉。夫金尹宋三族相與婚媾爲舅甥焉、爲戚姨焉、則名雖爲之而其實一已矣。"

이 서문에서는 '회덕향약은 이 지방에 살고 있었던 은진송씨, 진주강씨, 경주김씨, 연안이씨, 동래정씨, 회덕황씨 등의 주요 종족집단들이 덕업상권德業相權, 과실상규過失相規하고, 예속상교禮俗相交, 환난상휼患難相恤하기 위해 작성한 것'이라고 밝히고 있다. 주목되는 내용은 세 가지로 요약될 수 있다. 첫째, '호서'의 3대 거족巨族이 연산, 니산, 회덕에 거주하고 있는 종족집단이라는 것, 둘째, 3대 종족집단이란 연산의 광산김씨, 니산의 파평윤씨, 회덕의 은진송씨라는 것, 그리고 셋째, 이들 거족은 누대累代에 걸쳐 상호 중첩적으로 혼인관계를 맺음으로써 하나의 지역사회를 형성하고 있다는 점이다.

이상의 사실들을 통해 다음과 같은 점들을 유추해 볼 수 있다. 앞서 황현이 언급했던 글에서 19세기의 호서지방이란 바로 '연산-회덕'을 중심으로 그 세력이 미치는 영역이라 생각할 수 있다는 점, 공간적 영역은 시간적으로 점차 확대되겠지만 그 중심부는 여전히 '연산-회덕'이었다는 점, 17세기의 향약 서문에서는 주요 종족집단이 누구였는지를 언급하고 있는데 이들이 이 지역사회를 형성시킨 주도적 사회집단일 것이라는 점 등이다. 이상의 유추로부터 본 연구의 공간적 범위와 시간적 길이는 자연스럽게 한정된다. 공간적 범위는 '회덕-연산'을 핵심부로 한 영역이 되고, 시간적 길이는 대략 14세기로부터 19세기까지로 축소된다. 이러한 시간적 길이는 이 지역사회를 형성한 주요 종족집단들이 정착하기 시작한 시기로부터, 그들이 거주지를 확대하고 사회적 관계를 맺어가는 과정에서 외부 세계와 사회적, 공간적으로 차별화된 시기에 해당한다. 이 시기 중에서 이 글에서 살펴볼 구간은 거주 공간의 확보기에 해당하는 14~15세기이다. 연구 지역으로서 '연산-회덕'이 갖는 함의는 다음의 세 가지로 요약될 수 있다 : ① 14~19세기 정치·사회사를 주도했던 공간으로서 중앙으로부터 지방, 'national'로부터 'local'에 이르기까지 공간적 스케일의 전이轉移가 가능한 지역; ② 혈연-지연-학연 복합체가 존속했던 곳으로서 종족집단간 혈연 관계를 통한 해체적 접근이 가능한 지역; ③ 호서사림, 호서사대부, 충청도 양반 등 대외적으로 이 지역과 관련된 '사회-공간' 담론이 생산, 정상화되어온 지역.

충청도 양반의 실체: 연산광김, 회덕은송

성씨의 존재 양태를 군현 단위로 기록한 최초의 자료는 『세종실록』 「지리지」이다. 이 자료를 비롯하여 조선시기의 읍지류나 각종 관찬 사료에서는 지역별 성씨를 토성土姓, 망성亡姓, 역성驛姓, 속성續姓으로 분류하여 기록하게 된다. 제시된 표는 지역별 성씨의 존재 양태와 그 변동의 추이를 알아보기 위해서 조선전기에 간행된 군현별 성씨현황을 기록한 자료들을 선별적으로 정리한 것이다. 성씨현황을 알려주는 대표적 기록물을 검토하되, 시기별 추이를 파악하기에 적절하도록 시간적 간격을 고려하였다. 그리하여 조선초기에 간행된 『세종실록』, 「지리지」로 부터 조선후기에 발간된 『여지도서』에 이르는 4건의 사료를 살펴보았다.

우선 연산현의 토성을 보면, 『세종실록』, 「지리지」에 송宋, 서徐, 손孫, 고高로 기록되어 있고 『신증동국여지승람』에서부터 황黃, 임任이 추가되었다. 성씨의 기재 순서에서도 새롭게 추가된 경우를 제외하면 특이한 변화가 없다. 흥미로운 것은 이 두 자료에는 『동국여지승람』에 기록된 인물들, 즉 조선시기 이 지방에서 배출한 주요 인물의 성씨

06가 기록되어 있지 않다는 점이다. 회덕현의 경우에도 유사해서 이곳의 토성은 『세종실록지리지』에 황黃, 임任, 이李, 방房으로 기록되어 있는데, 후대에는 황씨가 기재 순서상 뒤로 밀려났고 망성이었던 곽郭씨가 새롭게 추가된 것을 제외하면 특이 사항이 없다. 연산현의 경우와 마찬가지로, 『동국여지지』에 기록되어 있는 바 이 지방에서 유명 인물을 배출한 성씨, 즉 은진송씨와 진주강씨가 『동국여지지』를 제외한 나머지 기록물들에서 기록되지 않고 있다.

그렇다면 이러한 자료상의 결함은 어디에서 기인하는 것일까? 조선시기 지리지류의 성씨 기록 내용은 이들 지리지의 간행 시기와는 어떤 관계에 있는 것일까? 얼마만큼의 시기적 오차를 가진 내용일까? 표에서 『동국여지지』에 기록된 지역별 저명 인물을 보

지역별 토성, 역·속성, 망성의 변동 추이

구분	토성				역·속성				망성			
	세종 (1454)	신증 (1530)	동국 (1600)	여지 (1700초)	세종 (1454)	신증 (1530)	동국 (1600)	여지 (1700초)	세종 (1454)	신증 (1530)	동국 (1600)	여지 (1700초)
연산	송(宋) 서(徐) 손(孫) 고(高)	송(宋) 서(徐) 황(黃) 손(孫) 고(高) 임(任)	김국광 김계휘 김장생 김 집 열녀허씨	송(宋) 서(徐) 손(孫) 황(黃) 고(高) 임(任)	황(黃) 고(高)	황(黃)		황(黃) -역성 유(俞) -래성	임(任) 황(黃)	·	·	·
진 잠	김(金) 이(李) 전(田)	김(金) 이(李) 심(沈) 전(田) 임(任) 유(劉)	·	이(李)	·	·	·	·	심(沈) 임(任) 유(劉)	·	·	·
회 덕	황(黃) 임(任) 이(李) 방(房)	이(李) 임(任) 황(黃) 방(方) 곽(郭)	송인수 송기수 강학년 열녀류씨	이(李) 임(任) 황(黃) 방(方) 곽(郭)	배(裵) 김(金)	배(裵) 김(金)		배(裵) 김(金)	곽(郭)	·	·	·

* 세종=세종실록지리지 / 신증=신증동국여지승람 / 동국=동국여지지 / 여지=여지도서.
* 동국여지지: '배출 인물' 조선시기 항목에 기록된 인명임.
* 진잠현은 고려시기 연산군의 관할 구역에 속했던 곳임.

면 연산의 인물로 기록된 광산김씨光山金氏 일가는 고려말기에 이 지방으로 입향하였고, 회덕의 은진송씨도 비슷한 시기에 정착하였다. 그럼에도 불구하고 이들이 정착한 후 100여년 뒤 발간된 『신증동국여지승람』에는 물론이고 지역적 지배력을 확고히 다졌던 18세기초의 『여지도서』 성씨조에도 이들이 언급되어 있지 않는 점은 이들 자료가 갖는 맹점이다.[07] 더욱이 『동국여지지』 인물조에 기록된 지역출신 저명 인물들이 연산지방의 경우는 전원(광산김씨) 光山金氏, 회덕의 경우도 1명을 제외한 나머지가 모두 은진송씨恩津宋氏임을 주목해보면, 이 지방에서 차지했던 두 종족집단의 정치, 사회적 비중이 상당했을 것임에도 불구하고 왜 이들이 후대의 『여지도서』에서조차 기입되지 않고 있는 것일까?

이 같은 자료상의 한계를 벗어나기 위해 지역별 성씨의 존재 양태를 담고 있는 다른 자료를 찾아 보았다. 이어서 제시한 표들은 『사마방목』에 수록된 조선시기 생원·진사 합격자를 그들의 실제 거주지별로 추출하여 연산과 회덕 출신으로 각각 구분한 것이다. 그 다음 각 거주지[연산·회덕]의 합격자 인원을 종족집단별로 산출하여 종족집단 간의 상대적 비율을 계산해 보았다.

종족집단별 생원·진사의 배출 인원: 연산현 거주자

시기 / 종족집단	15세기			16세기			17세기			18세기			19세기			합계(%)
	초	중	말	초	중	말	초	중	말	초	중	말	초	중	말	
광산김(光山金)							2	2	2	1	0	3	9	7	10	45(34.9)
전주이(全州李)									1			1	1	2	3	8(6.2)
안동권(安東權)		1							1	1		1	2	1	1	8(6.2)
나주임(羅州林)								1	2			3			1	7(5.4)
파평윤(坡平尹)							3		2	1	1					7(5.4)
안동권(安東金)									2			1	1	1	1	6(4.6)
은진송(恩津宋)									2	1	1		1			5(3.9)
덕수이(德水李)										1	2		1			4(3.1)
기타	생 략															39(30.3)
합계	0	1	0	0	1	1	5	3	17	10	21	16	14	14	26	129(100)

* 자료출처: 『사마방목(司馬榜目)』 등재 생원·진사의 거주지가 '연산'인 경우.

148

연산현에 거주하던 사람으로서 생원·진사 합격자는 15세기 안동권씨에서 처음 나왔지만 16세기에는 어떤 종족집단에서도 나오지 않았다. 그 후 17세기초부터 광산김씨가 합격자를 배출하기 시작하였고, 17세기말에는 전주이씨全州李氏, 안동권씨安東權氏, 나주임씨羅州林氏, 파평윤씨坡平尹氏, 안동김씨安東金氏, 은진송씨恩津宋氏에서도 합격자가 나왔다. 이 중 광산김씨는 18세기초를 제외하면 전시기에 걸쳐 합격자를 냈을 뿐만 아니라, 시기별 배출 인원에 있어서도 최소 2명에서 최대 10명에 이르는 빈도를 보이고 있다. 모든 시기를 합산해 보면 광산김씨는 연산 출신의 합격자 중 34.9%를 차지하고 있다. 그 다음 순으로 전주이씨, 안동권씨, 나주임씨, 파평윤씨, 안동김씨, 은진송씨가 잇고 있다. 만약 생원·진사 합격자 수가 각 종족집단별로 이 지방에서 차지했던 정치, 사회적 비중을 반영하는 것이라 한다면, 17세기 이후 이 지방의 지배적 종족집단은 광산김씨를 필두로 한 바로 전술한 성씨들이 되는 것이다.

회덕에서는 16세기부터 은진송씨가 합격자를 배출하기 시작하였는데, 은진송씨는 19세기말까지 이 지방에 거주하던 전체 합격자의 70%에 이르는 비율을 차지하였다. 연산의 광산김씨의 그것에 비해서도 압도적인 비중이라 할 수 있다. 은진송씨 다음으로 합격자를 배출한 종족집단은 광산김씨, 진주강씨, 동래정씨 등의 순이지만, 시기적

종족집단별 생원·진사의 배출 인원: 회덕현 거주자

종족집단 ＼ 시기	15세기			16세기			17세기			18세기			19세기			합계(%)
	초	중	말	초	중	말	초	중	말	초	중	말	초	중	말	
은진송(恩津宋)				1	2	2	11	7	4	7	2	8	9	19	19	91(70.0)
광산김(光山金)					1									2	4	7(5.4)
진주강(晉州姜)					2	5										7(5.4)
동래정(東萊鄭)								1	2							3(2.3)
전주이(全州李)								1			1				1	3(2.3)
청송심(靑松沈)														1	1	2(1.5)
기타	생 략															17(13.1)
합계	0	0	0	1	6	9	13	9	9	12	3	10	11	22	25	130(100)

＊ 자료출처: 『사마방목(司馬榜目)』 등재 생원·진사의 거주지가 '회덕'인 경우.

으로 특정한 때에 한정하여 합격자를 보이고 있을 뿐 연속성이 없어서 큰 의미를 갖지 못하는 것 같다.

이 같이 『사마방목』을 통해서 보면 조선시기 연산과 회덕의 유력 종족집단 및 그들 간의 상대적 위계가 드러난다. 연산의 경우에는 광산김씨를 필두로 차하위次下位에 전주 이씨, 안동권씨, 나주임씨, 파평윤씨, 안동김씨, 은진송씨가 이어지고, 회덕의 경우에는 은진송씨가 압도적 위치를 차지한 가운데 광산김씨, 진주강씨, 동래정씨 등의 순서를 보인다. 그럼에도 불구하고 조선시기 지리지의 지역별 토성 및 래성 관련 내용에는 전 술한 유력 성씨들이 언급되어 있지 않다. 특이한 점은 연산의 대표적 토성인 연산서씨 와 회덕의 토성인 회덕황씨는 합격자를 전혀 배출하지 못한 상황에서도 지리지에 계속 적 기입되었다는 사실이다. 연산서씨나 회덕황씨와 같은 소위 토성 집단은 조선초기부 터 사실상 지배적 성씨 계층에서 배제된 종족집단이라 볼 수 있다.[08] 이들은 지리지의 성씨조뿐만 아니라 인물조 항목에서도 전혀 언급되지 않고 있다. 이에 종족집단의 지역 화과정에 관한 아래의 논의는 지리지류에 기록된 이들 토성에서 시작할 이유가 없다.

그 대신 『사마방목』의 분석에서 드러난 바와 같이 조선전기이래 연산과 회덕에서 정치, 사회적으로 수위首位의 입지를 확보한 광산김씨와 은진송씨가 이들 지역의 지역 화과정을 풀어내는 실마리를 제공할 것이다. 지금부터는 연산의 광산김씨와 회덕의 은 진송씨로부터 논의가 시작된다. 논의가 진행되면서 연산 및 회덕에서 시작된 지역사회 영역의 공간적 범위는 점차 주변으로 확대되어지고, 광산김씨와 은진송씨로부터 출발 한 종족집단간 사회적 관계망에는 보다 다수의 종족집단들이 포섭되어진다는 사실을 확인할 수 있을 것이다.

3

거주 공간의 확보와
물적 토대 구축

연산서씨가 없는 연산, 그리고 그곳의 종족집단들

① 광산김씨 이전의 연산의 종족집단: 연산서씨의 흔적이 없는 연산 지방!

과거에 연산 지방에서 어느 종족집단이 지배적인 성씨였는가를 알아보는 가장 쉬운 방법은 어떤 종족집단이 이 지역을 본관으로 하였는가 확인해 보는 일이다. 현존하는 성씨 중에서 충청도 연산을 본관으로 하는 성씨로는 연산서씨連山徐氏가 유일하다. 족보[09]에 의하면 연산서씨는 시조 영준英俊 때부터 연산에 대대로 거주하였기에 연산을 본관으로 삼아 이천서씨利川徐氏로부터 분적分籍하였다고 한다. 그러나 오늘날 연산 지방에서는 연산서씨의 종족 촌락 혹은 관련 경관이나 심지어 유적조차 찾아볼 수가 없다. 선대先代의 묘소가 이 지방에 남아있는 것도 아니다. 오늘날의 연산에는 연산서씨가 없는 것이다.[10]

연산서씨를 제외한다면 연산에서 제일 먼저 정주 공간을 확보한 성씨는 화악리의 여산송씨礪山宋氏인 것으로 추적되었다. 화악리의 여산송씨는 고려말 인물인 송서宋瑞, ?-

연산 화악리 여산송씨(礪山宋氏)의 계보와 입향조

여산송씨의 주요 계보		정주 공간 관련사항
시조	송유익(宋惟翊) ⋮	· 묘소: 전북 익산군 여산면 호산리
6세	송 서(?-1353) ┃	· 송서(?-1353): 묘소는 경기도 장단.
7세	송윤번(1300년대 중반 생존) ┃	*송윤번: 송서의 次子. 묘소 진잠(失傳) 진잠(연산 북동쪽 인근) 낙향조 화악리에 단을 세움.
8세	송 전 ─ 송 위 ─ 송 리 ┃	*송전: 송윤번의 장자, 연산 화악 입향조
9세	송명산 ─ 송복산 ─ 송인산 ─ 송덕산 ⋮　⋮　┃	· 7세~10세: 연산 화악리 일대에 단 혹은 묘소가 분포.
10세	⋮　⋮　송춘림 ─ 송문림 ⋮　⋮　⋮　⋮	· 송명산: 연산 인접한 두마면에 묘소.

* 자료출처: 『여산송씨여량군파보(礪山宋氏礪良君派譜)』

1353[11]의 자손들이다. 송서는 고려 공민왕 때에 우정승을 지낸 사람이다. 그의 묘는 경기도 장단에 있으며 형제인 송린과 송유, 조카인 송방영이 각각 우부승지, 낭장 등 중앙의 관직을 역임했던 것으로 보아, 적어도 그의 대까지만 하여도 고려의 중앙관료로서 개경이나 장단이 거주지였던 것 같다.

고려말 당시 송서는 친원親元 세력인 기철奇轍, ?-1356,[12] 중도파인 이제현李齊賢, 1287-1367,[13] 반원反元 세력인 조일신趙日新, ?-1352이 서로 정권을 다툴 때 조일신 계열에 속했는데, 조일신이 패하면서 송서 역시 곤욕을 치렀다.[14] 이러한 정쟁 중에 송서의 형인 송린宋璘이 참수를 당하고 동생과 조카 등이 투옥되는 등 여산송씨 일가가 상당한 화를 입었다. 이러한 연유에서 그의 자손들은 각 지방으로 은거하였을 것으로 추정된다.

송서는 세 아들을 두었는데,[15] 그 중 둘째 아들 송윤번宋允番이 연산에 인접한 진잠 지방에 묘소를 남겼고, 다시 송윤번의 맏아들 송전 및 송전의 손자 송문림이 연산 화악리에 묘소를 두었다. 화악리는 진잠으로부터 연산으로 들어오는 길목에 위치한다. 이러한 점들을 고려하면 송윤번을 중앙으로부터 연산 부근의 진잠으로 내려온 낙향조라 간주할 수 있고, 그의 아들 송전을 연산 화악리로의 입향조로 비정할 수 있다. 이들의 생존

화악리 입구의 여산송씨 표식(위)
및 마을 전경(아래)

* ①화악리 입구; ②화악리 전경; ③여산송씨 선조 묘역; ④전주이씨 익안대군 영정

기간으로 보아 입향 시기는 대략 14세기 중반 경으로 추정된다. 현재 화악리 종산宗山
에는 송서와 송윤번의 단壇, 후손들의 묘와 비, 그리고 재각인 경모재敬慕齋가 건립되어
있다. 14세기 중반 경의 여산송씨는 비록 본관이 연산은 아니었지만 연산 지방의 실질
적인 토착성씨였다고 볼 수 있다.

　여산송씨에 이어 연산에서 두 번째로 등장한 성씨는 고성이씨固城李氏이다. 고성이씨
이민李岷은 화악리에 정착한 여산송씨 송윤번의 셋째 딸과 혼인하며 처가가 있는 연산

지방으로 낙향하였다. 이민은 처음에 연산 고정리[16]에 거주하였다가 어떤 이유에서인지 인접한 고양리로 이주하여 그곳에 세거世居하게 되었다. 이민은 성주도씨星州都氏 도사면都思勉[17]을 사위로 맞이하였는데, 이를 계기로 성주도씨 가문이 연산 어은리 일은日隱 골에 정착하였다. 그 후 도사면의 아들 도경손都慶孫은 다시 화악리 여산송씨의 사위가 됨으로써 화악리에 인접한 관동리로 이주하였으며, 그 때부터 성주도씨 자손들은 연산 인근의 두마면 농소리, 벌곡면 대덕리와 신양리, 그리고 상월면 한천리에서 정주 공간을 확보하게 되었다. 이로써 여산송씨, 고성이씨, 성주도씨는 서로 통혼관계를 이

여산송씨와 통혼에 의한 유입 성씨(I) : 고성이씨, 성주도씨

고성이씨(固城李氏, 14세기 중후반 입향)		정주 공간 관련사항
시조	이황(李璜) ⋮	· 설단: 시조이하 5위의 단(壇)이 경상남도 고성군 회화면 봉덕리 봉산재
7세	이존비(?-1287) ⋮	· 이존비: 1260년 경신과(庚申科) 급제)
9세	이암(1279-1364 |	· 이암: 1313년 계축과(癸丑科) 급제)
10세	이숭 송윤번(연산 화악리에 단을 세움) | |	· 송윤번: 연산 인근 낙향, 진잠에 묘소
11세	이민 = ●(여산송씨) ⋮	*이민: 연산 고양리에 정착, 입향조 시기는 14세기 중후반

성주도씨(星州都氏, 14세기 중후반 입향)		정주 공간 관련사항
시조	도계(都稽) ⋮	· 도계: 중국 여양(黎陽)출신, 한조(漢朝)인물
1세	도순 ⋮	· 도순: 고려 원종(1259-1274)때 관직
7세	도응 이민(연산 고양리 거주)	· 도응: 1300년대 후반 고려조에 대한 절의를 지켜 홍성 노은동 은거.
8세	도사면 = ●(고성이씨) | 연산 화락리에 거주	*도사면: 연산 어은리 일은골 입향조
9세	도경손 = ●(여산송씨)	*도경손: 화악리의 여산송씨와 혼인. 연산 관동리 입향조.

* 자료출처:『고성이씨족보(固城李氏族譜)』,『성주도씨족보(星州都氏族譜)』.

루며 서로 인접한 동리에 거주하게 되었으며, 이들은 14세기 중반부터 연산 지방을 점유하고 있었던 대표적 종족집단 이루게 된다.

　고성이씨와 성주도씨 이외에도, 여산송씨는 가평이씨와 기계유씨가 연산 지방으로 들어오는 혈연적 배경을 제공하였다. 가평이씨加平李氏 중시조 이다림李多林은 여산송씨 8세 송리의 사위가 되면서 연산 청동리에 정착하였고, 기계유씨杞溪俞氏 유효통俞孝通은 여산송씨 8세 송전의 사위가 되면서 화악리 맞은 편의 천호리에 거주지를 잡았다.[18]

　이렇게 14세기 중반 이래로 연산 지방에 정착한 여산송씨와 고성이씨, 성주도씨는

여산송씨와 통혼에 의한 유입 성씨(Ⅱ) : 가평이씨, 기계유씨

가평이씨(加平李氏, 15세기 초중반 입향)		정주 공간 관련사항
시조	이인보李仁輔 ⋮	· 이인보: 신라시대 (完山戶長)
	이기문　　송윤번 ⋮		· 이기문: 가평에 이거(移居), 본관조(本貫祖)
1세	이춘계　　송리(연산 화악리 거주)	· 송리: 화악리 입향조인 송전의 동생
3세	이다림 = ●(여산송씨) |	*이다림: 화악리의 여산송씨와 혼인. 　　　　 연산 청동리 입향조.
4세	이윤손 — 이형손(1418-1496) ⋮　　　 ⋮	· 이형손: 이시애 난을 평정→연산군(連山君) 　　　　 작위를 받음 (연산 출신임을 시사)

기계유씨(杞溪俞氏, 15세기 초중반 입향)		정주 공간 관련사항
시조	이삼재(俞三宰) ⋮	· 유삼재: 통일신라말 고려개국에 저항 　　　　 경남 기계에 세거, 본관조(本貫祖)
중조	유의신 ⋮	· 유의신: 900년대 후반의 인물
	유성리　　송윤번 ｜　　　　｜	· 송윤번: 연산 인근(진잠) 낙향조(落鄕祖)
	유현　　송전(연산 화악리에 거주) ｜　　　｜	· 송전: 여산송씨 화악리 입향조
	유효통 = ●(여산송씨) ⋮　　　 ⋮	*유효통: 화악리의 여산송씨와 혼인. 　　　　 화악리 맞은편의 천호리 입향조.

*　자료출처:『가평이씨족보(加平李氏族譜)』,『기계유씨족보(杞溪俞氏族譜)』.

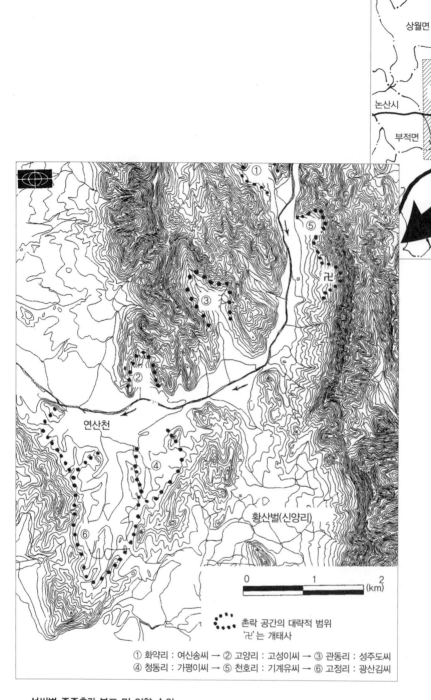

지도 상단: 상월면, 두마면, 호남고속국도, 연산면, 논산시, 부적면, 벌곡면, 양촌면

지도 내 지명: 관, 연산천, 황산벌(신양리)

0 1 2 (km)

···· 촌락 공간의 대략적 범위
'관'는 개태사

① 화악리 : 여신송씨 → ② 고양리 : 고성이씨 → ③ 관동리 : 성주도씨
④ 청동리 : 가평이씨 → ⑤ 천호리 : 기계유씨 → ⑥ 고정리 : 광산김씨

성씨별 종족촌락 분포 및 입향 순위

156

자신들의 입향조 및 선대의 인물이 대부분 고려말 중앙 정계의 주요 관직자였다. 여말 선초의 '정국변동' 및 그에 따른 '기관은거棄官隱居'는 이들의 연산 입향 과정에서 1차적인 요인으로 작용했다. 이 같은 입향 배경은 조선초, 즉 그들보다 약 50년 뒤인 15세기 초에 이 지방에 들어온 가평이씨 및 기계유씨의 그것과 차별성이 있다. 전자는 친고려 왕조 세력이었고 후자는 친조선왕조 세력이었다는 점, 그 입향 배경에 있어서 전자는 고려말의 기관은거였고 후자는 조선초의 중앙 정계와 긴밀히 연결된 사족집단이었다는 점이 그러하다.

이러한 차별성에도 불구하고 양자는 모두 연산 화악리의 여산송씨와 통혼함으로써 이 지방에 정착할 수 있었다는 공통점을 갖고 있다. 통혼 관계에서 특기할 만한 사항은 이들 모두가 여산송씨의 딸들을 배필로 삼은 사위 가문이었다는 점이다. 고성이씨, 성주도씨, 가평이씨, 기계유씨는 모두 여산송씨의 외손에 해당하는 집안인 것이다.

그리하여 15세기초 연산 지방에서는 여산송씨를 비롯하여 고성이씨, 성주도씨, 가평이씨, 기계유씨 등이 이 지방의 주요 종족집단을 이루게 되었다. 대표적인 정주공간을 보면 고성이씨는 고양리, 성주도씨는 어은리와 관동리, 가평이씨는 청동리, 그리고 기계유씨는 천호리에 다수 거주하였다. 한편 여산송씨는 앞서 언급한 성씨들로 하여금 연산으로 입향할 수 있도록 해준 문지기 역할을 하였다고 볼 수 있는데, 이러한 점을 감안하면 여산송씨의 근거지였던 화악리는 연산 지방의 종족집단 정착사에 있어 기원에 해당하는 장소라 볼 수 있다.[19]

② 연산의 고정리를 점거한 광산김씨

연산 지방에는 14세기 중반 이래로 여산송씨를 필두로 하여 고성이씨, 성주도씨, 기평이씨, 기계유씨, 전주이씨 등이 서로 혼인관계를 이룸으로써 정착해 나갔다. 이들 종족집단은 서로 인척관계를 유지하며 거주 공간의 패턴에 있어서도 인접한 동리에 위치하는 경향을 보였다. 최초로 정착한 여산송씨의 입장에서 보면 여타 성씨들은 모두 사위 가문, 즉 외손에 해당한다. 그러나 오늘날 여산송씨는 대부분 연산 지방으로부터 이탈하여 거의 남아있지 않고, 그 공간을 대신 사위 가문들이 대체한 상황이 되었다. 연산 지방에서 전개된 이러한 혈연 관계망에 대한 정보는 14~15세기 이 지방 주요 종족

연산 고정리 광산김씨의 계보

광산김씨의 주요 계보	정주 공간 관련사항
1세 김흥광(金興光) ⋮ 14세 김연(1215-1291) ⋮ 17세 김영리 | 18세 김정　　허교(개성윤) | 19세 김약채　　허응(許應,?-1411, 조선개국에 참여) | 20세 김문 ＝ ●(양천허씨) | 21세 김철산(1393-1450) | 22세 김국광 ― 김겸광 ― 김정광 ― 김경광 　　　　⋮　　　⋮　　　⋮　　　⋮	· 통일신라말 경주로부터 광산에 은거 　　본관조(本貫祖) · 김연: 양간공(良簡公). 고려 충렬왕조 　　　　경상 도지휘사 역임. 양간공파시조 · 김영리: 1354년 좌사의대부 　　　　 『고려사(高麗史)』에 기록 *김약채: 연산 고정리 입향조. 고택이 있었음. 　　　　1404년 충청도 도관찰사. *양천허씨: 연산 문중내 최고의 묘. 　　　　 이후 광산김씨 후손의 묘소는 　　　　 대부분 연산 일대에 분포. · 김철산: 사헌부 감찰 · 김국광(1415-1480): 이시애의 난 때 병조 　　　　　　　 판서로서 공훈. 우의정.

* 자료출처: 『광산김씨문헌록(光山金氏文獻錄)』, 『광산김씨양간공파보(光山金氏良簡公派譜)』,
　　　　『광산김씨전리판서공파보(光山金氏典理判書公派譜)』

집단들의 정착 배경, 이주 과정, 거주지 분포 패턴을 이해하는데 매우 중요하다.

　한편 이러한 혈연관계망에 의해서도 포착되지 않는 성씨가 등장하는데 바로 광산김씨가 그들이다. 전라도 광산을 본거지로 하던 광산김씨 중 일파가 충청도 연산 지방에 거주하기 시작한 것은 15세기 초였다. 연산에 처음 묘소를 남긴 인물은 20세 김문金問[20]의 처 양천허씨陽川許氏이지만, 이에 앞서 19세 김약채金若采[21]의 고택古宅이 충청도 연산에 있었다는 기록이 족보에서 확인된다.[22] 즉 광산김씨 19世 김약채가 연산 지방에 정착한 광산김씨의 입향조였을 가능성이 크다.

　김약채의 입향 배경은 확실치 않다. 그가 입향할 즈음 연산 지방을 지배하고 있었던 종족집단, 즉 여산송씨, 고성이씨, 성주도씨 등과 광산김씨 사이에 어떤 연적緣的 관계가 있었던 것도 아니다. 광산김씨의 연산 정착과 관련될 수 있는 사항이 있다면 그것은 김약채가 충청도 도관찰사都觀察使를 역임한 사실 뿐이다. 충청도 도관찰사를 지냈다는 김약채의 관직 이력이 이 인물로 하여금 연산 지방에 정착할 수 있도록 한 배경이 되지 않았을까 추측할 수 있다. 김약채라는 인물이 있기 전에는 광산김씨로서 충청도와 인연을 가진 인물이 확인되지 않는다는 점에서 그러하다.

김약채는 고려후기 경기도 일원에 거주하던 광산김씨 일파의 후손이었다. 그의 선대先代의 인물들은 황해도 개풍, 장단, 경기도 고양 등에 묘소를 남기고 있다는 사실로부터,[23] 이들이 고려시기동안 중앙 관직으로 진출한 후 본관인 광주를 이탈하여 개경 주변에 거주하던 재경광산김씨在京光山金氏로서 즉 재경사족의 일파였음을 알 수 있다. 그 뒤에 15세기초 김약채 대에 이르러 충청도 연산에 거주지를 정하게 된 것인데, 그 정착 배경을 충청도 도관찰사를 역임했던 그의 관직 경력에서 찾을 수 있다고 보는 것이다.[24]

일반적으로 고려후기 및 조선시기에는 사대부들이 국가의 도읍 京과 고향故鄉, 처가妻家, 외가外家 등 여러 곳에 거주지를 갖고 있었다. 대부분의 경우 그 중 한 곳 정도가 만거장소寓居場所였고 나머지는 피난이나 피화, 정계은퇴 등 특별한 경우에만 머무는 임시 거주처였다. 고려말 충청도 연산 고정리에 있었다고 전하는 약채의 고택은 단순히 임시 거주처는 아니었던 것 같다. 족보에 의하면 양천허씨는 약채의 아들 김문金問[25]의 배우자로서 개경에 거하던 중 남편이 벼슬에 오른지 얼마 안되어 세상을 떠나자 충청도 연산에 있는 시부모 댁媤家으로 낙향하였다고 전한다.[26] 그녀의 낙향시 시아버지媤父 김약채가 맞이했다는 기록이 있는 것을 보면 연산 고정리는 약채가 정계 은퇴후 상주하던 곳이었음을 알 수 있다.[27]

15세기초 김약채로 대표되는 광산김씨가 연산 지방에 입향한 시기 및 배경은 그 이전부터 이 지방에 거주하고 있었던 어타 종족집단들의 그것과는 대조적인 측면이 있다. 정착 시기상 광산김씨는 여산송씨, 고성이씨, 성주도씨에 비해 약 50여년 뒤에 연산 지방에 입향하였다. 그렇지만 광산김씨는 연산 입향시 기존의 종족집단과 어떤 혈연적, 정치적 관계가 있던 것은 아니다. 오히려 중앙 정계에 대한 친소親疏의 면을 보면 기존의 종족집단과 광산김씨는 서로 대조되는 성향을 가진 것으로 보인다. 앞서 살펴본 것처럼 여산송씨, 고성이씨, 성주도씨는 친고려왕조의 성향을 지닌 종족집단으로서 14세기 중반을 전후로 거의 비슷한 시기에 연산 지방으로 은거한 성씨들이다. 이들은 조선왕조의 개국을 부정하면서 낙향하였으며 이런 이유에서 조선초기의 한동안은 중앙정계에 진출하지 않았다.

이에 비해 15세기 초반에 연산에 입향한 광산김씨는 입향조로 추정되는 김약채가 이성계의 조선건국에 적극적으로 가담한 허응許應, ?-1411[28]과 사돈 관계에 있었고, 그 후손들도 조선조에 들어와 여러 관직을 역임한 사실로 보아 친조선왕조 세력이었다. 그의 아들 문問, 문의 손자 국광國光, 1415-1480, 겸광謙光, 1419-1490, 경광景光 형제도 조선왕조에 들어 모두 과거에 급제하였고[29] 그 지위에 있어서도 정승, 판서 등을 역임하는 등 조선초기에 최고의 권력을 유지하였다. 이들은 대부분 충청도 연산 일대에 묘소를 남기고 있는데 이 점을 보면 연산이 이들의 가향家鄕이면서 정치적 활동의 근거지였음을 알 수 있다. 연산 고정리에 정착한 이들 광산김씨 일파는 혈연 계보상으로는 모두 19세 김약채의 장남인 김문의 후예에 해당한다.[30]

광산김씨의 최초 정착지: 연산 고정리

광산김씨가 정착한 연산 고정리는 연산천의 지류에 발달한 계곡 마을 중 가장 넓은 평지를 가진 곳이다. 연산천은 동북쪽으로부터 서남쪽을 향하여 흐르는 연산 지방의 하천으로서 논산천으로 합류하여 금강 본류에 유입한다. 연산천은 상류로부터 여러 개의 지류를 갖고 있는데 각 지류는 산간 계곡의 형태를 취하고 있다. 계곡의 중앙을 흐르는 지류 주변으로는 소규모 평지가 발달하여 있기 때문에 전통시기 자족적 생활의 기본 요건인 수리, 평야, 산지 등의 인자를 충족시켜주고 있다. 따라서 소규모 촌락의 입지에 유리한 곳이다.

연산 지방에 분포하는 대부분의 촌락은 이러한 계곡 저 평지의 '골' 형입지를 취하고 있다. 연산 지방 최초의 종족촌락이라 할 수 있는 여산송씨의 화악리 역시 연산천 상류 부근의 이 같은 지류 연안에 자리하고 있다. 화악리로부터 연산천의 하류를 향하여 성주도씨의 관동리, 고성이씨의 고양리, 가평이씨의 청동리, 그리고 광산김씨의 고정리가 모두 연산천의 지류에 발달한 이 같은 산간 평지를 확보하면서 입지하고 있다.

이들 촌락들은 각각 자신이 입지한 지류의 상류 방향으로는 산지에 의해 둘러싸인 채 연산천 본류 방향으로만 열려있는 소분지 형상의 지형 조건을 갖추고 있다. 분지의 규모를 보면 14세기 중반에 형성된 화악리. 고양리 등은 규모가 작은 편이며, 14세기 후반의 관동리와 청동리는 상대적으로 넓다. 화악리, 고양리 같은 초기의 촌락들은 대체로 연산천의 북쪽 지류에 입지함으로써 촌락이 입지한 계곡이 대체로 남향을 취하고 있으나, 청동리, 고정리 등 후기의 촌락들은 그 반대의 여건을 갖고 있다. 연산천을 기준으로 보면 북사면 기원의 지류상에 입지한 촌락일수록 그 형성 시기가 남사면 기원의 그것에 비해 상대적으로 빠른 편이라 볼 수 있다. 또한 연산천 상류로 올라갈수록 그곳에 입지한 촌락의 형성 시기가 오래되어 14세기 중반을 전후로 한 시기에 기원한 촌락이 나타나고, 하류로 내려올수록 촌락 형성의 기원 시기가 상대적으로 짧은 편이며 그 대신 촌락이 입지한 소분지의 규모는 커지는 경향을 나타낸다.

15세기 초반에 형성된 광산김씨의 고정리는 연산천의 지류 중 가장 넓은 평지를 가진 계곡에 자리하고 있으며, 계곡의 길이도 가장 길고 북쪽을 제외한 삼면이 이중의 산지로 둘러쳐진 분지형 지형 내에 위치한다. 이 분지형 지형의 북쪽 출입구는 소규모 구릉선에 의해 좁아지는 형세이기 때문에 내부의 고정리 마을은 외부로부터 적당히 감추어진 입지를 취함은 물론이고 겨울철 북서계절풍을 차단하는 효과가 있다. 풍수지리에서 소위 길지형국吉地形局의 분지 지형과 그 내부 형세, 수전농업에 유리한 길고 넓은 평지 등으로 특징지워지는 생태적 조건은 광산김씨로 하여금 자손이 크게 증가한 조선중기 이후까지도 고정리를 이탈하지 않고 세거하도록 하여준 기본적인 요인이 되었음에 틀림없다.

이러한 점은 새로운 유입 종족집단에 의해 기존의 종족집단이 압출된 화악리의 경우와 대조되는 특징이다. 화악리의 경우 유입 종족집단인 전주이씨가 시간이 흐르면서 기존의 토착 종족집단인 여산송씨를 압출하게 된다. 그 배경에는 조선왕조 종실宗室 가문이라는 전주이씨의 태생적 이점도 있었지만, 화악리 자체가 가옥의 수용력에서 이미 한계에 다다른 소규모 정주공간이었다는 점도 작용하였다. 이에 비해 고정리는 유입 종족집단이라는 침입 세력 자체가 없었을 뿐만 아니라 인구와 가옥의 수용력에 있어서도 연산 지방에 형성되었던 기존 촌락들의 그것에 비해 적어도 두 세배 이상의 큰 규모였다. 더욱이 여말선초부터 한전농업旱田農業으로부터 수전농업水田農業으로의 전환이 있었음을 고려하면, 고정리 소분지가 갖는 이러한 수전농업에 유리한 생태적 조건은 광산김씨 가문에게는 탄탄한 경제력의 원천이었을 것이다. 뿐만 아니라 조선초이래 계속된 중앙 정계로의 진출은 광산김씨로 하여금 고정리 소분지에 대한 소유권을 확대, 강화하는 방향으로 작용하였음은 당연한 것이다.

고정리는 15세기 초반에 광산김씨 종족촌락으로 형성된 이래 조선시기를 거쳐 현재에 이르기까지 광산김씨 문중의 배타적 공간으로 지켜져 왔다. 이러한 오랜 시간 속에서 고정리는 입향조 이하 이곳 출신 주요 인물들의 묘소는 물론이고 정려문, 사당, 신도비, 서원 등 각종 상징경관들로 충만된 장소로 만들어졌다. 고정리 소분지의 가장 안쪽 상단, 즉 고정리 계곡 최상류부에는 연산광김連山光金의 시조모始祖母, 시조에 상응하는 할머니라 할 수 있는 양천허씨陽川許氏 및 그녀의 아들 김철산의 묘소가 위치하는데, 이 장

**고정리 내측 상단부에
조성된 상징적 장소**

* 사진 하단의 가장 큰 묘가 김장생 묘소이고 그 좌측하단에 양천허씨 묘가 있다. 이들 선대 묘소군 아래에 김장생 재실이 위치하고 계곡 건너편에 양천허씨 재실이 있다. 광산김씨 종족집단에게 이 공간은 고정리의 기원과 광산김씨의 정착을 알려주는 상징적 장소이다. 이 장소는 고정리 분지의 가장 안쪽 상단부에 해당하며, 고정리 마을은 사진에서 좌측방향에 입지한다.

소는 마을의 기원을 말해주는 상징적인 공간이다. 이 상징공간 안에서 양천허씨의 8세손 사계 김장생 묘소가 양천허씨 묘소 상부에 조성됨으로써 고정리에서 가장 높은 고도의 묘소로 되어 있다. 이러한 묘소 배치는 "할머니가 손자를 등에 업고 있는 형세이다"라는 담론을 통해 정상화되고 있다. 사실상 김장생은 고정리의 광산김씨가 배출한 조선조 최고의 학자이며, 이러한 위치의 김장생 묘소가 고정리 입향조의 묘소들과 함께 마을의 상단부를 상징적 장소로 구현해 내고 있다. 이곳과 정반대 위치에 있는 마을의 입구에도 김장생을 배향하는 돈암서원[31]이 건립되어 있다.

그리하여 전체적으로 마을은 사계 김장생에게 집단적이고 상징성을 부여하면서 대외적으로 대표되고 대내적으로 상징화되고 있음을 보여준다. 마을 입구에 위치한 돈암서원으로부터 마을 안쪽을 향하여 광산김씨 가문의 신도비, 사당, 정려, 재실 등이 위치하며 이들 주변에 대부분의 가옥이 입지한다.[32] 양천허씨 정려旌閭는 세종 2년1420 2월 21일부로 국가로부터 명이 내려졌고,[33] 김국광의 불천지위不遷之位 사당은 성종 13년1483에 건립됨으로써[34] 15세기 말에 이르러 광산김씨의 중앙 권력을 연산 고정리에 확실히 각인하였다. 결과적으로 시대를 달리하는 다양한 상징 경관들이 소분지내에 나름대로의 질서를 갖고 배치됨으로써 고정리 전체가 광산김씨의 연산 정착과 현달 과정을 대변해주는 장소가 되었다. 마을 입구의 돈암서원은 조선조 호서사림의 적전嫡傳 계보인 김장생-김집-송시열을 배향함으로써 호서지방 최고最高의 서원이라 평가 받고 있지만, 고정리 광산김씨의 입장에서 보면 자신들에 관해 이야기해주는 다양한 상징 경관 중의 하나에 불과하다.

회덕황씨와의 연줄로 들어온 은진송씨

① 은진송씨 이전의 토박이: 회덕황씨

회덕황씨가 처음으로 회덕에 거주한 것은 고려말 황윤보黃允寶라는 인물이 은거하면서 비롯되었다.[35] 황윤보는 고려 공민왕 집권기의 인물이므로 그가 회덕에 정착한 시기를 14세기 중후반이라 추정할 수 있다. 황윤보는 공민왕 대의 좌명공신佐命功臣으로서 회천군懷川君에 봉해졌다는 기록[36]이 있는데, 그가 회덕에 은거한 이유는 고려말의 정치적 혼란을 피하기 위한 때문이었다.[37] 현재 전하는 미륵원 「남루기문南樓記文」[38]의 내용 중에는 당시 황윤보가 거주했던 장소 위치를 알려주는 구절이 있다. 이에 의하면 황윤보의 아들 연기衍記, ?-1352는 1332년부터 1351년까지 회덕의 동쪽에 위치한 미륵원을 운영하였다. 따라서 황연기의 거주지는 물론이고 그의 아버지 황윤보의 거주지 또한 이 미륵원의 위치 내지 이 인근일 것으로 추정할 수 있다.[39]

황윤보는 비록 관직을 버리고 이곳에 정착했던 것이지만, 회덕 지방에 거처를 잡기 이전부터 그가 축적한 경제력은 상당했던 것 같다. 회덕황씨 2세 황연기?-1352는 황윤보의 아들로서 회덕현 동면 관동에 거주하였는데, 바로 고려말의 폐원廢院이던 미륵원을 일으켜 중건한 인물이다. 중건을 위해서는 막대한 재력이 소요되었을 것인데, 황연기가 관직에 진출한 일이 없었던 것을 생각하면 모든 재력은 분명 부친 황윤보로부터 물려받은 것이다. 황연기는 자신의 네 아들에게 유언을 내려 미륵원을 대대로 운영하도록 하였다. 유언을 받은 네 아들 중 한 명이 수안군사遂安郡事를 지낸 황수黃粹[40]로서 목은 이색에게 미륵원의 남루기문을 청한 장본인이다. 이렇게 하여 미륵원은 조선초 한성부윤[종2품]을 지낸 바 있는 회덕황씨 4세 황자후黃子厚, 1362-1440 대에 이르도록 계속 경영되었다. 황자후는 동실과 서실을 증축하는 등 미륵원의 부속 시설을 더욱 보강하였다.

회덕 동면 관동 회덕황씨의 계보

	회덕황씨(懷德黃氏)의 주요 계보	정주 공간 관련사항
1세	황윤보(黃允寶)	*고려말 회덕에 은거,
	|	본관조(本貫祖)이자 입향조.
2세	황연기	*1세~3세: 미륵원 중건, 운영.
	|	
3세	황정 ― 황립 ― 황종 ― 황수 은진송씨	·황정: 충청도 목천 이거, 목천 입향조
	⋮ ⋮ ⋮ ⋮	차남은 부친의 은거지인 문의 세거.
4세	⋮ ? ⋮ 황자후―●=송명의	·송명의: 처가인 회덕에 거주, 입향조.
	↖ (목천·문의로	|	·황자후(1363-1440): 호패법 제정 주관.
5세	이주하여 세거). 황유 ― 황계광 ―	충청도관찰사·중추원사 등 역임.
	⋮ ⋮	·황유(1421-1450)

* 자료출처: 『회덕황씨대동보(懷德黃氏大同譜)』.

미륵원 유적비(위)와 미륵원 전경(아래)

이렇게 보면 회덕황씨가 미륵원을 운영한 시기는 최소한 1332년부터 황자후의 생존 시기인 1440년까지는 확실하며, 분명히 1440년 이후에도 어느 정도 지속되었다고 보아야 할 것이다. 회덕황씨에게 있어서 정계 진출의 전성기가 4세～6세로서 하한선을 대략 15세기 말기까지로 계산한다면 미륵원이 경영된 기간을 150년 내외로 설정할 수 있다. 고려말에는 황윤보의 재력이 뒷받침되어 미륵원이 중건·운영되었지만, 조선초기에 와서는 종족 구성원들이 연이어 중앙 정계의 고위직에 진출함으로써[41] 정치·경제적 기반을 더욱 확고히 다져나갔다.

황윤보의 묘지墓誌[42]에 의하면 그는 회천군懷川君[43]이라는 작위를 받았는데, 이러한 사실은 윤보가 회덕에 거주했음은 물론이고 경제적 토지 기반도 확고했음을 암시하며 상당한 정치적, 사회적 권력을 가졌던 인물이었음을 말해준다. 회천군의 경우와 같이 특정 지명을 앞세우는 작위는 대개 그 작위를 받는 자의 출신지인 경우가 많고 간혹 임관지任官地나 수훈지樹勳地인 경우도 있는데, 이러한 일종의 봉토와 작위 수여는 경제력의 확보와 함께 사회, 정치적 지위를 보장받는 것이기도 하였다. 황윤보의 최초 정착지로 추정되는 회덕 동면 관동에는 윤보의 묘소뿐만 아니라 윤보 이하 회덕황씨 선대의 묘소를 포함하여 회덕황씨와 관련된 경관들이 집중적으로 분포하고 있는 사실로도 그것을 짐작할 수 있다. 특히 미륵원 유적과 남루는 회덕황씨가 본관지에 정착한 후 사회, 경제적 기반이 확고하였음을 보여주는 대표적인 상징경관이다.

시조 윤보의 묘소를 비롯한 선대의 묘소 분포 패턴과 남루기문의 사실에 비추어 볼 때 회덕황씨는 고려후기에 회덕에 정착한 뒤 적어도 조선초기까지 회덕에 집중적으로 거주하였음이 분명하다. 2세 연기?-1352는 미륵원을 운영하였고 그것은 막내인 3세 수에게 이어졌다. 3세 수는 목은牧隱 이색李穡, 1328-1396에게 부친인 연기의 행적과 남루기문을 요청하게 된다. 여말선초동안 회덕황씨 일가는 이 미륵원을 운영하였으며 이것은 중앙 정계의 인물들과 사회적 교분을 쌓는 장이 되었다. 당시 미륵원은 회덕 이남의 충청, 호남, 영남의 사족들이 중앙으로 올라가던 길목에 위치하여 숙식처 기능을 하였는데,[44] 이것은 회덕황씨가 경제력을 과시함은 물론이고 사회적 관계를 확장하는데 일조하였을 것으로 생각되기 때문이다.[45] 이러한 생각은 미륵원에 묵어간 각 계층의 많은 인물들과 그들의 글을 통해서 짐작되는 것이다.

예를 들면 처음으로 남루기문을 지은 목은 이색 역시 미륵원에 머물렀던 인물이었다. 그리고 자신이 미륵원에 머물렀던 일과 회덕황씨로부터 받았던 은덕을 상기하며 남루기문을 짓게 된다. 이 외에도 미륵원을 거쳐가면서 각종 시詩와 기문記文을 지어준 사람은 현재 알려진 경우만 하여도 18인에 달한다.[46] 그들 중에는 당대의 대표적인 정치가들도 상당수 있는데, 가령 하륜, 변계량, 정인지, 성석린 등이 그들이다. 이들이 남긴 다음과 같은 글들을 살펴보면 회덕황씨가 미륵원을 운영하면서 구축할 수 있었던 사회적 명성과 경제적 기반을 짐작할 수 있다.

A. "미륵원을 지어 행려객에게 풍우를 막아주고 … 주린 속을 채워주며 많은 행려객들이 황씨의 은혜를 입은 바 크다"[이색李穡][47]
B. "옛날에 고향으로 귀성하는 길에 회덕현 … 길가에 원우가 우뚝 솟아 있음을 보고 … 루樓에 올라 … 시를 한 수 읊어보고 싶었다"[하륜河崙][48]
C. "길손을 재워줌을 삼대三代에 걸쳐 굳게 하고"[조분趙壻][49]
D. "은혜를 베푸는데 갚기를 바라지 않고 음덕을 전하니"[정이오鄭以吾][50]
E. "폐원을 일으켜 새롭게 … 회덕의 황군黃君을 길吉한 사람이라 부른다"
   [성석린成石璘][51]

이색이 기록하고 있는 것과 같이 회덕황씨는 당시의 역원驛院이었던 미륵원을 운영하였고A, 후에는 정자와 서재를 보강함으로써[52] 이곳에 묵어가던 조선조 사대부들과 과거 수험자들의 기호에 맞추었다B. 또한 적어도 3대 약 100년 이상에 걸쳐 미륵원을 운영하였을 것으로 보며C, 경제적 이익을 우선시하기보다는D 사회적 평판을 통해 사회적 지위 향상을 꾀하였다고 해석된다E.

시조 윤보가 고려말의 정치적 혼란기를 피해 회덕에 은거한 후 2세 및 4세의 자손들도 대체로 관직에서 은퇴하여 회덕 인근에 낙향하였다. 그러나 상술한 미륵원의 운영 사실 및 다음과 같은 점들을 살펴보건데 시조 및 선대의 낙향 이후에도 회덕황씨의 사회적, 정치적 지위는 일정기간 지속되었던 것 같다. 통혼관계에서 배필 성씨 및 그녀의 아버지 관직을 살펴보면 회덕황씨의 사회, 정치적 지위를 가늠해 볼 수 있다. 2세 정의 처는 청주의 유력한 호족이었던 청주한씨이고, 수의 처는 남양홍씨로서 정부인貞夫人으로 추증되었는데 그 부의 관직은 첨지정사?知政事이다. 4세 길신의 처는 강릉의 호족 강릉김씨이고, 자후子厚, 1362-1440의 처는 청주한씨로서 그녀의 아버지는 한성판윤漢城判尹, 정2품이었다.

고려말의 이러한 사회적, 정치적 지위는 조선초기까지도 계속되었다. 4세 자후가 조선 세종 조에 공주목사(정3품)와 한성부윤(종2품)에 오른 것을 시작으로, 5세 상문의 처는 언양김씨彦陽金氏로서 그 아버지의 관직은 사복경司僕卿이고, 유裕, 1362-1451의 처는 숙안옹주淑安翁主로서 그 아버지는 임금인 태종이었다. 6세 빈彬의 처는 양성이씨陽城李氏로서 아버지 관직은 대사간(정3품)이고 호浩는 공주판관(종5품)을 역임했는데 처는 종성宗姓 전주이씨였다. 6세 제濟의 처는 청주한씨였고, 징澄의 처는 옥산장씨玉山張氏로서 아버지 관직은 현감(종6품)이었다. 이렇게 볼 때 4세~6세까지가 회덕황씨의 전성기로서 비록 당상관 이상의 종사자는 자후 1인 뿐이었으나 왕실과 통혼하는 명예도 얻는 등 비교적 높은 수준의 사회, 정치적 지위를 유지하였다.

본관지에서는 미륵원을 운영하고 중앙에서는 연속적으로 정계에 진출한 조선 초기의 회덕황씨는 그 순환적 과정에서 사회적 지위 향상을 이룩하였음은 물론이고 상당한 경제적 부를 축적했을 것이다. 미륵원의 재건과 증축을 수행함에 있어 사재私財를 들였다는 사실과[53] 은진송씨 집안으로 하여금 회덕에 정착할 수 있도록 경제적 기반을 마련해 주었다는 점,[54] 미륵원 일대에 현재 남아 있는 회덕황씨의 종중 위토의 규모[55] 등이 그러한 추측을 가능케 한다.

그러나 회덕황씨의 족세族勢는 조선중기에 접어들면서부터 쇠약해지기 시작하였다. 7세 이후 대략 16세기 초 이후에는 정계 진출 빈도가 현저하게 줄었다. 그 이유는 6세 호浩의 역모 사건과 관련이 있을 가능성이 크다. 호는 조선 단종 때 공주판관을 지낸 인물로서 금성대군을 도와 단종 임금의 복위를 도모하다 발각되어 화禍를 입었다.[56] 이 때문에 그의 묘소는 지금도 전하지 않고 있고, 그의 형제와 직계 후손의 은거와 거주지 이동을 야기하였다. 큰 아들 종식은 자신의 아버지가 이 사건으로 화를 당하자 청원군 남일면으로 은거하였고, 종식의 후손들은 청원군 문의면과 보은군 회인면으로 퍼져나갔다. 호의 둘째 아들인 적籍은 공주군 산내면으로 이거하였다. 결국, 이 사건으로 인해 회덕황씨는 본관지이자 세거지였던 회덕으로부터 전국 각지로 흩어지게 되었다. 그후 회덕황씨가 소유하고 있었던 대부분의 토지와 산지는 은진송씨 문중이 소유하게 되었다고 한다.[57]

② 은진송씨의 회덕 입향을 도운 회덕황씨

은진송씨가 회덕에 이주한 과정은 회덕현 토성인 회덕황씨와 관계가 있다. 최초로 회덕에 거주지를 정한 은진송씨 입향조는 고려 공민왕조의 인물인 송명의宋明誼, 14세기 후반 생존이다. 그는 은진송씨 4세로서 회덕황씨 3세 수粹, 14세기 후반 생존의 사위가 된다. 송명의는 고려 공민왕조에 등제하여 관직이 사헌부 집단執端에 올랐고 은퇴 후에는 회덕황씨의 정주공간이었던 회덕현 동면 토정리[혹은 토우물]에 거주지를 정하여 낙향하였다.[58] 송명의는 고려가 멸망할 위기에 처하게 되자 관직을 그만두고 회덕에 은거하게 되었는데, 처가인 회덕황씨로부터 물려받은 유산 상속분 때문에 그것이 가능하였

회덕 송촌(백달촌 은진송씨의 계보)

은진송씨(恩津宋氏)의 주요 계보		정주 공간 관련사항
1세	송대원(宋大原)	*송대원: 은진송씨 본관조(本貫祖)
	⋮ 황 수(회덕황씨 3세)	
	│	
4세	송명의 = ● (회덕황씨)	*송명의: 처가인 회덕 관동 정착, 입향조
	│	
5세	송극기 = ● (고흥류씨)	·고흥류씨: 고흥류씨 호안공파 파시조인
	│	류준(柳濬)의 딸.
6세	송유(1389-1446)	*송유: 회덕 송촌(백달촌)에 이기. 입향조.
	│	1432년 쌍청당 건립: 박연,박팽년,
7세	송계사 — 송계중	김수온 등과 교유
	│ ⋮	
8세	송요년 — 송순년 — 송백년	·송요년(1429-1499): 상주 · 홍주 목사
	│ ⋮	
9세	송여림 — 송여즙	*송여림: 종가, 백달촌(현 중리동) 세거.
		*송여즙: 만취동(현 송촌동) 이거(移居).

* 자료출처: 『은진송씨동춘당문정공파보(恩津宋氏同春堂文正公派譜)』, 『은징송씨쌍계당공파보(恩津宋氏雙谿堂公派譜)』, 『회덕황씨대동보(懷德黃氏大同譜)』.

다.[59] 고려말 당시 회덕 지방의 토성이자 호족이었던 회덕황씨와 통혼함으로써 처에게 분배된 유산을 상속받고 기관낙향시棄官落鄕時 이곳에 은거한 것으로 정리된다.

입향조 송명의는 은진송씨 4세로서 그 선대의 거주지는 명확치 않다. 은진송씨의 본관은 현재의 논산지방에 속한 은진이지만, 그곳에 거주한 기록은 현재로서는 찾아볼 수 없다. 다만 은진송씨의 시조 대원大原이 고려조에 판원사判院事를 역임하고 은진군恩津君에 책봉되었다는 기록만이 족보에 전한다. 시조를 비롯한 2∼3세의 묘소 위치 확인되지 않고 있다. 이렇게 보면 은진송씨에게 있어 본관 은진은 은진송씨의 세거장소는 아니며 단지 기원장소로서의 본관 유형에 해당한다. 조선초 이래로 은진송씨는 은진보다는 오히려 회덕의 송씨, 즉 '회덕은송懷德恩宋', '회송懷宋'으로 더 널리 알려졌다.

4세 송명의가 회덕에 거주하였지만, 그의 아들 5세 극기는 진사에 올라 개경에 거주하였음이 확인된다. 극기의 처는 고흥류씨高興柳氏로서, 고흥류씨는 22세 때 남편 극기가 세상을 떠나자 아들 유愉, 1309-1446를 데리고 개경에서 시댁이 있던 회덕 지방으로 내려왔다는 기록[60]이 있다. 당시 송명의는 회덕현 토정리에 거주하고 있었으며 고흥류씨도 이곳을 찾아왔다. 그 후 은진송씨는 6세 유愉가 장성하면서 토정리를 떠나 세 차례 근거리 이주를 한 후 회덕현 백달촌에 거주지를 잡았는데[61] 구체적인 이주 시기와 동기는 알 수 없다. 그는 백달촌에 거주하면서 쌍청당이라는 당堂을 지어 사회적 교류의 장으로 활용하였다. 당시의 박팽년이 지은 쌍청당 기문記文 내용을 통해서 은진송씨의 백달촌 거주 사실을 확인할 수 있다.

백달촌은 조선조 전기부터 송촌宋村이라는 이름으로 지명이 바뀌게 되며, 여기에는 몇 가지 의미가 담겨 있다. 첫째, 조선전기부터 이미 송촌은 은진송씨의 본거지가 되기 시작했다는 점이고, 둘째, 회덕황씨로부터 경제적으로 독립하였다는 점이며, 셋째, 쌍청당 기문 중에 박팽년, 박연 등 당대의 주요 정치적 인사들을 엿볼 수 있어 은진송씨가 회덕황씨의 그늘에서 벗어나 사회적 관계망에 있어서도 독자성을 보인다는 점이다. 또한 6세 유를 포함하여 그 후대의 묘소와 은진송씨의 주요 경관들은 송촌을 중심으로 그 일대에 분포하고 있다. 미륵원과 남루가 고려말 회덕황씨의 사회적 관계와 경제력을 상징하는 경관이라면, 조선전기 은진송씨의 그것은 바로 쌍청당과 송촌인 셈이며, 이는 동시대 광산김씨의 양천허씨 정려 및 김국광 사당에 대응하는 '권력 이식형' 경관들이다. 송촌이라는 지명과 그곳의 쌍청당, 그리고 판교[판암동]의 쌍청당 묘소는 송촌에 거점을 확보한 은진송씨의 사회, 경제적 지위를 대변하는 상징경관인 것이다.

회덕황씨를 넘어 송촌宋村을 만들다

회덕에 정착하여 근거지를 확보하기 시작한 조선초기 은진송씨의 사회, 경제적 측면을 확인할 수 있는 자료로는 송명의가 재임했던 당시의 각종 문헌류와 쌍청당 기문, 족보상의 통혼관계 기록이 있다. 송명의 관직 재임시 그의 정치적 지위와 사회적 관계를 알 수 있는 자료로서 고려말 그가 경상도 안렴사安廉使로 파견될 때 주변 인물들이 지은 각종 이별 시문詩文[62]이 있다. 이 시문들을 지은 인물들을 보면 이색, 정몽주, 박상충, 이숭인, 강호문 등 당대의 주요 유학자들이다. 이들의 관직을 보면 목은 이색과 포은 정몽주가 고려조에 侍中을 지냈고, 박상충과 이숭인이 제학提學을 역임하고 있었다. 이들은 모두 중앙 정계의 고위관직자로서 당시 송명의가 교우 관계를 맺고 있었던 인물들이 고려조의 권력가들이었음을 말해준다. 이를 통해 회덕으로 낙향하기 이전의 송명의의 사회, 정치적 지위를 짐작할 수 있다.

회덕에 낙향한 이후 이 지방에서 쌓았던 사회, 경제적 측면은 쌍청당 기문에서 읽어볼 수 있다. 쌍청당은 6세 송유가 1432년[세종 14] 회덕의 송촌에 정착하여 건축한 당堂이다. 당의 이름인 쌍청당은 난계 박연이 지었고 그 기문記文은 취금헌 박팽년이 지었다. 쌍청당은 당의 이름임과 동시에 송유의 호號가 되었다. 이 외에도 쌍청당과 관련한 기록은 중수기, 시문, 제영 등이 있는데, 이들은 모두 조선전기의 은진송씨가 지녔던 경제력과 사회적 관계를 보여주는 내용들이다. 이 중에서 쌍청당 기문은 은진송씨가 송촌에 근거지를 마련할 당시의 대략적인 경제적 실정과 지리적 사실을 알려준다.

A. 시진 송공宋公은 본래 대대로 벼슬하던 구가舊家였다.市津宋公本履之舊家.
B. 촌야로 물러나와 지금 몇 년이 흘렀는데 … 그 고을은 충청도 회덕이요 마을은 백달촌이다.退居村野今世有餘年…其縣曰忠淸之懷德里曰白達.
C. 사당을 거실 동쪽에 세워 선대의 제사를 받들고 전답 두어 낟가리를 장만하여 …
構祠堂於居第之東以奉先世實田數頃以供祭祀之需….

D. 사당 동쪽에 당을 세운 것이 무릇 7간이다. 於祠東別立堂凡七間.

E. 명절을 당하면 반드시 술자리를 마련하고 손을 맞이하여 혹은 시를 읊고 노래하여 향당과의 즐거움을 흡족히 하였다. 値佳節必置酒邀賓或詩或歌以洽鄕黨之歡.

F. 중추부사 박연이 그 별당에 쌍청이라는 편액을 걸어주고 시를 지어주면서 안평대군安平大君에 청하여 그 화답을 받았다. 中樞朴公某扁其堂曰雙淸以詩之仍請於安平大君受其和.

쌍청당(위)과 은진송씨 대종가(아래)
원래의 입지 그대로임

앞의 글에서 알 수 있듯이 쌍청당이 지어질 당시인 초선초기의 은진송씨는 이미 회덕황씨를 대신하는 새로운 정치적 세력으로 등장했고A 그들의 근거지는 회덕 백달촌, 즉 현재의 송촌이었다B. 사당 건립 사실과 그 규모로 미루어 경제적 지위를 가늠할 수 있고C와 D, 조선전기 회덕 지방에서 사회적 관계망의 중심점을 확보하였으며E, 그 명성은 지역사회에서뿐만 아니라 중앙에까지 알려져 있었다F.

이와 같이 은진송씨가 회덕에 정착한 것은 회덕황씨와의 통혼관계에 의해 4세 송명의에서 비롯되었고, 회덕 지방에서 독자적인 사회. 경제적 입지를 확립한 것은 6세 송유 때였다. 그 시기는 1430년대이다. 그리고 6세 송유 때 지어진 대종가의 위치는 현재까지 그 장소 그대로이며 오늘날의 대전광역시 대덕구 중리동, 송촌동 일원에는 대종가를 비롯하여 조선시기 동안에 창출된 각종 경관들과 위토가 집중적으로 분포하고 있다. 전술한 '연산광김連山光金'의 상징적 장소가 연산면 고정리 일원이라면, '회덕은송懷德恩宋'의 그곳은 대전 대덕구 중리동과 송촌동이라 할 수 있다. 15세기 말에 이미 이들 장소는 이들의 집단적 기억 속에서 각 종족집단의 정체성을 구성하는 중요한 부분이 되어 있었다. 다시 말해서, 장차 16세기 이후 '연산광김'과 '회덕은송'의 결합이 시작되기 위한 충분한 경제적 조건과 사회·정치적 지위를 구비하고 있었던 것이다. 이는 앞으로 전개될 사회적 관계의 결합을 통한 권력 관계망의 확장과 지역사회 영역의 확대를 암시하는 것이었다.

4

첫 번째 단계를
접으며

여기에서는 조선시기 종족집단의 주도하에 진행된 지역화과정에 접근하기 위한 일환으로 지역화과정의 초기단계인 생태적 정착 단계, 즉 14~15세기에 이루어진 주요 종족집단의 정주공간 확보과정에 초점을 두어 그 특성을 살펴보았다. 이를 검토하기 위한 연구지역은 '연산-회덕'으로 선정하였으며, 지역화과정에 접근한다는 본 연구 목적과 관련하여 이 지역사회의 역사지리적 함의를 세 측면에서 제시하였다 : 14~19세기 정치·사회사를 주도했던 공간으로서 중앙으로부터 지방, 'national'으로부터 'local'에 이르는 스케일의 전이轉移가 가능한 지역; 혈연-지연-학연 복합체가 존속했던 곳으로서 종족집단간 혈연 관계를 통한 해체적 접근이 가능한 지역; 호서사림, 호서 사대부, 충청도 양반 등 대외적으로 이 지역과 관련된 '사회-공간' 담론이 생산, 정상화되어온 지역. 한편 이 글에서는 연구지역에서의 주요 종족집단의 존재 양태를 확인하는 방법으로 지리지류의 한계를 지적하고 『사마방목』을 그 대안으로 제시하였으며, 정착의 배경이 되었던 혈연, 지연관계를 확인하는 자료로서 족보류와 개인문집, 기문 등을 기본자료로 하되 관찬사료의 내용과 연계지워 이야기를 객관적으로 전개하고자 하였다.

　사례 지역에 있어서 14~15세기는 주요 종족집단이 생존을 위한 거주지를 확보하기 시작한 생태적 정착기였다. 연산 지방의 경우 이 지역이 종족집단들의 정주공간으로 확보되는 과정은 14세기 중반부터 연산천 주변의 계곡형 분지에 정착함으로써 시작된다. 초기에는 여산송씨를 시작으로 통혼관계를 통해 들어온 종족집단들이 상류의 연산천 북쪽 사면의 소규모 분지에 정착하였다. 이 후 점차 연산천 중하류의 넓은 분지 쪽으로 고성이씨, 성주도씨, 가평이씨, 기계유씨, 전주이씨, 광산김씨가 거주공간을 하나씩 점유하여 가게 된다. 점유과정은 우선 남향의 배산임수 입지조건을 만족할 수 있는 연산 지방 북쪽 사면의 분지들을 중심으로 하여 연산천 하류 방향을 향해 차례대로 진행되다가, 후에는 연산 지방 남쪽 산지사면의 분지들, 즉 북향사면의 분지들을 향해 더 넓은 거주지를 찾아 정착하게 된다. 정착 배경 및 정착지의 선정과정에 작용한 가장 중요한 요인은 혈연관계였다. 연산 지방에서 전개된 이러한 혈연관계망에 대한 정보와 촌락 입지의 자연지리적 조건은 14~15세기를 특징지우는 생태적 단계를 이해하는데 매우 긴요하다. 그리고 시기에 따른 정주공간의 입지를 이해함에 있어서는 한전농업으로부터 수전농업으로의 전환이라는 14~15세기 농업경제상의 변화가 영향을 미쳤으리라 추측된다.

　연산의 광산김씨와 회덕의 은진송씨는 상대적으로 뒤늦게 정착하였다는 점에서 공통성이 있다. 그러나 이 두 종족집단이 연산과 회덕에 정착한 배경은 서로 달랐다. 전자는 정착지의 종족집단과 어떤 사회적 관계 없이 자신들의 고유한 정치적 이력을 배경으로 정착한 경우였던 것에 반해, 후자는 토착 종족집단과의 통혼관계를 매개로 회덕황씨의 근거지에 인접해서 거주지를 확보한 경우였다. 정착이 이루어지면서 두 종족집단은 '권력 이식형'의 경관을 만들어냈다. 광산김씨의 경우는 정착 시조모始祖母의 정려旌閭와 정치적으로 현달한 조상의 불천지위不遷之位 사당을 건립함으로써 자신들의 기존 권력을 가시화하여 새로운 거주지에 이식하였고, 은진송씨의 경우는 쌍청당이라는 사회적 교류의 장을 자력으로 마련함으로써 사회적 관계망에 있어서 회덕황씨로부터 벗어나 독자적인 입지를 구축해갔다.

　이와 같이 14~15세기동안 연산과 회덕 지방은 여러 종족집단들의 정주공간이 되어

갔는데, 대부분의 경우 정착의 배경은 왕조변천기의 정국변동에 따른 기관은거였다. 이 점은 한국에서 종족집단의 지역화과정에 관한 논의 중 생태적 정착 단계로서 여말선초라는 시점이 갖는 의미를 보여주는 것이다. 이 과정에서는 혈연이나 지연같은 원초적 사회적 관계망 및 자연지리적 조건상의 잇점이 주된 정착배경으로 작용하였다는 점에서 '생태적 정착 단계habitat phase'로 명명될 수 있었다. 한편, 생태적 정착 단계동안 여타 종족집단들에 비해 가장 늦게 정착한 광산김씨와 은진송씨는 자신들의 권력을 이식하는 많은 장소와 경관을 생산하면서 자신들의 정체성을 공간상에 각인시켜 갔다. 그 결과 15세기말에 이르면 이 두 종족집단이 '연산광김' 및 '회덕은송'으로 불릴 만큼 각각 연산과 회덕 지방의 사회적 관계망에서 기존의 여산송씨와 회덕황씨를 대신하여 가장 핵심적인 종족집단으로 부각되었다. 바로 이 점은, 연산과 회덕 지역이 혈연관계나 자연지리적 환경에의 적응과정으로 특징지워지는 '생태적 공간'으로부터 점차 상징경관과 사회적 관계망에 의해 지역사회의 성격이 유도되는 '사회적 공간'으로 변모해 갈 것임을 예견하는 것이었다.

第7章

종족집단의 지역화과정
(Ⅱ : 경관 생산 단계)

영역 장악을 위한 공간 전략:
경관 생산

한국의 종족집단들에게 있어 경관 생산은 일정 범위의 영역을 장악하기 위한 전략의 일환이었으며 지역화과정에서 중요한 국면이 된다. 일반적으로 종족집단은 정주 공간을 확보하면서 생태적 근거지를 마련한 다음, 사회적 관계망 및 공간적 영역성에서 중핵적 위치를 차지하기 위해 인접 장소의 다른 종족집단들과 여러 차원에서 경합하게 된다. 이 과정에서 소수의 특정 종족집단이 일정한 공간 범위 내에서 지배 권력을 획득함으로써 수위종족집단首位宗族集團으로 부각되는 것이 보통이다. 이들은 사회·공간적 연망socio-spatial nexus의 초점부를 지속적으로 점유하기 위해 다양한 상징경관을 생산하고, 이를 통해 포함과 배제의 사회관계망을 형성하면서 보다 넓은 공간 스케일의 영역성을 확립하려고 한다. 이 단계부터 정주 공간의 지역적 성격은 '생태적 공간'으로부터 지역 엘리트local elite 중심의 '사회적 공간'으로 변모하게 된다. 이 같은 이행과정을 「경관 생산 단계」로 규정하고 실제 사례와 함께 구체적으로 이해하고자 한다.

인문지리학계에서 종족집단에 관한 기존의 연구는 문화지리학, 사회지리학, 역사지리학, 촌락지리학의 일부로서 진척되어 왔다. 주요 성과를 몇 가지로 분류해 보면 종족촌락의 경관 특성이나 공간구조를 분석한 것류제헌, 1979; 김덕현, 1983; 장보웅, 1983과 거주지 이동과 정착과정을 연구한 것川島藤也, 1974; 양보경, 1980; 임병조, 2000; 전종한, 2002a, 그리고 일정한 지리적 범위 내에서 종족집단의 분포 상황 복원 및 종족촌락의 변모에 접근한 것옥한석, 1986; 이문종, 1988; 1994; 이간용, 1994 등이다. 이들 연구에 의해 종족집단과 관련된 지리적 요소들에 관한 다각적 접근이 이루어져 왔고, 특히 종족촌락의 형성 시기 문제나 공간 구조, 경관 구성 요소 등에 관해 상당한 부분이 밝혀졌다.

그러나 종족집단이 한 장소에 정착한 후 어떠한 과정으로 사회적 연망을 형성하고 공간적 영역성을 구축해 가는가 하는 문제, 즉 지역화과정에 관련된 연구는 극히 소수홍현옥·최기엽, 1985에 국한되고 있을 뿐 여전히 미흡하다. 또한 대부분 연구들이 하나 혹은 두 개 정도의 종족집단이나 종족촌락만을 연구 대상으로 삼고 있기 때문에 사회 관계망 분석이나 지역적 규모에서의 영역성 확보와 관련된 과제들을 해명하는데 스케일상의 한계가 있었다. 종족집단에 의해 창출된 경관과 장소의 해석과 관련해서도, 그 속에 내포된 정치적 의도나 상징적 의미의 누층성, 사회·공간적 실천들에 관한 탐색의 필요성이 꾸준히 제기되어 왔음을 주목해야 한다최기엽, 1993; 임덕순, 1998; 김덕현, 2001; 윤홍기, 2001; 전종한, 2001; 2002c; Relph, 1976; Sack, 1986; Agnew, 1987; Entrikin, 1991; Massey, 1993; McDowell, 1999; Osborne, 2001; Mitchell, 2003.

앞의 글에 이어서, 이 글에서는 16~17세기 연산과 회덕 지방에서 각각 수위종족 집단으로 입지를 굳혔던 광산김씨와 은진송씨를 대상으로 사례 분석을 시도하였다. 두 종족집단은 14세기말~15세기초 각기 연산과 회덕 지방에 정착한 후 15세기를 지나면서 기존의 토착 종족집단을 제치고 새로운 정치적 권력 집단으로 부상하였다. 이 과정에서 중앙에서 얻은 정치 권력을 과시하거나 지방의 여타 종족집단을 사회적으로 포섭하기 위한 다양한 상징 경관들을 생산하였다. 이를 통해 궁극적으로 국지적 규모를 벗어나서 지역적 스케일에서 영역성을 확보하기에 이른다. 이 글에서 다루는 내용은 다음과 같다: (1) 종족집단에 의해 생산된 경관의 유형과 창출 배경; (2) 상징경관에 내포된 정치적 전략 혹은 사회적 의도; (3) 사회관계망의 확장에 따른 순차적 영역성 확대; 그리고 (4) 경관 생산과 영역성 사이의 호혜성.

2

상징경관의 생산을 통한 지역적 뿌리 내림

지역사회 진압을 위한 '권력 과시형' 경관들

광산김씨는 15세기초 연산 지방에 정착한 후 중앙 정계에 연속 진출하며 현달하였다. 그렇지만 정치적 권력을 획득한 이후에도 광산김씨 근거지는 한양 인근으로 옮겨지지 않았고 여전히 연산 지방이었다. 정계에 진출한 주요 인물들의 묘소가 거의 연산 일대에 남아있다는 점이 그것을 증거한다. 그리고 광산김씨 종족집단이 연산 지방에 밀착한 핵심에는 이들에 의해 생산된 종족경관宗族景觀이 작용하고 있었다.

연산광김連山光金이 만들어낸 최초의 종족경관은 양천허씨陽川許氏 정려이다. 양천허씨는 광산김씨가 연산 지방에 정착하는 과정에서 실질적으로 공헌한 인물이다. 그녀가 자신이 거주하던 개경에 머물면서 친부모의 의지대로 개가改嫁하였다면 연산의 광김은 존재하지 않았을 것이다. 그녀는 연산광김의 시조모始祖母인 것이다. 남편 김문金問이 이른 나이에 졸卒하자 양천허씨는 3년간의 시묘살이를 다하였다고 하는데, 그 행실이 조정에 보고되어 1420년세종 2년 2월 21일 정려의 명이 내려진다.[01] 이 명에 근거하여 1467년세조 13년에 연산 고정리에 양천허씨 정려가 세워진다. 이와 같이 중앙 조

고정리 마을 입구(위)에 위치한 양천 허씨 정려(아래)
①고정리 소분지 입구 방면; ②고정 리 마을 입구; ③고정리마을; ④김장 생 묘소 방면.

* 양천허씨 정려는 광산김씨가 세운 최초의 권력−과시형 경관으로서 정착지인 고정리 입구에 입지하여 이들의 권력을 효 과적으로 드러내고 있다.

정으로부터 내려진 양천허씨 정려는 광산김씨 종족집단의 권력과 존재를 연산 일원 에 입식시킨 최초의 종족경관이었다.

　두 번째로 등장한 종족경관은 양천허씨 손자 22세 김국광金國光, 1415~1480의 사당이 다. 이 사당 역시 국가로부터 공인된 불천지위不遷之位[02] 사당이다. 김국광은 연산광김 으로서는 최초로 정승의 지위에 오른다. 그는 세조 때에 병조판서에 있으면서 이시 애의 난[03]을 평정하는데 공을 세움으로써 지위 승진의 토대를 마련하였다. 1470년에 는 의정부 우의정을 거쳐 좌의정에 올랐으며, 1471년 좌리공신의 호가 내려지고 광산부원군에 봉하여졌다. 그가 죽은 후 조정에서는 불천지위 사당을 내려주었다. 사당은 1483년성종 13년 세워졌으며 건립 장소는 광산김씨 근거지였던 연산 고정리였다. 『성종실록』에는 김국광의 집에 대해서 기록하기를 "문정門庭이 저재[市]와 같았고 집안이 크게 부유하게 되었으며"04라고 한 것으로 보아 그의 경제적 지위의 단면을 알려주고 있다. 이 때에 즈음해서 적어도 고정리 일원의 소분지는 대부분 광산김씨의 소유가 되었을 것으로 추정된다. 결국 연산 고정리의 광산김씨는 양천허씨 정려를 통해 도덕적 지위와 사회적 입지를 과시한 상태에서 15세기 후반경 김국광의 정계 활동에 터하여 확고한 정치, 경제적 지위에 올라있었음을 볼 수 있다.

양천허씨 정려와 김국광 사당 같은 15세기 말엽까지의 종족경관은 중앙 정계에서 얻은 권력이나 지위를 연산이라는 지방에 직접 이식하는 과정에서 나타난 것이었다. 이런 면에서 그것은 '권력 과시형' 경관이라 할 수 있다. 중앙에서 지방으로 혹은 위로부터 아래로의 방향성을 가진 경관이었음을 뜻한다. 아직 착근 과정에서 생산된 경관이라 해석할 수는 없고, 단순한 권력 이식의 과정에서 나타난 경관이라 볼 수 있다. 지방민들을 위한 '시혜 · 교화형施惠 · 敎化型' 경관은 아니었다. 전자는 어떤 종족 집단이 새로운 공간 속으로 침입해 가는 과정에서 자신의 존재를 부각시키기 위한 경관이라 할 수 있는 반면, 후자는 어떤 영역에 대한 지배권을 획득해가는 과정에서, 사회적 관계 맺기의 과정에서 창출되는 경향이 있다.

그런데 16세기부터 후자에 해당하는 경관들이 생산되기 시작하였다. 지역사회에서 사회적 지위를 확보해 가는데 기여하도록 생산된 경관들을 말한다. 전자의 경관들이 광산김씨 가문의 연산 세거를 가능하게 한 물리적 정착의 동인이었다면, 후자는 지역 사회에 뿌리를 내리는 사회적 정착의 농인이었다고 해석할 수 있다. 광산김씨에게 소위 연산광김이라는 별칭이 붙여진 기원도 그것에서 찾을 수 있다. 이 시기부터 '연산'이라는 지명이 광산김씨의 종족 정체성을 구성하는 중요한 장소가 되었음을 의미한다. 그리고 '연산광김'을 가능하게 하여준 그 첫 번째 경관이 26세 김계휘金繼輝, 1526-1582가 세운 정회당이었다.

지역사회를 포섭하기 위한 '시혜 · 교화형' 경관들

정회당靜會堂[05]은 중앙 정계에만 관여하던 광산김씨가 연산 지방에 연산의 유생들을 위해 건립한 서당이다. 정회당은 김국광의 5세손 김계휘[06]에 의해 세워졌다. 그 계기는 그가 1557년명종 12년 사론邪論을 조장했다는 죄목으로 삭탈관직과 문외출송을 당한 것[07]에서 비롯되었다. 이런 연유에서 연산으로 내려온 김계휘는 연산 부근 고운사 경내에 서당을 건립하였고[08] 그 입구에 정회당이라는 편액을 걸었다. 정회당이 세워진 위치는 현재의 논산시 벌곡면 양산리 35번지였다.[09] 그가 정회당을 세운 목적은 후학을 양성하고 향촌을 교화하는 것이었다. 정회당은 광산김씨가 건립한 연산 지방 최초의 강학講學 장소였다.

김계휘라는 인물은 이이, 정철, 박순, 윤두수, 성혼 등 당시 조선 유학의 선도자들과 생사生死의 사귐을 맺고 있었다.[10] 이이와 성혼은 송익필과 도의지교道義之交를 맺고 있었으므로, 사실상 김계휘는 송익필과도 돈독한 사이였을 것으로 보인다. 이 같이

정회당

* 정회당은 광산김씨의 지역적 착근과 사회관계망의 형성에 기여한 초기의 시혜–교화형 경관으로서 그 영역성은 연산현 일원이었다.

184

그는 학문적 수준과 정통성에 있어서 당대 최고의 반열에 들어 있었고, 그의 학문과 학통이 그대로 정회당이라는 경관을 통하여 연산 일대의 유생들에게 전파되었던 것이다.

연산 부근의 유생들은 김계휘의 성리학을 전수받기 위하여 정회당에 모여들기 시작하였다. 여기서 '김계휘의 성리학'이라 한 것은 이 즈음부터 조선의 성리학파가 나뉘어지고 있었음을 염두에 둔 표현이다. 김계휘는 앞서 언급한 것처럼 이이, 정철, 박순, 윤두수, 성혼, 송익필 등과 절친한 사이였기 때문에 성리학적 견해에 있어서도 그들과 공감하는 바가 많았다. 따라서 김계휘의 성리학은 많은 점에서 율곡 이이에게서 비롯되는 소위 '기호학파의 성리학'과 동일시 될 수 있다. 이러한 추정은 김계휘의 아들인 김장생이 이이와 송익필의 수제자가 되었다는 점, 그리고 뒷날 율곡 이이를 잇는 기호학파의 적전嫡傳이 되었다는 점에서도 확인된다. 결과적으로 연산 일원의 유생들은 그러한 '김계휘의 성리학'을 전수받고 있었던 것이다.

정회당이 지속적으로 운영되기 위해서는 경제적인 지원의 확보가 필수적이었다. 물론 정회당이 고운사 부지에 세워졌으므로 사찰 부속 토지 및 정회당을 운영하는 유사有司들로부터 운영을 위한 비용의 최소요구치는 충족되었을 것이다. 그런데 이 부분에서도 김계휘의 정치, 경제적 지위와 광산김씨의 재력이 뒷받침 되었던 것으로 보인다. '김계휘가 정계에 재등용된 후에도 정회당에 쌀 300석과 장서藏書를 조달해 주었다'는 사실[11]에서 그 점을 알 수 있다. 김계휘는 1557년부터 1562년명종 12년 이조정랑으로서 중앙 관직에 재등용될 때까지 약 6년동안 정회당에서 지방 유생들에게 직접 강학하였다. 김계휘의 이같은 지방 활동과 그가 세운 정회당이 바로 뒷날 호서 사림파의 사상적 맹아이자 기원 경관이었다고 해석할 수 있다.

계보의식의 탄생과 영역성 조형

정회당은 김계휘 사후에도 아들 김장생1548-1631과 손자 김집1574-1656에게로 이어져 계속 운영되었다. 정회당 유생들은 천거를 통해 입속한 사람들로서 연산현의 몇몇 유력 가문에 의해 운영되는 매우 배타적인 서당이었다.[12] 『정회당지靜會堂誌』「입의立議」조에 서술된 바 '입학자는 초시初試에 합격했거나 많은 사람들이 추천하는 자이어야 한다', '타관인他官人이 들어오기를 원한다면 3인을 넘지 않는다'와 같은 추천제 입학 제도 및 입학자를 지역적으로 제한하는 규약에서 그 점을 추측할 수 있다. 이곳을 출입하는 유생들의 거주지 한계가 대체로 연산현 정도의 공간 범위였을 것으로 생각할 수 있다.

정회당 이후에 연산 지방에는 양성당養性堂이라는 새로운 서당이 지어진다. 양성당이 지어진 곳은 원래 아한정雅閑亭이라는 누정이 있었던 장소였다. 아한정은 세조 때

양성당(위의 사진은 현액)

* 양성당은 정회당의 경우와 달리 서인 중심의 정치적 성향을 가지면서 후학 양성의 의지를 담은 경관이었고 따라서 학문적 계보의식의 탄생을 자극하였다. 양성당에 기반한 김장생의 성리학은 점차 기호사림의 거점으로서의 지역적 정초를 확고히 할 수 있었다. 이것은 15세기 초부터 광산김씨의 근거지로서 꾸준히 다져진 충청도 연산 지방에서의 재지적 기반, 중앙 정계에서 얻은 정치적 권력, 그리고 성리학적 정통성을 잇는 학문적 계보라는 세 인자가 조합된 결과였다.

에 활동했던 최청강[13]의 별장이었는데, 김장생의 백조부인 김석金錫 1541-1611이 구입하면서[14] 광산김씨 가문의 소유가 되었다. 그러나 아한정은 임진왜란 중에 소실되었고 건물 터만 남게 되었다. 바로 이 자리에 1602년 김계휘의 아들 김장생은 양성당을 건립하게 된다.

양성당[15] 역시 지방 유생들을 위한 일종의 강학 장소로서 중앙 정계에서 활동하던 광산김씨 김장생이 연산으로 낙향하면서 세운 것이다. 그가 낙향한 이유는 당시 북인의 영수였던 정인홍[16]이 대사헌[종2품]에 오르면서 서인에 대한 탄핵을 가속화했다는 점이다. 주목할 것은 양성당의 건립 배경 중에 북인에 의한 서인 탄핵이 있었다는 것이다. 양성당은 당파적 소속이 분명했던 김장생이라는 인물에 의해 세워진 것이다. 이는 지역적 학연 계보의 탄생을 예견한다. 양성당은 서인 계열의 붕당적 성격을 농후하게 반영한 경관으로서 이 장소에 출입한 유생들의 당파적 성격을 조형하며 재생산하는 기능을 하였다.

양성당이 갖는 이같은 붕당적 성격은 중앙 정계의 당파별 역학 관계와 직접 관련되어 있다. 양성당이 당초 순수한 서당으로서 지어진 것이긴 하지만 그 효과는 그 이상의 권력을 내포하고 있었음을 의미한다. 김계휘의 정회당이 타의에 의한 낙향을 계기로 세워진, 어떤 면에서 소극적인 성격의 것인데 반해서, 김장생의 양성당은 자발적인 것이었고 그 만큼 존립 지속성과 적극적 후학 양성의 의지를 담은 경관이었다. 그 결과 정회당의 유생 분포가 연산현을 한계로 하였던 것에 비해 양성당의 그것은 훨씬 확대되었다. 그것은 김장생의 학문적 권위와 선대의 정치적 인맥, 그리고 김장생의 자발적 의지가 배경으로 작용하여 가능했던 것이다.

김장생은 어려서부터 율곡 이이와 구봉 송익필이라는 당대 최고의 성리학적 권위자에게서 수업하였는데, 물론 그것은 그의 부친인 김계휘의 교우관계를 그대로 반영한 것이다. 이렇게 하여 김장생은 기호학파의 정통을 잇게 되는데 그가 연산에 양성당이라는 편액을 내걸고 우거함으로써 이 때부터 연산은 기호학파의 핵심지로 부상하게 된다. 따라서 김장생의 성리학은 스승인 율곡 이이의 성리학에 비해 지역적 정초가 분명해질 수 있었다.

기호사림파의 사상적 연원인 율곡 이이의 경우, 출생지는 강원도 강릉이면서 어려서는 금강산에 들어가 불교를 공부했고 장성해서 주된 거주지는 한양 인근이었다. 또한 선영先塋은 경기도 파주였으며 황해도 해주의 야두촌野頭村에서 학문을 닦는 등 지역적 연고가 뚜렷치 않았다. 긍정적으로 해석하면 그의 활동 지역은 다양했고 행동 반경이 광범위했다고 할 수 있지만, 역으로 그의 문하생의 분포 지역은 강원, 황해, 경기, 충청, 전라 등에 영역적 중심성이 없이 산포하는 패턴이었다.[17] 굳이 지역권을 말한다면 기호 지방이라 할 수 있겠지만, 이 때의 기호 지방이란 실질 지역이라기보다는 비영남권非嶺南圈이라는 소극적인 의미를 가짐에 불과하다. 율곡으로 대표되는 기호사림파에 있어 기호라는 명칭은 지리적 중심성이 매우 약한 의사공간적擬似空間

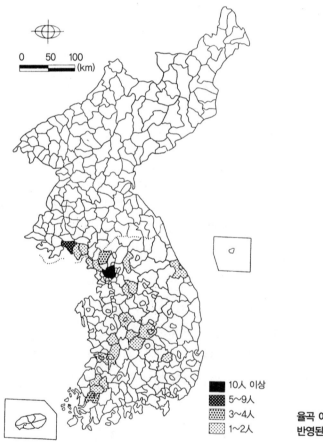

0   50   100
(km)

■ 10人 이상
▨ 5~9人
▦ 3~4人
▢ 1~2人

율곡 이이(李珥)의 문인 분포에
반영된 기호사림파의 세력권

188

的, pseudo-spatial 개념이었던 것이다.

그에 비하여 김장생은 비록 한양에서 생장한 이력이 있을지라도 그곳의 생활에 염증을 느껴[18] 선영이 위치한 연산 지방에 낙향하곤 하였다. 따라서 연산 지방을 비롯한 호서 지방의 유생들은 김장생의 성리학으로부터 지속적인 학문적 수혈을 받을 수 있었다. 학문적 계보, 즉 학파가 형성될 수 있는 기본적인 요건이 충족되었던 것인데, 그것은 당시 한양과 충청도 연산 사이의 지리적 격리도가 정치적 진출과 퇴거에 동시에 적절했기 때문일 것이다. 한양과의 격리 정도에 있어 중앙으로부터의 간섭을 최소화할 수 있었고 정계의 상황이 호전되면 수시로 나아갈 수 있는 거리였음을 의미한다. 이러한 입지상의 특성은 내포 지방을 포함한 조선시기 충청도 곳곳의 특징이기도 한데 연산이나 회덕 지방 역시 그 중에 속했다. 광산김씨의 생태적 근거지가 충청도가 아니었고 김장생의 우거지寓居地가 연산 지방이 아니었다면, 이 지방에 근거하여 조선 후기까지 지속된 호서사림파의 정계 장악과 핵심 영역의 형성이 애초부터 불가능했을 수도 있다는 의미이다.

김계휘의 정회당이 연산현에 국한되었던 것과는 달리, 김장생의 양성당은 기호 지방 전체에 문을 열고 있었다. 양성당의 영역성이 기호 지방 전체에 미쳤다는 말인데 이곳을 출입한 사람들의 명단을 통해서 그러한 사실을 확인할 수 있다. 당시의 출입자 명단을 정확히 확인한다는 것은 곤란하겠지만, 적어도 현재 양성당에 남아있는 시문詩文의 저자들은 이곳을 드나들었던 사람이라고 간주할 수 있다. 현재 전하는 시문은 김상용, 정엽, 조익, 소광진, 송간, 심광세, 홍천경, 신흠, 황혁, 임숙영, 권진기, 김상헌, 이정구, 장유, 정홍명, 김지남2편, 양경우 등이 지은 총 18편이고 지어진 연대는 1601년부터 1630년까지 걸친다. 양성당이 건립될 즈음부터 김장생이 타계한 1631년 이전까지에 해당한다.

저자들은 김장생과 동문수학한 친구이거나 문인門人에 해당하며 대체로 이들의 거주지는 기호 지역 전역에 흩어져 분포한다. 이들이 양성당에서 강론과 시를 주고 받았을 것임은 분명하므로 양성당은 사실상 기호사림들의 의기투합장이나 다름 없었다. 다만 많지 않은 이들의 수나 김장생과의 관계를 고려해 볼 때 당시 양성당이 갖는 기호사림 결집장으로서의 구심력은 그리 크지 않았을 것으로 생각된다. 이곳에 출입한 사람들의 거주지가 산포 패턴의 점적點的 분포를 보이고 있으므로 그 영역성을 기호사림 전체라고 일반화하기에는 무리가 있다. 그럼에도 불구하고 양성당이 가졌던 학연 계보에 기초한 지역적 거점으로서의 의미는 주목할만 하다.

이와 같이 김장생의 성리학이 기호사림의 거점으로서의 지역적 색깔을 강화할 수 있었던 것은 15세기 초부터 광산김씨의 근거지로서 꾸준히 다져진 충청도 연산 지방에서의 재지적 기반, 중앙 정계에서의 정치적 권력, 그리고 성리학적 정통성을 잇는 학문적 계보라는 세 인자가 조합된 결과였다. 여기서 김장생의 양성당은 이 세 인자들을 융합시키는 촉매 장소로 기능했다. 그 결과 충청도 연산의 김장생의 성리학은 이전과 달리 비영남권으로서의 기호 성리학이 아닌 실질적 거점으로서의 호서 성리학, 즉 호서사림파의 기원으로 파악할 수 있는 것이다. 이 때부터 기호사림파의 주맥主脈은 호서사림파로 대변되면서 연산 지방을 중심으로 그 지역적 연고를 분명히 하게 되었으며, 호서사림파에서 '호서'는 더 이상 비영남권을 대신하는 '기호'라는 의미가 아닌, 표현 그대로 '호서 지방에 근거지를 둠'을 뜻하는 내실적 공간 개념으로 전화되고 있었다.

한편 김장생은 1626년인조 4년 문인들의 권유로 강경 지방에 강학 장소인 황산정黃山亭을 세우고 그 옆에 사우祠宇를 세워 자신의 스승인 율곡 이이와 성혼을 배향한다.[19] 거기에는 명백히 기호사림파 계열에서 연원하는 서원임을 상징하려는 의도가 있다. 그 위치는 현재의 논산시 강경읍 황산리 96번지였다. 황산정은 뒤에 임리정臨履亭[20]으로 이름이 바뀌었다. 사우를 세운다는 것은 그 건립 주체의 학문적 계보를 밝힘으로써 자신의 학파적 성격을 가시화한다는 의미가 있다. 임리정 옆에 세워진 사우는 강경의 황산에 세워졌다는 이유에서 황산서원이라 불리게 되는데, 1665년현종 6년에 '죽림竹林'이라는 사액을 받음으로써[21] 죽림서원으로 개칭되었다.

임리정을 강학소로 간주하고 그 옆에 세워진 사우를 선현제향先賢祭享의 장소로 본다면, 이 경관은 서원으로서의 기본 기능을 갖추는 것으로서 1626년까지 거슬러 올라가는 연산 지방 최초의 서원이 된다. 이전의 양성당이 호서사림파의 지역성과 붕당적 성향을 '내포하는' 경관이었다면, 임리정과 죽림서원은 그러한 상징성을 가시화함으로써 장소의 영역성을 '드러내는' 경관이었다고 볼 수 있다. 임리정과 죽림서

임리정

* 양성당이 호서사림파의 정치적 성격을 내포하는 경관이었다면 임리정은 배향인물을 명시하고 계보의식을 드러내는 상징 경관이었다. 임리정과 이에 부설된 사우는 김장생의 학문적 연원을 알려주는 선현 배향을 통해서 출입한 유생들에게 계보의식을 확립해주었다.

원은 김장생의 학문적 연원을 알려주는 선현 배향을 통해서 출입한 유생들에게 계보의식의 탄생을 자극하였다.

결과적으로 '정회당→양성당→임리정'으로 이어지는 상징 경관의 생산과정에서 연산 지방에는 '기호계 성리학의 전파→서인 계열의 붕당적 성향→계보의식의 탄생·가시화'가 이루어졌고, 각 경관의 영역성의 차원에서는 '연산현→범기호지방(점 패턴의 분포)→호서지방의 핵심 영역화(면 패턴의 분포)'의 방향성을 보였다. 그리하여 임리정이 건립된 1626년경부터는 광산김씨에 의해 확산된 연산 지방의 성리학에 계보의식이 분명해졌고, 양성당과 임리정 같은 경관은 그러한 계보의식의 재생산을 가능케 하면서 연산 지방을 이들의 영역적 핵심 지역으로 만들어갔다.

3

사회관계망의
공간적 확장

사회관계망의 확장

전술했듯이 사계 김장생1548-1631은 율곡 이이와 구봉 송익필에게서 수학受學하였다. 그 계기는 부친인 김계휘의 붕우관계에서 비롯되었지만 김장생의 학연 계보와 혈연 관계에 미친 그 효과는 매우 지대한 것이었다. 학연 계보 및 혈연 관계의 측면에서 제일 먼저 언급할 필요가 있는 것은 김장생과 송이창1561-1627의 만남이다. 그것은 연산의 광산김씨와 회덕의 은진송씨가 학맥과 혈연을 통해 중층적으로 연결되기 시작했다는 중요한 의미가 있다. 본격적으로 광산김씨의 '사회적' 관계망이 '공간적'으로 확대되기 시작한 발단이었기 때문이다.

송이창은 은진송씨 회덕 입향조인 송명의의 7세손이다. 회덕의 은진송씨 가문은 입향조 송명의의 손자 송유1389-1446가 현달하고 그 후대에 과거 급제자를 계속 배출하면서 대략 1430년대이래 회덕에서 가장 유력한 가문이 되었다. 이 때에 은진송씨는 중앙 정계에 진출하면서 당대 유명 인사들과 접하게 되는데 그 중에 광산김씨 김계휘가 있었다. 더구나 김계휘는 충청도 연산에 근거지를 두면서 수시로 낙향한 경

연산의 광산김씨와 회덕의 은진송씨 간의 사회적 관계망

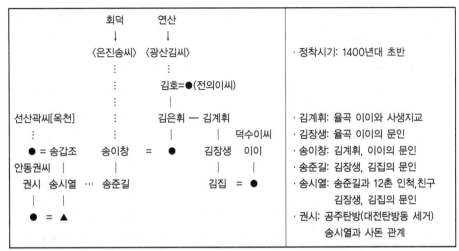

회덕　　　　연산 ↓　　　　　↓ 〈은진송씨〉〈광산김씨〉 ⋮　　　　　⋮ 　　　　김호=●(전의이씨) ⋮　　　　　｜ 선산곽씨[옥천]　⋮　　김은휘 ― 김계휘 ⋮　　　⋮　　　　｜　　｜ 덕수이씨 ●＝송갑조　송이창 ＝ ●　김장생 이이 안동권씨｜　　｜　　　　｜　　　｜ 권시 송시열 … 송준길　　　　김집 ＝ ●	·정착시기: 1400년대 초반 ·김계휘: 율곡 이이와 사생지교 ·김장생: 율곡 이이의 문인 ·송이창: 김계휘, 이이의 문인 ·송준길: 김장생, 김집의 문인 ·송시열: 송준길과 12촌 인척,친구 　　　　 김장생, 김집의 문인 ·권시: 공주탄방(대전탄방동 세거) 　　　송시열과 사돈 관계

* 자료 출처: 『광산김씨족보(光山金氏族譜)』, 『은진송씨족보(恩津宋氏族譜)』, 『국조인물고(國朝人物考)』

우가 많았기 때문에 두 가문 사이의 접촉 가능성은 그 만큼 높았다. 연산과 회덕은 물리적 거리에 있어서도 도보를 통해 하루에 왕복 가능할 정도의 가까운 거리이다. 이러한 사회·정치적 지위의 유사성과 두 근거지 간의 지리적 근접성은 양 가문이 혈연적, 학문적으로 연결될 수 있었던 배경으로 작용하였다. 사회·정치적 지위의 유사성이 통혼 관계의 중요한 조건 중 하나였던 조선초 양반사회 관습에 비추어 볼 때, 지리적 인접 지역에 자신들과 유사한 지위의 종족집단이 거주한다는 점은 사회적 관계 맺기에 있어 이상적 여건이었을 것이기 때문이다.

　이러한 배경 위에서 송이창은 김계휘의 문하에서 공부할 수 있는 기회를 얻게 된다. 그는 처음에 김계휘의 문하생이었고 김계휘의 인맥을 통해서 나중에는 율곡 이이, 구봉 송익필의 문인이 된다.[22] 송이창은 김계휘의 친형 김은휘[23]의 사위가 됨으로써[24] 학연뿐만 아니라 혈연상으로도 연산의 광산김씨와 맺어질 수 있었다. 이 과정에서 송이창은 김계휘의 아들 김장생을 만났고, 그 뒤 두 사람이 동문同門으로서 함께 이이와 송익필을 스승으로 섬기게 된다. 김장생은 정계에서 일시적으로 물러나 연산에 은거할 때에는 수시로 송이창과 교우하였다.[25] 지리적 인접성을 토대로 그 위에 학문 계보와 혈연 관계가 중첩됨으로써 송이창으로 대표되는 은진송씨와 김장생의 광산김씨 사이의 사회적 관계망은 여타 종족집단을 향해 그리고 인접 공간을 향해 확대, 심화될 수 있었던 것이다.

이와 같이 광산김씨 김계휘의 문하에 은진송씨 송이창이 들어오게 되고 송이창은 김계휘의 아들인 김장생을 만나는 과정에서 두 종족집단 간의 사회적 관계는 혈연과 학연으로 채워질 수 있었다. 그 뒤 송이창의 아들인 송준길1606-1672이 김장생의 문하생이 되고, 다시 송준길을 통하여 그와 붕우였던 송시열1607-1689까지 김장생의 문하로 들어오게 된다. 나아가 송시열과 송준길은 스승 김장생이 타계한 후 그의 아들 김집1574-1656을 스승으로 섬기고 나중에는 김장생과 김집의 자손들이 다시 송준길과 송시열의 제자가 됨으로써,[26] 두 종족집단 간의 관계는 선적 연결을 넘어 다면적 결합 양상을 보이게 된다. 더욱이 두 종족집단은 각각 연산과 회덕에서 가장 유력한 지위에 있었으므로 이들의 결합은 종족집단 차원의 단순한 학연, 혈연적 연대를 초월하는 의미를 가진다. 다시 말해서 구성해 왔던 두 개의 거대한 사회관계망이 서로 결합됨을 의미하는 것이다. 이렇게 확장된 사회관계망에는 상당한 수의 차하위 종족집단들이 포섭되었을 것임을 뜻한다. 연산과 회덕의 영역적 통합을 시사하는 것이라 볼 수 있다. 이는 공간적으로 국지적local 규모를 벗어나 지역적 스케일에서의 영역성 창출과 단일한 지역사회 형성을 함의한다. 그러나 그 시초 단계에서 공간적 중심성은 연산 지방에 있었고 그 속에서의 사회적 비중은 광산김씨에게 돌릴 수 있다. 이렇게 보는 이유는 두 가지를 들 수 있는데, 하나는 율곡 이이에게서 시작된 호서사림파의 적전嫡傳 계보가 연산의 김장생, 김집에게로 이어졌다는 점이고, 다른 하나는 이들의 계보의식을 상징하는 경관으로서 돈암서원이 연산 지방에 건립되었다는 사실이다.

돈암서원은 그 동안 연산 지방에 세워진 정회당, 양성당, 임리정에 이어 김장생이 타계한 3년 뒤인 1634년인조 12년에 건립된다.[27] 그리고 1660년에 사액되었다. 전술했던 임리정을 통해서 기호사림 계열의 계보의식이 가시화되었다면, 돈암서원은 연산 출신의 김장생을 배향함으로써 이 지방이 단순히 기호사림의 한 지맥이 아니라 호서사림의 연원 지역임을 부각시키게 된다.

돈암서원: 현액(좌)과 경내 전경(우)

* 임리정을 통해서 기호사림 계열의 계보의식이 가시화되었다면, 돈암서원은 연산 출신의 김장생을 배향함으로써 학문적 계보의 기원 인물을 외부 공간에 둔 것이 아니라 이 지방 '내에서' 찾았다는 점에 의미가 있다. 그 후 송준길과 송시열을 추배함으로써 '김장생→김집→송준길·송시열'로 이어지는 17세기 호서사림파의 적전 계보를 망라하게 되었으며, 이 것은 광산김씨와 은진송씨 간의 사회관계망 결합, 연산과 회덕의 공간적 통합을 상징하는 것이었다. 돈암서원의 영역적 스케일과 경관적 상징성이 여기에 있다. 이 지방이 단순히 기호사림의 한 지맥이 아니라 호서사림의 연원 지역임을 부각 시킨 상징경관이다.

돈암서원의 건립과 영역성 확대

돈암서원이 건립된 이후부터는 서원과 사우에 배향되는 인물이 타지방 기원이 아 닌 바로 이 지방 출신의 인물이었다는 점이 중요하다. 계보의 기원 인물을 외부 공 간에 두는 것이 아니라 이 지방 '내에서' 찾았다는 점에 의미가 있다. 그 뒤 1658년 효종 9년에는 김집을 추배追配함으로써 그 연원 지역의 핵심 종족집단이 바로 광산김씨 라는 점을, 그리고 1688년과 1695년에는 각각 송준길과 송시열을 추배함으로써 '김장생→김집→송준길·송시열'로 이어지는 17세기 호서사림파의 적전 계보를 망 라하게 되었으며, 이것은 광산김씨와 은진송씨 간의 사회관계망 결합, 연산과 회덕 의 공간적 통합을 상징하는 것이었다. 돈암서원의 영역적 스케일과 경관적 상징성 이 여기에 있다.

상징적 표상으로서 돈암서원이 내포하는 이러한 공간적 영역성은 창건시 각종 직 책으로 동참했던 인원을 지역별로 살펴보면 어느 정도 파악될 수 있다. 송시열이 찬 撰한 돈암서원 원정비문院庭碑文에 의하면, "사계 문원공 김선생이 1631년숭정 신미년 8월에 계상溪上[28]에서 돌아가시어 이미 장사하였고, 문인제자門人弟子들이 그리운 생각을 붙일 곳 없은 즉, 계상의 옛 거주지 왼쪽에 사우를 창립하고..."[29]라 쓰고 있어 돈암서원이 김장생의 거주지였던 장소에 세워졌음을 말해준다. 그곳은 생전에 그가 제자들에게 강학하던 양성당이 있었던 장소를 말한다. 조선시기 어떤 서원을 창건할 경우 두 주최가 나서는데, 하나는 발기문을 각 지역에 보내는 출문유사出文有司이고 다른 하나는 각 지역에 거주하면서 발기문의 의도에 협조하는 열읍유사列邑有司이다.[30] 이 중에서 열읍유사들은 각 지역으로부터 주로 재정 조달을 담당하였는데, 그 인원이 많은 지역일수록 재원 조달의 적극성과 규모가 컸을 것이라 간주할 수 있다.

이를 염두에 두고 지역별 열읍유사의 인원을 보면, 회덕이 7명으로서 타지역에 비해 월등히 많음을 알 수 있고, 7명 중 4명이 은진송씨로 되어 있어서, 지역적으로는 회덕현에서 그리고 종족집단으로 보면 은진송씨 가문에서 재원 조달에 큰 역할을 한 것으로 판단된다. 은진송씨는 출문유사에도 2인이 등록되어 있어,[31] 돈암서원의 창건 발기와 재정 지원의 양면에서 선봉에 있었던 종족집단이라 볼 수 있다. 인원 수가 적어 단언하기엔 어려운 점이 있지만, 지역별 열읍유사를 종족집단별로 정리하면 광산김씨와 은진송씨 외에 주목되는 성씨로 출문유사에 2인이 가담한 옥천의 선산곽씨, 전의의 전의이씨가 주목된다미주의 열읍유사 명단 참고. 특히 옥천의 선산곽씨는 송시열의 외가로서 그리고 옥천은 송시열의 출생지로서의 연고가 있으며, 전의이씨는 김장생의 조부 김호1505~1561의 배필 성씨이고 김장생의 문인에도 9인[32]이 올라 있는 등 광산김씨와 일찍부터 연적 관계를 맺고 있었다. 출문유사에 있어서는 김동준, 김자건, 김수남, 김정망, 김곤보 등 예상대로 연산의 광산김씨가 가장 많은 인원을 내고 있고, 그 외에 윤전, 윤운거 등 니산의 파평윤씨,[33] 그리고 전술한 송시열, 송준길로 대표되는 회덕의 은진송씨가 대표적인 성씨로 나타난다. 요컨대 돈암서원 창건시의 영역성을 열읍유사의 빈도 분포를 통해서 그 윤곽을 잡아보면 다음 지도와 같다.

지도에서 빈도 분포가 높은 지역일수록 김장생을 연원으로 하면서 돈암서원에 상징적 가치를 부여하는 지리적 범위, 즉 돈암서원과 김장생을 구심점에 두는 일정 범위의 영역성을 확인할 수 있다. 1630년대의 시점에서, 연산과 회덕을 핵심지역으로

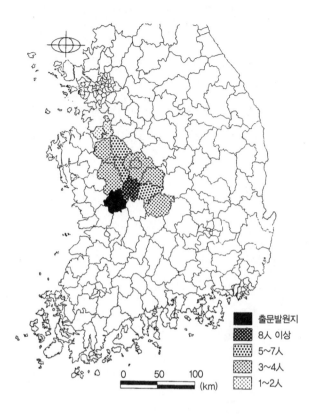

출문발원지
8人 이상
5~7人
3~4人
1~2人

돈암서원 창건시의 열읍유사 분포를
통해서 본 지역사회 영역성

0   50   100
(km)

하면서 면적으로 확대된 지역사회가 형성되어 있었음을 반영하는 지도이다. 그 중심의 성씨로는 광산김씨와 은진송씨를 필두로 전의이씨, 파평윤씨를 들 수 있으며, 지역적으로는 연산을 핵심 지역으로 하면서 회덕이 제2차 중심으로 부각되는 패턴을 보인다. 연산과 회덕을 중심으로 나타나는 이러한 영역성은 김장생 문하에서 공부한 문인들의 지역별 분포를 확인함으로써 더욱 명료하게 포착할 수 있다.

　김장생의 문인은 『사계전서沙溪全書』의 「문인록門人錄」에 기록되어 있는데 필자는 그 자료를 기본으로 하여 『방목열기榜目列記』의 「유가연원록儒家淵源錄」에서 명단을 추가로 확인할 수 있었다. 그 결과 문인의 총인원을 268명으로 정리하였고, 다음 작업으로 이들의 거주지 혹은 근거지를 파악하였다. 각 인물들의 본관本貫에 관한 기록은 앞의 자료들을 통해 쉽게 확인할 수 있었으나, 실제 거주지에 관한 정보는 매우 제한적으로 기록되어 있었다. 이를 보완하기 위해서 필자는 김장생의 문인들이 당시 각 지방에서 선구적 학자였다는 점과, 따라서 그들 중 많은 수가 적어도 생원·진사시에 응시 혹은 합격하였을 것이라는 점에서 착안하여, 조선시기 생원·진사 합격자 명부인 『사마방목司馬榜目』의 정보를 참고하기로 하였다. 조선왕조는 생원·진사시험에 응시하는 사람들이 자신의 거주지에서 응시해야 한다는 원칙을 내세웠다는 점에서 『사마

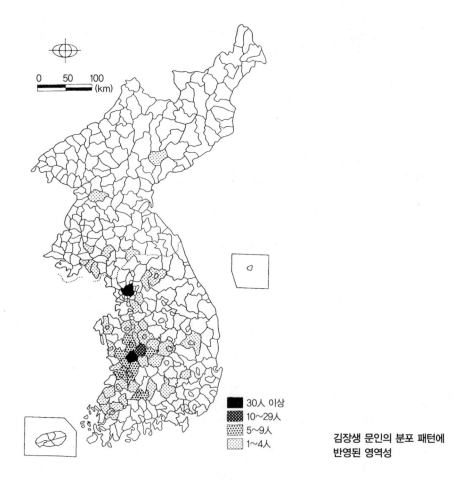

김장생 문인의 분포 패턴에
반영된 영역성

* 연산–회덕을 핵심부로 하고 주변 지역을 향해 점감(漸減)하는 공간 구조와 영역의 공간 범위을 확인할 수 있다.

방목』에 기록된 거주지 항목은 그 만큼 믿을만하다고 판단하였다. 수험자들은 시험에 응시하기 위해 자신의 성명, 본관, 거주지, 父의 성명과 관직, 형제의 성명 등을 기록하여 제출해야 했고, 『사마방목』에는 합격자에 한하여 이러한 정보들이 기록되어 있는 것이다. 따라서 『사마방목』의 신상 정보를 이용하게 되면, 최소한 합격자의 경우는 물론이고 불합격자라 하더라도 부친이나 형제의 성명을 통해서 간접적으로 수험자의 거주지 추적이 가능하게 된다. 때문에 각 문인별 거주지 확인 비율을 최대화할 수 있었다. 이러한 절차에 의해서 거주지가 확인된 인원은 총 209이었으며 전체의 약 78.0%에 해당한다지도 참고.

지도에서 지역별로 볼 때 30인 이상이 거주하고 있는 곳은 도읍이었던 한양과 충청도 연산으로 나타난다. 그러나 이 패턴에서 한양과 연산이 갖는 의미는 서로 상이하다. 한양은 조선의 정치 중심지로서 전국 각지의 유생들이 집중해 있던 장소이다. 따라서 한양의 경우는 지방에 비해 학문에 몰두한 정치 지망생의 인구수가 절대적으로 많은 곳이었다는 점, 그리고 한양의 유생들을 전체적으로 어떤 특정 학파의 범주 속에 포섭시킬 수 없다는 점을 감안해서 이해하여야 할 것이다. 가령 한양은 율곡 이이의 문인 분포에서도 최고 빈도를 기록하고 있듯이 김장생의 문인 분포에서도 역시 그렇게 나타나는 것이라 해석되며, 추측컨데 영남사림파 계열의 문인 분포에 있어서도 최고 빈도를 나타내는 지역일 것이다. 한양을 이 분포 패턴의 핵심 지역으로 판단할 수는 없다는 뜻이다. 한양 주변부에 점감하는 차하위 지역이 존재하지 않는다는 점도 그러한 판단의 이유가 된다.

다만, 한양은 연산과 물리적으로는 상당한 거리를 두고 격리되어 있지만 사회, 정치적으로는 매우 긴밀하게 연결되고 있었으므로 연산과의 관련성 속에서 한양이 갖는 의미를 간과해서는 안된다. 두 지역은 사회, 정치적 연계 속에서 상호재생산의 관계를 유지했으며, 학문적 계보망은 그러한 상생의 관계를 지속시킬 수 있는 권력의 흐름망으로서 기능하였다. 예를 들면 연산·회덕권의 유생들은 과거라는 공식적 시험을 거치지 않고서도 천거薦擧를 통해 중앙 관직에 등용된 사례가 수 없이 많았는데,34 이 때 천거의 배경이 되었던 것은 다름 아닌 학문적 계보망이었던 것이다. 또한 중앙의 정쟁에서 실패한 경우 이들은 연산·회덕권과 같은 지방 근거지에 낙향하여 재기의 기회를 기다렸다는 점을 볼 때, 정쟁에서의 실패는 일시적인 것으로 인식되었을 뿐 정계로부터의 영원한 도태를 의미하는 것은 아니었다. 요컨대 연산·회덕권은 한양의 배후지이자 근거지로서 존재했고, 한양은 이 지방에서 닦은 학문 사상을 정치에 적용하고 계보적 정통성을 설파하는 무대였다. 그리고 학문적 계보의식에 기초한 사회적 관계망은 이 두 지역 간의 연결 관계를 이해하는데 충분조건으로 작용하였다.

제시된 지도로부터 문인 분포 패턴의 특징을 살펴보면, 핵심 지역은 연산이고, 회덕이 제2차적 중심 지역으로 드러난다. 그리고 연산과 회덕을 중심에 두고 주변으로 갈수록 거리에 따라 문인 분포의 빈도가 점감하고 있다. 제3차 중심 지역으로는 부여, 공주, 옥천과 여산, 전주, 김제가 전개되고 있는데, 이들은 차상위 핵심 지역인 연산과 회덕의 주변을 둘러싸고 있는 패턴을 보이고 있다. 이들 외의 3차 중심 지역은 전라도 남원에도 나타나는데, 넓은 의미에서의 영역성으로서의 의미는 있겠으나 공간적으로 격리되어 있으므로 연산·회덕권과 동일한 지역사회로서 인식하기엔 무리가 있다. 담양, 광주, 나주의 경우에도 마찬가지 입장에서 해석할 수 있다.

스케일을 넓혀 전체적으로 보면 호서지방과 호남지방에서 분포 밀도가 높으므로 이 일대에서 영역성이 상대적으로 짙은 패턴이라 볼 수 있고, 경기와 황해도 지방은 이 영역성에 가세하는 양상이라 할 수 있다. 김장생의 문인 분포는 경상도와 평해도, 심지어 함경도에 이르기까지 그 범위가 광범위하게 전개되고 있으나 전술한 호서·호남 지역과 비교하면 이들 지역에서의 분포 빈도는 매우 미미한 편이다. 이 분포 패턴에서 특기할 점은 광범위한 분포와는 대조적으로 호서 지방의 경우 당진, 예산, 홍주, 청양 등 소위 내포 지방과 충북 북부의 충주, 음성, 괴산, 제천, 단양에서는 문인이 한명도 배출되지 않았다는 점이다. 그 내막은 자세한 고찰을 필요로 하지만 적어도 분명한 것은 분수계, 지형 등 자연지리적 특징에 있어서 그 두 지역이 연산·회덕권과는 구별되고 있다는 사실이다. 물론 이들 지역에서 주류를 이루는 학문적 계보의식과 사회, 정치적 성향 역시 연산·회덕권과는 매우 상이하였다. 이러한 지역적 차별성은 전술했던 바 돈암서원 건립시 참여한 열읍유사 분포 패턴에서 드러난 공간적 분할상과 일치하는 것이다.

이상에서 살펴본 바와 같이 충청도 연산 · 회덕을 중심으로 돈암서원과 김장생에 기원을 두고 전개된 일정 범위의 세력권이 존재하였다. 이 세력권이란 연산의 광산 김씨와 회덕의 은진송씨에 뿌리를 두고 성장한 호서사림파의 영역성을 뜻하는 것이었다. 이 영역의 특징 중 하나는 핵심지역−준핵심지역−주변지역의 구조를 갖고 있다는 점인데, 이러한 공간구조는 사회적으로 생산된 것이고 지리적으로 매우 안정된 것이다. 더욱이 이 공간구조의 핵심지역은 계보의식 및 정치적 연망을 매개로 하여 국가 중심지 한양과 정치, 사회적으로 연결되어 있었다. 따라서 영역성의 자기 재생산이 가능했고 이를 통해서 자신의 존재를 조선말기까지 장기 지속적으로 유지할 수 있었던 것이라 이해된다. 실제로 호서사림파는 조선중기부터 조선말기까지 이 지역을 근거지로 하면서 중앙 정계의 주도권을 놓치지 않았다. 돈암서원의 건립 시기와 김장생의 타계 시점을 염두에 둘 때 이 같은 공간구조 및 영역성이 확립된 시기는 적어도 17세기 중반 이전으로 소급되며, 오늘날까지 이 지방의 지역 정체성과 사회 · 공간적 의미를 구성하면서 중요한 층위로 존속하고 있다.

4

두 번째 단계를
맺으며

연산과 회덕 지방에 있어서 16~17세기의 시기는 경관 생산 및 사회적 관계망 확장 단계로 대변될 수 있을 만큼 사회적으로 의도된 다양한 상징경관이 생산되던 시기였다. 15세기를 지나면서 이들 지역에서 수위 종족집단으로 부상한 광산김씨와 은진송씨는 권력 과시형 경관을 지역에 이식하면서 중앙에서 획득한 자신들의 권력을 지방에 과시하였고, 16세기부터는 지방민들을 위한 시혜·교화형 경관을 생산하면서 지역사회에 완전히 착근할 수 있었다. 광산김씨의 경우 후자에 해당하는 첫 번째 경관이 정회당이었고, 다음으로 양성당, 임리정이 생산되었다. 이러한 경관 생산은 순차적인 영역성 확대를 유도하였고, 영역성에 내포된 초기의 의사공간적 성격은 보다 실질적인 공간적 정초를 확립해갔다.

이러한 경관 생산을 통해서 학문적 계보의식이 탄생하였고 그러한 계보의식은 일정한 지역적 범위를 향해서 확대, 심화될 수 있었다. 또 한가지 중요한 특징은 시혜·교화형 경관이 매개가 되어 연산의 광산김씨와 회덕의 은진송씨가 사회적으로 결합될 수 있었다는 점이다. 두 종족집단 간의 연대는 선적 연결을 넘어 학연, 혈연,

지연적 유대로 이어져 다면적 결합 양상을 보였다. 이들의 사회적 결합은 곧 공간적 영역성의 통합을 의미하는 것이었다. '국지적' 단위의 수위 종족집단이 서로 결합함으로써 '지역적' 규모의 지역사회가 형성되었음을 말한다. 이 시기를 거치면서 두 종족집단에게는 본관이 아닌 실제 거주지가 이들의 장소 정체성을 표상하게 되었다. 그리하여 '광산'김씨는 '연산'광김으로, '은진'송씨는 '회덕'은송혹은 회송으로 정상화되었다. 이들의 존재와 정체성이 자신들의 막연한 기원 장소가 아닌 현재적 점유 장소를 근거로 인식되었음을 의미한다.

이와 같은 연산과 회덕의 공간적 통합과 영역성은 광산김씨와 은진송씨가 주체가 된 지역화과정의 산물이었다. 이 지역사회의 사회·공간적 특성에 접근하기 위해서는 광산김씨와 은진송씨를 중심으로 한 사회관계망에 초점을 두면서 경관 생산과 계보의식의 탄생이라는 관점에서 투시하는 방법이 효과적임을 알 수 있었다. 사회적으로 생산된 이 공간성spatiality의 탄생 과정에는 학연 관계가 중요한 요인으로 작용하고 있지만, 통혼을 통한 혈연 관계, 근거지의 지리적 인접성이라는 지연 관계가 복합적으로 작용하면서 연산·회덕권을 하나의 동일한 지역사회로 만들어냈던 것이다. 이 지역사회를 형성하는데 기여한 1세대 인물들은 김장생과 김집을 앞세운 광산김씨였지만, 돈암서원 건립과정에서 볼 수 있었듯이 추후의 차세대는 은진송씨 종족집단에 의해 주도될 것임을 암시받을 수 있었다.

第 8 章

종족집단의 지역화과정
(Ⅲ: 영역성 재생산 단계)

1

영역의 충전과
재생산을 향하여

    한국에 있어서 14세기를 전후로 한 왕조 변천기는 종족집단을 중요한 사회적 단위로 부각시킴과 동시에 전국적 스케일에서 종족집단의 집단적 이주와 근거지 재편성을 야기했다. 한국의 종족집단은 중국이나 일본의 그것과 달리 본관을 자기 혈통의 공간적 기원으로 인식한다는 점이 특징이며, 거주지 선정과 이주, 근거지 확보 과정에서 공간적 행위의 주체이자 주요 단위로 존재해 왔다. 그럼에도 불구하고, 종족집단에 관한 기존 인문지리학계의 연구는 형태적 분석에 치중하는 매우 제한적인 접근을 취해왔으며 연구의 공간 규모에 있어서 개별 촌락 단위 연구에 국한되어 있고, 특히 공간 속에 내포된 사회성 탐색에 소홀하였다.

    더구나 사회와 공간의 관계, 시간의 분절성과 공간의 누층성에 관심을 둔 사회사나 인류학, 지방사 등 인접 분야에서의 최근 개념적 발전과 접근 방식의 진보에 비하면, 지리학계에서는 아직 한국의 성씨집단에 대한 명칭 상의 검토조차 이루어지지 않고 있다. 동족이라든가 동성집단, 씨족 등 인접 분야에서는 거의 파기된 용어들이 아직도 비판적 검토 없이 언급되는 경우가 허다하다. 이러한 시점에서 종족집단의 근거지 확보로부터 지역사회 형성, 영역성의 확대 과정에 접근하는 이른바 지역화과정regionalization에 관한 연구는 촌락을 사이트 차원에서 분석하는 것을 지양하고 그 대신 지역사회내 존재로 이해하게 해주고 공간에 감추어진 사회적 차원을 드러내어 준다는 점에서 의미가 있다.

14~19세기 동안 종법 사상의 보급, 동성동본의식의 강화, 부계 혈통 중심의 친족의식, 장자 우대 관행, 족보 간행과 더불어 종족집단은 사회 구성에서 중요한 단위로 부각되었다. 이 같은 사회적 단위성은 공간에 투영되어 국토 공간에는 종족집단에 의해 창출된 경관과 장소, 그리고 영역들이 널리 분포하게 되었다. 각 종족집단은 근거지를 중심으로 자신의 영역 안에 다양한 경관을 각인하고 상징적 장소를 생산하였으며, 서로 간의 다면적 사회 관계망를 통해 배타적이고 상징적인 영역들을 끊임없이 창출해 온 것이다. 이는 한국에서 종족집단이 14세기 이후의 시·공간을 들여다보게 해주는 중요한 창문窓門으로 간주될 수 있음을 의미한다.

종족집단들 사이의 사회 관계망 및 그것의 공간적 투영에 관한 탐색은 현재의 시·공간적 누층성을 진단하고 해석하는데 긴요하다. 종족집단 간 계보적 관계는 사회적 국면에서 각종 연적緣的 관계로 이루어진 다양한 결사로 드러나는 한편, 공간적 국면에서는 중층적 본관 의식 및 장소 정체성, 거주지 이동 패턴의 집단성, 계보의식과 영역성을 담보한 상징 경관의 창출, 지역사회의 중심·주변 구조화, 영역성의 확대적 재생산 등으로 표출되어 왔다. 필자는 14세기 이후 종족집단이 갖는 이 같은 사회, 공간적 국면들을 충청도 연산과 회덕 지방 일대를 사례 지역으로 설정, 지역화과정이라는 주제 하에서 조망하여 왔다. 「생태적 정착 단계」14~15세기와 「경관 생산 단계」16~17세기로 각각 대변되는 앞의 두 글에 이어, 이 글에서는 17~19세기 연구 지역의 사회·공간적 상황을 '영역성 재생산 단계'로 규정하고 이를 재현하려는 목적을 갖는다.

경관 생산 단계16~17세기를 지나면서 연산과 회덕 지방에는 각각 광산김씨와 은진송씨의 주도 하에 사회적으로 의도된 다양한 상징경관이 생산되었다. 초기에는 권력이식형 경관 생산이 두드러졌다. 그러나 점차 시혜·교화형 경관 생산이 매개가 되어 두 종족집단 간에는 학문적 계보의식의 탄생과 사회적 연망의 결합이 이룩되었다.

그리고 이들 요인이 권력의 흐름망으로 작동함으로써 사회·공간적 영역성의 확장을 가져왔다. 이전까지 국지적 사회·공간 단위로서 존속해왔던 연산권과 회덕권은 비로소 지역적 규모의 단일한 지역사회로 통합, 재편될 수 있었다. 역사적, 사회적으로 조형된 이 공간성spatiality의 형성 초기에는 연산의 광산김씨가 주된 기여를 했지만, 돈암서원이 건립되는 17세기 중반이후 지역사회의 내적 충전과 영역성 재창출에 공헌한 인물들은 주로 회덕의 은진송씨 종족집단에서 배출된 것이 특징이다.

여기에서는 17세기 중반 이후 전개된 영역성 충전 및 재생산의 주체로서 은진송씨 종족집단을 주목하기로 한다. 이들은 다양한 담론 및 경관 생산을 통해 집단 기억을 복원하거나 재구성하였고, 이를 바탕으로 사회관계망의 시·공간 확장time-space distanciation을 기하였으며, 지역사회 핵심지의 이원적 분화와 영역성의 외연적 확대를 이끌어 나갔다. 그리하여 19세기에 이르러 지역사회의 영역성은 연산과 회덕을 핵심부로 하면서 북동부의 청주, 괴산, 충주 지방과 남동부의 보은, 옥천, 영동 지방, 그리고 서부 및 남부의 공주, 부여, 금산 지방까지 확장되기에 이른다.

2

집단 기억의 복원,
사회관계망의 시·공간 확장

집단 기억의 재구성: 기억 경관의 생산

 1653년효종 4년 회덕 지방에는 은진송씨 송극기의 처 고흥류씨高興柳氏 정려가 세워졌다. 정려가 건립된 장소는 그녀가 살았던 옛 거주지였다.01 고흥류씨는 회덕은송의 시조모始祖母로서 종족의 기원에 연관되는 상징적 존재였다. 고흥류씨의 타계 시기가 1452년이므로 그녀의 정려는 사망 후 200년 만에 세워진 것이다. 이 '200년 전의 옛 거주지'라는 시·공간 간격은 회덕은송의 사회·정치적 성장 기간에 해당하는 것으로서, 고흥류씨 정려의 때늦은 건립 사실은 은진송씨의 사회·정치적 성장이 가져온 권력의 효과이자 계획된 목적 하에 단계적으로 진행된 프로젝트였다.

 실제로 고흥류씨 정려는 17세기 중후반 송준길1606-1672과 송시열1607-1689의 주도 하에 '의도적으로' 추진된 것이다. 은진송씨의 정치적 성장 및 이에 병행한 사회적 권위가 없었다면 고흥류씨의 정려 건립이 보장될 수 없었음을 뜻한다. 고흥류씨에 관한 객관적 사실이나 행적에 의거하여 자연스럽게 건립되었기 보다는 은진송씨의 정치·사회적 권력이 크게 작용한 것이다. 고흥류씨 정려는 송준길이 조정에서 행한 경연經筵의 자리에서 임금에게 고흥류씨 사적事蹟을 직언한 보답으로 얻어진 것이기 때문이다.[02] 그리고 송준길의 벗이자 인척이었던 송시열이 고흥류씨 묘표를 짓게 된다.

1665년현종 6년 고흥류씨 정려 옆에는 정려 비문이 세워지는데 비문의 글은 송준길, 서체는 송시열이 썼다. 이러한 기억 경관의 복원을 통해 시·공간상 부재했던 고흥류씨와 17세기 중반의 은진송씨 사이에는 시·공간의 현재적 공유가 비로소 가능하게 되었다. 이와 같이 은진송씨 종족 집단은 혈연적 기원을 경관화景觀化하는 일로부터 자신들의 집단 기억을 복원하기 시작하였다. 이 외에도 송준길은 선대 인척인 송경창, 송시승, 송유관의 효행을 임금에게 직접 보고하여 은진송씨 '3세 효자 정려'의 명을 받게 된다.[03] 또한 그는 효종과 현종 대에 송경창, 송시승, 송유관의 사적을 임금에게 보고하여 이들 세 인물에 대한 증직을 얻어냄으로써[04] 조상의 관직을 상향 조정하는 데에도 주도적 역할을 하였다. 집단 기억의 복원을 상징하는 경관 생산과 관직의 증직 외에도 송준길은 송시열과 함께 선대의 행적을 행장이나 묘갈명, 묘비문 등의 방법으로 기록하며 재구성하였다.

이들이 가장 먼저 추진한 것은 쌍청당 송유1389-1446의 행장 및 묘표 저술 사업이었다. 은진송씨에게 있어서 고흥류씨가 회덕은송의 혈연적 기원이었다면 송유는 집단적 세거지 기원, 즉 회덕황씨의 그늘에서 벗어나 독자적인 거주 장소를 확보한 기원 인물이다. 송유는 회덕 백달촌현 대전광역시 대덕구 법동, 송촌동 일원에 은진송씨 세거지를 구축함으로써 계족산 너머 관동의 회덕황씨 근거지로부터 벗어나 독립된 거주 공간을 확보할 수 있었다. 백달촌은 지형적으로도 회덕황씨의 거주 공간과 독립적인 단위였을 뿐만 아니라 사회적으로도 그러했다. 이것은 송유가 백달촌에 쌍청당을 지어 박연, 박팽년과 교우하는 등 회덕황씨의 그것과는 다른 은진송씨의 독자적 사회관계 망을 형성하는데 크게 공헌했던 것에서 가능했다.

이와 같이 은진송씨 고유의 배타적 장소인 백달촌의 기원에 송유가 관여되어 있고, 이러한 의미의 송유를 찬양하여 송준길은 행장을 지었고 송시열이 묘표를 찬한 것이다. 송유라는 인물의 행적과 옛 거주지를 복원함으로써 은진송씨의 장소 정체성을 구현하고자 한 것이라 해석된다. 또한 이들은 좌의정 김상헌으로 하여금 송유의 묘비문을 짓게 하고 자신들 스승인 김집으로 하여금 글을 쓰도록 의뢰하는 등 당대 회덕은송의 중층적 사회관계망을 활용하였다. 이 외에 9세 송여즙[05]의 행장과 비문, 송세영1491-1532[06]의 행장, 송응서1530-1608와 송이창1561-1627[07]의 비문 등 은진송씨 당대 및 선대 조상의 각종 행장, 비문, 묘표를 저술하였다. 당시의 이러한 저술들은 기본적으로 객관적 사실을 바탕으로 작성된 것이라 표면화되고 있지만 다소의 과장 이나 은폐가 가미된 측면도 부인할 수 없다. 이러한 점에서 당시에 작성된 종족집단 관련 각종 저술들에 대해서 지식—권력 관계에서 생산된 일종의 '담론'discourse으로 서 이해할 필요가 있다. 실제로 신도비, 묘비문, 묘갈명, 행장 등에서 나타나는 담론 적 속성과 관련해서는 심지어 당대의 문장가였던 송시열 자신도 고백한 사실이 있 다.[08] 아무튼 이 과정에서 구전, 행장, 유사遺事, 사적事蹟에 관한 내용이 문건화하여 구성되고 정려, 묘비, 묘표, 구거지 등의 기억 경관이 창출되었다. 종족집단에 관한 '수사적 담론'과 '기억 경관'이 정치·사회적 권력을 매개로 하여 변증법적 상호 재 생산을 이룬 것이다.

사회관계망의 시·공간 확장

집단 기억의 복원 과정에서 생산된 다양한 담론 및 각종 경관들은 당대 회덕은송 의 권력관계를 바탕으로 한 것이었는데, 이것들은 다시 은진송씨의 사회관계망을 시·공간상으로 크게 확장시키는 효과를 낳았다표 참고. 수직적 계보상으로는 송이 창, 송응서, 송세영, 송여즙으로부터 송유, 고흥류씨, 송극기에게까지 '소급되는' 혈연적 확장이 이루어졌다. 수평적 계보상으로는 진주정씨로부터 광산김씨, 진주강 씨, 안동권씨, 순천김씨, 고흥류씨, 회덕황씨에게까지 '확장되는' 통혼 및 학연 관계 망의 팽창을 이룬 것이다. 이전까지 시·공간상에서 부재하던 인물들과 서로 다른 종족집단들이 현재적으로 병립·공존할 수 있게 되었고, 그들 간의 계보와 사회관계 망 또한 현재적으로 기능할 수 있게 된 것이다. 이것은 집단 기억의 재구성과 이를 바탕으로 한 계보의 가시화 및 경관 생산의 결과이며 은진송씨를 둘러싼 사회 체계의 시·공간 확장희 한 단면을 보여준다. 오늘날 전하는 은진송씨의 종족 관련 기록물 과 각종 기억 경관들이 내포한 의미는 이 같은 사회관계망을 시·공간 상에서 장기

은진송씨의 사회관계망

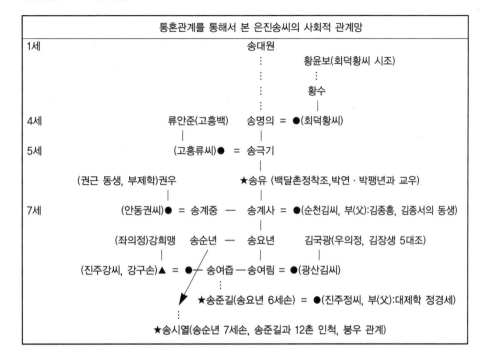

광산김씨의 사회관계망

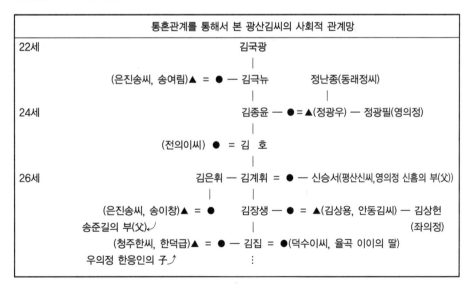

존속, 확장하는데 핵심 기능을 수행해 온 것으로 이해할 수 있다.

17세기 중반 이전까지 연산과 회덕은 혈연과 지연의 층위에 있어서 대체로 국지적 local 스케일의 공간 범위를 갖고 있었다. 그러나 송준길과 송시열의 활동시기인 17세기 중반 이후 학연의 층위가 기존의 혈연 및 지연망 위에 중첩되면서 연산·회덕권은 지역적regional 공간 스케일에서 묶여지는 동일한 지역사회로 통합되기에 이른다. 이는 은진송씨의 사회관계망이 송시열과 송준길의 학문 계보를 통해 광산김씨의 그것과 접합되면서 이루어졌다. 광산김씨 김장생, 김집과 은진송씨 송이창, 송준길, 송시열 사이에 형성된 학연 관계가 두 종족집단의 사회관계망을 연결시킨 고리로 작용하였다. 두 종족집단의 결합을 통해 형성된 광대한 사회관계망은 공간적으로 회덕과 연산을 중심으로 형성된 두 개의 사회관계망을 포섭하는 것이었다. 이렇게 창출된 중층적 계보망은 정치·사회적 차원에서 볼 때 지방과 중앙 사이를, 그리고 연산 광김 및 회덕은송과 국가적 수준의 주요 종족집단 간을 연결하는 권력의 흐름망으로 작동하였다.

지역내 분화와
영역성의 확대 재생산

핵심지역의 이원화와 상징경관 창출

김장생1548-1631의 학문적 정통은 아들 김집1574-1656에게 계승되었고 김장생 문하에 있던 많은 제자들이 김집을 스승으로 섬기게 된다. 김집의 문인들은 김집을 선생으로 그리고 김장생을 노선생으로 불렀다. 그리고 1656년 김집이 타계하였는데 이후 연산과 회덕으로 구성된 지역사회 핵심 지역에는 중요한 변화가 나타났다. 핵심지역내에 상징적 핵심과 실질적 핵심이라는 이원적 공간구조가 만들어진 것이다. 이 시기부터 연산 지방은 상징적 핵심으로 잔존했고 회덕이 실질적 핵심 지역으로서 부각되었다.

핵심지역의 이원화 배경으로서 다음과 같은 점들을 거론할 수 있다. 첫째, 김집이 타계한 17세기 중반 이후 광산김씨 종족집단에서 학문적 정통을 이을만한 인물이 더 이상 배출되지 않았다는 점, 둘째, 송시열1607-1689과 송준길1606-1672로 대표되는 회덕의 은진송씨가 광산김씨를 대신하며 학문적 계보상의 주요 인물들을 연이어 배출했다는 점, 셋째, 송준길과 송시열이 새로운 적전으로 등장하면서 은진송씨와 혈연 관계에 있었던 종족집단의 수가 광산김씨의 그것에 비해 월등히 많아졌다는 점 등이다. 이 중 첫 번째 것이 연산광산김씨을 상징적 핵심화한 요인으로, 두 번째 및 세 번째 배경이 회덕은진송씨을 실질적 핵심화한 요인으로 기능하였다.

송시열에게 학문적 정통성이 이어지면서 광산김씨의 김익겸,[09] 김익견,[10] 김만균,[11] 김만기,[12] 김만중,[13] 김익추,[14] 김진구,[15] 김진옥,[16] 김신망, 김용겸, 김이수 등 김장생과 김집의 후손들은 은진송씨의 송시열과 송준길 문하에서 수학하였다. 그러나 실질적 핵심 지역이 연산에서 회덕으로 바뀌었다는 사실은 단순히 두 종족집단 간의 관계를 재편시킨 것에서 그친 것이 아니었다. 이에 따른 영향으로 이 지역사회의 경관 분포 및 영역성에 있어서 몇 가지 변화가 수반되었다. 특히 학연 및 계보를 상징하는 사우와 서원[17] 등 상징 경관의 창출과 그 분포의 확대에 있어서 회덕의 송시열은 선도적 역할을 수행하였다. 국지적 차원에서 은진송씨 종족집단의 경관 복원 사업과 장소 정체성 확립 과정에 송준길이 기여한 바가 컸다면, 송시열은 은진송씨의 대외적, 지역적 차원에서 주도적인 활동을 하였다.

송시열의 활동 사업 및 공간 스케일을 그 스승과 비교하자면 김장생은 주로 거주지 내에서 학문활동을 전개함으로써 그의 활동 범위는 거의 연산 지방에 국한되었다. 제자들은 학문적 관심에서 김장생에게 수학하고자 각 지역으로부터 연산 지방으로 모여들었고, 이에 따라 그의 문인들과 광산김씨 간의 관계는 김장생이나 김집과의 개인적 학연 관계를 크게 벗어나지 않았다. 결과적으로 학연 관계가 통혼과 같은 혈연 관계나 거주지 이동 같은 지연 관계를 유도하는데 한계가 있었다. 그러나 송시열의 경우는 달랐다. 그의 활동 공간은 회덕에 제한되지 않았고, 송시열은 옥천, 영동, 청주, 괴산 등에 출생, 은거, 퇴거, 만거 등 각종 족적을 남김으로써 누정, 사우, 서원의 건립과 분포 확대에 크게 영향을 미쳤다. 이러한 지역적 연고는 그의 학문적 정통성 및 정치적 권위와 결부되어 연산·회덕을 중심에 둔 지역사회의 영역을 크게 확대시킨 결과를 가져왔다. 각 지방의 유생들은 송시열과 학문적 관계는 물론이고 혈연적, 지연적 관계로 중첩되기에 이르렀다.

연산·회덕권의 지역사회에 있어서 회덕이 실질적 중심으로 부상하고 송시열의 활동 공간이 회덕 동부지역으로 확장됨에 따라 17세기 중반 이후 지역사회의 영역은 서쪽의 연산 방향보다는 회덕의 동부 지역, 즉 현재의 충청북도 및 영남지방을 향해 빠르게 확대되어 나갔다. 영역 확대의 최전선에서 송시열과 그 문하생들은 기수로서 활동하였고, 서원은 이들의 존재와 영역성를 표시하는 휘장이나 다름없었다. 학연 관계망이 지역사회의 영역 확대를 유도했을 것이라는 전제 하에, 영역 확대의 최전선frontier에서 그 공간의 영역성을 상징적으로 표현하던 경관symbolic landscape으로서 서원의 분포를 언급해야 할 것이다.

서원을 상징경관으로 보는 이유는 서원이 제향과 교육기능을 함께 갖추고 있다는 특성과 연관된다. 어떤 지역에 서원이 건립되면 반드시 누구를 제향할 것인가가 논의되게 마련인데 이 때 제향인물이 어느 계통의 성리학적 계보에 속하느냐에 따라 그 서원의 당색이 결정되었고, 나아가서 그곳에서 가르치는 유생들의 학문적 성향에 지대한 영향을 주게 된다. 또한 각 지방에서 서원은 과거 시험, 정계 진출의 진입로 기능을 하였다. 사적으로는 쉽게 입수할 수 없는 교재들이 서원에 갖추어져 있는 경우가 많았던 점과 훌륭한 스승이 기거하고 있다는 점도 한 이유가 된다. 더욱 중요한 것은 서원에 배향된 선현에게 매일 아침 예의를 표해야 하는 반복적 일상생활에 있었다. 이 과정에서 유생들은 그 선현의 학문과 사상에 자연스럽게 흡수되고, 이것의 일상화, 관례화를 통해 그의 학문 계보에 스며들게 된다. 이는 유생의 학문적 붕당화를 의미하는 것이고 이러한 붕당화는 통혼이나 거주지 이동의 배경이 됨으로써 혈연 및 지연적 결합을 유도하게 된다.

서원의 자기 복제를 통한 영역성 재생산

서원의 입지 연고는 제향 인물을 기준으로 볼 때 크게 우거寓居, 퇴거退居, 만거晩居 등 그의 일상적 거주지에 건립되는 경우와, 유배, 지방관 임관, 장지 등 임시적 거처에 세워지는 경우로 나누어 볼 수 있다. 연산·회덕을 비롯한 호서지방의 경우는 대체로 한양과의 거리가 가까운 편이고 공간이 갖는 정치적 성격에 있어서도 벽지僻地나 오지奧地가 아닌 까닭에 임시 거처에 입지하기보다는 '일상적 거주지'라는 연고에서 서원이 입지하는 사례가 일반적이었다. 이러한 입지 연고 때문에 호서 지방의 서원들은 학연 관계 혹은 학문적 계보 의식을 반영하는 경우가 많았다. 이 말은 특정 종족집단에 의한 문중서원보다는 지방 유림들의 합의를 거쳐 창립되는 소위 유림서원이 우세했을 것임을 뜻한다. 나아가, 일정한 공간대의 서원들이 각자 독자적이기보다는 학문 계보망을 반영하면서 위계적으로 연관, 분포했을 것임을 의미한다.[18] 18세기 이후 일반화된 문중서원들은 독자적 건립 주체에 의해 각자 독립적으로 입지하는 점적 분포를 갖는데 반해서, 이러한 유림서원들 간에는 학연 관계에 기초하여 수위 서원과 그에 정치, 사회적으로 포섭되는 차하위 서원들로 구성되는 이른바 계층적 분포 패턴을 갖는 것으로 이해된다. 이 점은 타지역과 달리 호서지방의 서원 분포가 갖는 중요한 특징 중 하나로 보인다.[19] 이같은 서원들 간 계보적 관계 및 분포상의 위계성에 가장 크게 기여한 사람은 송시열과 그의 문하생들이었다.[20]

호서지방에 있어서 학연 계보를 반영하는 최초의 서원은 1626년인조 4년에 건립된 논산의 죽림서원이었고 호서사림파의 종장인 김장생이 주관하여 자신의 스승인 이이와 성혼을 배향하였다. 물론 죽림서원이 세워지기 전부터 호서지방에는 보은의 상현서원,[21] 청주의 신항서원,[22] 제천의 남당서원,[23] 공주의 충현서원,[24] 한산의 문헌서원,[25] 그리고 옥천의 창주서원[26] 등이 있었다. 그러나 출신지나 임관지라는 연유에서 서원이 세워지고 어떤 인물의 배향이 이루어지고 있을 뿐 학문적 계보를 반영하는 서원이라고는 볼 수 없으므로 이 글에서 주목하는 유림서원과는 다르다. 호서지방이라는 지역적 스케일에서 '다른 곳이 아니고 왜 그곳에 서원이 건립되었는가'를 설명할 수 없으므로 공간적 의미가 적다. 이들은 국지적 스케일에서 그 창립 이유를 찾을수 있는 서원들일 뿐, 지역적 규모에서 분포상의 계보 관계 및 위계성을 갖는 서원들이 아니기 때문이다.

물론 16세기 전후의 초창기 서원들에서는 그 배향 인물의 학문적 계보를 추적할 수 없는 경우도 다수 있었다. 이런 점에서 서원의 건립 시기와 관련해서 필자가 중요시 여기는 것은 최초 창립 시기가 아니다. 학연 계보상 호서사림湖西士林 계열에 해당하는 인물이 '배향된 시기'가 어떤 때인가가 큰 의미를 가진다. 호서사림계 인물의 배향 시점에 시간적 의미를 두려는 것이다표 참고. 다음으로 필자는 학연 관계망의 확장을 주목하는 입장에서 '배향 인물이 누구인가'에 관심을 갖고 '지역적 스케일에서 왜 그곳인가?'를 설명하려고 한다. 따라서 김장생이 자신의 스승인 이이를 배향했다

호서사림계 인물이 배향된 서원과 배향 시기

호서사림계 인물의 배향 시점 및 서원	배향 인물	추향 인물	창건	창건시 배향인물	참고 사항
1662, 연기 봉암서원	김장생	송준길(1686), 송시열(1721)	1651	한충	
1664, 영동 송계서원	조위,김시창, 박영,박응훈	남지언,박유동(1707)	앞과 같음	앞과 같음	송시열: 봉안문 작성
1666, 괴산 구암서원	이준경 주향(主享)		1613	서사원,박지호 이득윤	송시열: 위차 조정
1670, 영동 화암서원	장항,장숙무, 박인	박흥생,장지현(1697)	앞과 같음	앞과 같음	송시열: 창건 허락, 봉안문 작성
1675, 논산 노강서원	윤황, 윤문거, 윤선거, 윤증		앞과 같음	앞과 같음	
1676, 홍주 노은서원	박팽년,성삼문	이계, 유성원, 하위지 유응부(1685)	앞과 같음	앞과 같음	송준길: 건립 주동
1687, 임천 칠산서원	유계		앞과 같음	앞과 같음	윤증: 상량문 찬(撰)함
1693, 부여 봉호서원	윤문거		앞과 같음	앞과 같음	송시열: 건립 발의
1694, 옥천 창주서원	김집,송시열, 송준길		1608	조헌	조헌: 배향시 임진왜란 순절자임이 중시
1695, 문의 노봉서원	송시열		1615	송인수,정염	
1695, 보은 상현서원	조헌,송시열		1549	김정,성혼	호서지방 최초 서원
1695, 영동 초강서원	송시열, 송방조, 윤황, 송시영		1611	김자수,박연, 박사종	
1695, 청주 검담서원	송준길		앞과 같음	앞과 같음	
1695, 충주 누암서원	송시열, 민정중		앞과 같음	앞과 같음	충주: 민정중 가향(家鄉)
1695, 회덕 숭현서원	김장생,송준길,송시열		1592	정광필,김정, 송인수	
1696, 괴산 화양서원	송시열		앞과 같음	앞과 같음	임금 필체 사액(御筆賜額)
1699, 연산 휴정서원	류무, 류문원, 이항길 김정망, 권수		앞과 같음	앞과 같음	김장생 문인
1710, 청산 덕봉서원	조헌,송시열		앞과 같음	앞과 같음	
1713, 공주 충현서원	김장생, 송준길, 송시열, 조헌		1581	주자, 이존오, 이목,성제원	
1715, 금산 용강서원	송준길, 송시열, 유계		앞과 같음	앞과 같음	금산: 유계 거주지
1717, 황간 한천서원	송시열		앞과 같음	앞과 같음	황간: 송시열의 만거 지(晩居地), 강학 장소
1715, 제천 황강서원	권상하		앞과 같음	앞과 같음	제천: 청풍은 권상하 가향, 송시열의 적전

* 자료 출처 : 《열읍원우사적(列邑院宇事蹟)》〈충청도(忠淸道)〉;《동국원우록(東國院宇錄)》;《조두록(俎豆錄)》(이상 민창문화사 영인본).

는 점에서 죽림서원의 상징적 의미가 있고, 건립된 장소가 김장생이 제자를 양성하던 연산의 강경 지방이었다는 점에서 지리적 의미를 부여할 수 있다.

죽림서원에 이어 학연 계보를 반영하는 두 번째 서원은 김장생을 배향한 돈암서원이다. 김장생은 연산 지방이 거주지이자 강학 장소였으므로 그를 배향한 돈암서원은 배향 인물의 측면에서 호서출신 인물을 모시는, 호서 지방에 연원을 둔 최초의 서원이다. 돈암서원은 김장생이 타계한 뒤 3년상을 마침과 동시에 송시열, 송준길 등 그의 제자들에 의해 1634년 건립되었다. 죽림서원과 마찬가지로 김장생의 강학 장소인 연산 지방에 세워졌고 특별히 제자들의 의도로 그의 거주지에 건립되었다. 김장생의 제자들에게는 타지방 출신의 율곡 이이에게서 계보를 찾는 것보다는 이 지방에서 활동했고 자신들을 직접 가르쳤던 김장생이 보다 큰 계보적 의미가 있었을 것이다. 따라서 돈암서원은 호서사림파의 실질적 기원지로서 이 후에 건립되는 서원들의 계보적 성향에 큰 영향을 미치게 된다.

돈암서원이 건립된 1634년이후 김장생과 김집은 호서지방의 각 지방에서 연이어 서원에 배향되었다. 1662년 연기의 봉암서원[27]을 시작으로 1694년에는 옥천의 창주서원,[28] 1695년 회덕의 숭현서원,[29] 1713년 공주의 충현서원[30]에 각각 배향되었다. 그러나 이들 서원은 새로이 창건된 것이 아니었다. 김장생, 김집 부자를 배향하기 이전부터 존재했던 호서 지방의 대표적 서원들이었다. 이들 서원은 김장생과 김집을 추향함으로써 호서사림계 서원으로 그 성격을 탈바꿈하거나 강화하게 된다. 특히 이들 서원이 입지해 있는 군현들은 한결같이 연산에 인접해 있으면서 연산 지방을 둘러싸고 있는 분포 패턴을 보인다. 따라서 돈암서원과 김장생·김집으로 상징되는 학연상의 영역성이 이들 서원을 매개로 연산 주변지역을 향해 확대되었을 것으로 해석할 수 있다. 또 한 가지 특징은 김장생이나 김집이 일단 배향된 서원에서는 동시 혹은 추후에 그들의 적전인 송시열이나 송준길이 배향되고 있다는 점이다. 이 점은 영역성의 재생산이 지속되었음을 보여주는 단서이기도 하다.

송시열은 회덕, 옥천, 영동 등지에 우거하면서 이 일대 서원의 제향 인물 선정에 관여하였다. 원래 송시열의 가계는 은진송씨 본거지인 회덕에서 나왔는데, 그의 아버지 송갑조는 충북 옥천에 세거하던 선산곽씨善山郭氏와 혼인한 후 임진왜란을 당하여 처가를 연고로 옥천 이원의 구룡촌九龍村[31]에 거주하기 시작하였다.[32] 그 후 구룡촌에서 태어난 송시열1607-1689은 회덕의 송이창·송준길 부자와 알게 되면서 회덕으로 이거하게 되었고, 다시 연산의 김장생·김집 부자를 스승으로 섬기게 되었다.[33] 김집이 타계한 1656년 이후에는 송준길과 함께 호서사림파의 종장宗匠이 되어 연산·회덕권의 지역사회에서 가장 영향력 있는 스승이 된다. 그는 1633년 생원시에 1등으로 합격하였고 중앙 정계에 진출하였지만, 1659년 제1차 예송논쟁[34] 때 낙향한 것을 시작으로 17세기 후반의 상당 기간을 연산, 회덕, 옥천, 영동, 청주 등에서 은거하였다. 이 시기동안 그는 지방 유생에 대한 강학 활동, 서원의 건립, 서원 배향 인물의 위차位次 변경 등에 관여하게 되는 것이다.

1664년에는 영동 송계서원의 봉안문을 작성하였고,[35] 1666년에는 괴산의 청안 구암서원의 위차를 조정하였다.[36] 1670년에는 영동 화암서원의 창건을 허락하며 봉안문을 작성하였고,[37] 1681년에는 부여 봉호서원의 창건을 발의하여 지방 사림들에 의해 1693년에 건립될 수 있었다.[38] 이들 서원에 제향되었던 인물을 호서사림이라 단정할 수는 없지만 적어도 송시열은 배향인물의 선정과 위차 조정, 창건 등에 관여함으로써, 김장생으로부터 이어져온 수제자로서의 영향력을 행사하고 학연적 성향을 이식할 수 있었다. 이 같은 사실은 그가 죽은 후 호서지방 각 군현의 서원에서 송시열 본인과 그의 스승, 붕우, 문하생들이 광범위하게 배향되었다는 점을 보더라도 입증된다.

김장생의 문하생으로서 송시열과 동문수학한 윤문거, 윤선거가 1675년 노성의 노강서원에, 유계가 1687년 부여 임천의 칠산서원에, 류무, 이항길, 김정망 등이 1699년 연산의 휴정서원에 각각 배향되었다. 이 세 서원은 앞의 서원들과 달리 새롭게 창건되면서 이들의 위패를 모신 것이다. 그리고 송시열 사후 그와 문하생들은 기존 서원들에서 대거 배향되었는데, 이는 생존시 그에 의해 확산된 학연적 성향 및 영향력의 공간적 범위를 그대로 반영하는 것이다. 1695년 문의의 노봉서원을 시작으로 같은 해에 보은의 상현서원, 영동의 초강서원, 청주의 검담서원에 각각 배향되었다. 이와 같은 기존 서원들 뿐만 아니라 새롭게 창건되는 서원에도 배향되었다. 1695년 충주의 누암서원, 1696년 괴산의 화양서원,[39] 1710년 옥천 청산의 덕봉서원, 1715년

금산의 용강서원, 1717년 영동 황간의 한천서원,[40] 1726년 제천의 황강서원 등은 모두 새롭게 창건되면서 송시열과 그의 문하생들을 배향하였다.

한편 호서사림을 주도했던 각 군현의 주요 종족집단들은 자신들의 근거지에 세워진 서원에 자신의 가문에서 배출된 유력한 인물들을 배향해 나갔다. 역으로 이러한 서원들에 배향된 인물을 지표로 하여 초창기 호서사림을 이끌었던 각 군현의 수위 종족집단들을 확인할 수 있다. 여기에 해당하는 서원들은 그 배향 인물의 성씨에만 주목할 경우 그것이 특정 종족집단에 국한된다는 점에서 일견 18세기 이후의 문중서원과 유사하게 인식될 수도 있으나 기실은 전혀 그렇지 않다. 배향된 문중 인물들은 호서 사림의 계보상에서 중요한 위치를 차지한 인물들로서 그 영향력이 컸고, 권력망에 있어서 특정 문중이나 종족집단에 국한된 인물이라고 단정할 수 없기 때문이다. 호서사림을 주도적으로 이끌었던 연산과 회덕 인근의 각 군현별 수위 종족집단들은 이

군현별 수위(首位) 성씨를 보여주는 초창기 서원들

창건 시점 및 서원	배향 인물	추향 인물	참고 사항
1692 연산 충곡서원	계백, 박팽년, 성삼문, 이계, 이성원, 하위지, 유응부, 김익겸		김익겸: 광산김씨로서 김장생의 손자. 강화도 순절자. 계백 · 사육신과 동등한 지위라 보기에 곤란함에도 동시 배향.
1692 회덕 정절서원	박팽년, 송유, 송갑조	김경여, 송상민 (1701)	은진송씨가 주요 인물과 동시 배향. 배향 명목은 향현(鄕賢).
1693 유성 도산서원	권득기, 권시		유성 탄방에 세거하던 안동권씨 부자. 권시: 송시열과 사돈사이.
1699 전의 뇌암서원	이상		전의이씨로서 송시열 문인. 전의: 전의이씨의 본관이자 근거지.
1701 청주 국계서원	박증영, 변경복, 이덕수, 이수언		박증영: 말양박씨로서 박훈의 부. 변경복: 초계변씨, 청주에 세거. 이덕수 · 이수언: 한산이씨, 송시열 문인.
1702 연산 구산서원	윤원거	윤전, 윤순거(1710)	연산에 인접한 니산은 파평윤씨 세거지.
1718 회덕 미호서원	송규렴		회덕: 은진송씨 근거지.
1719 부여 부산서원	김집, 이경여		이경여: 전주이씨로서 부여에 거주.

* 자료 출처: 『열읍원우사적(列邑院宇事蹟)』 「충청도(忠淸道)」; 『동국원우록(東國院宇錄)』; 『조두록(俎豆錄)』 이상 민창문화사 영인본.

미 혈연과 지연망에 있어서 각 군현 단위의 향권을 장악하고 있던 존재였다. 이를 바탕으로 그들은 자연스럽게 학연 계보망에 있어서도 중요한 위치를 차지하는 인물을 다수 배출하였던 것이고, 이 과정을 볼 때 주요 인물들은 '종족집단내' 인물로서가 아니라 '호서사림내' 인물로서 평가될 수 있다. 따라서 지방별 수위종족집단 출신 인물들을 배향하고 있는 초창기 서원들을 18세기 이후의 문중서원[41]과 동일시 할 수 없는 것이다.

1692년 광산김씨의 연산 충곡서원, 1692년 은진송씨의 회덕 정절서원, 1693년 안동권씨의 유성현재의 대전시 서구 도산서원, 1699년 전의이씨의 전의 뇌암서원, 1701년 밀양박씨·초계변씨·한산이씨의 합동으로 세워진 청주 국계서원, 1702년 파평윤씨의 연산 구산서원, 1718년 은진송씨의 회덕 미호서원, 1719년 전주이씨의 부여 부산서원 등이 그것이다. 이들 서원에 봉안된 문중 인물들은 함께 배향된 다른 인물들에 비해 학덕이나 지위가 매우 낮은 것이 일반적이다. 따라서 이것에는 함께 배향되는 여타 인물들의 학덕과 지위를 활용하여 자신들의 그것을 상대적으로 높이려는 의도가 내재해 있는 것으로 이해할 수 있다.

요컨대 서원을 매개로 한 학연 관계망 및 영역성의 확대 재생산의 메카니즘은 크게 세가지 차원에서 진행되었음을 알 수 있었다. 첫째, 학연 관계망의 핵심지인 연산 지방을 중심으로 그 주변으로 확대되는 차원, 둘째, 송시열과 그 문하생들에 의해서 그들의 강학 장소나 거주지 등 활동 무대를 중심으로 확대되는 차원, 그리고 셋째, 호서사림을 이루고 있던 주요 종족집단에 의해서 자신들의 토착지역 즉 근거지를 중심으로 확대되는 차원이 그것이다. 이들 세 차원은 출발 시점에 있어서 시기가 다소 다른데, 앞의 두 차원은 17세기 중반부터, 그리고 세 번째 차원은 17세기 말부터 본격적으로 진행되었다. 그리고 18세기부터는 세 개의 차원이 동시다발적으로 진행되고 있다. 이 점에서 17, 18세기 이후 문중서원의 출현을 전국적인 대세였을 것으로 보는 기존의 일반적 견해는 좀더 지역적인 차원에서 조심스럽게 판단할 필요가 있다. 학연 관계망의 확대 방식에 있어서 특이한 점은 배향 인물선정이나 위차 변경, 추향 등을 통해서 기존의 서원을 최대한 활용하는 방법과 새롭게 창건하는 방법을 동시에 진행시켰다는 사실이다. 그리하여 서원이라는 상징경관을 활용하여 전개된 영역성의 확대과정은 전술한 세 가지 확대 차원과 기존 서원의 활용 및 신규 창설 방식이 서로 조합적으로 얽히면서 이루어진 것으로 보아야 한다.

영역의 내부 충전과
경계지대의 정치·생태학

영역의 내부 충전

이와 같이 한편에서는 학연 관계망의 확대에 의해 영역성의 수평적 확대가 이루어
지고 있는 동안, 다른 한편에서는 주요 종족집단의 근거지를 중심으로 통혼과 거주
지 이동에 의해 영역의 내부 충전이 진행되었다. 회덕·연산권이라는 지역사회를 구
성했던 여러 종족집단 중에서도 광산김씨와 은진송씨는 가장 넓은 사회관계망을 갖
고 있었기 때문에 그 만큼 여타 종족집단과 통혼할 기회가 많았다. 그리하여 타지역
의 많은 종족집단들이 주로 이 두 종족집단을 매개로 이 지역사회에 이주해 오는 사
례가 다수 확인된다. 가령 은진송씨와의 직접적 통혼 혹은 은진송씨 관련 종족집단
과의 통혼에 의해 입향한 종족집단들을 열거해보면 대략 아래와 같다.

송시열이 지은 회덕향약[42] 서문에 의하면 17세기 중후반 회덕에는 은진송씨가 가
장 많은 인구를 차지하고 있었고 다음으로 진주강씨가 많았다.[43] 진주강씨의 회덕 입
향조는 강문한[1464-1547]이고 입향 시기는 16세기 초반으로서, 그는 진주강씨 은열공
파의 파시조인 강민첨의 10대손이다. 강문한의 부父 강자위와 할머니 박씨부인의 묘

소가 온양 남면 서봉에 있는 것으로 보아 회덕으로 이주하기 이전에는 충청도 온양에 거주했을 가능성이 크다. 강문한의 처는 광산김씨인데 그는 은진송씨와 통혼하여 이미 정주지를 확보했던 처향을 연고로 삼아 이주해 온 것이다. 그리하여 광산김씨 정주지였던 전민동 일대에 거주 공간을 확보한 후 오늘날까지 신탄진과 석봉 등 회덕

진주姜씨의 회덕 입향

1세	민첨(民瞻, 963-?, 병부상서)
	⋮
11세	*문한[1464-1547, = ●(광산김씨, 부(父는 생원 숙준), ★회덕 입향조(온양에서)]
12세	림(1482-1519, 왕자의 스승) ― 선 ― 린 ― 근 …
	╱문의[현도] 거주로 추정
13세	구상[1505-1582, 조선 중종조에 회덕 은거, = ●(보성오씨)]
14세	잠 ― 부 ― 균 ― 절 ― 뢰(덕봉공, 덕봉공파 파시조, ★공주 신풍 입향조)
	↓ └. 후손들이 공주 신풍면 일대에 거주
	후손들이 회덕 일원에 거주

'*'는 본문 중에서 언급된 인물임; '★'는 각 지방 입향조.
* 출처: 『진주강씨(晉州姜氏) 덕봉공파보(德峰公派譜)』

반남박씨의 회덕 입향

1세		응주(應珠, 고려 호장)
		⋮
9세	증조부요년(8세)	주 (1457-1532, 묘:진천 이월) = ●청주한씨
11세	조부여림	*세형(묘:회덕, ★회덕 입향조) = ●진주강씨 · ●안동권씨
	⋮	처향 연고
12세	(은진송씨)● = 관(부호군)	
13세		흥남(묘:회덕,=●동래정씨) ― 형남(1562-1614)
		⋮ ⋮

'*'는 본문 중에서 언급된 인물임; '★'는 회덕 지방 입향조.
* 출처: 『반남박씨(潘南朴氏) 대동보(大同譜)』

지방 북부에 거주해오고 있다.

진주강씨 외에도 은진송씨와 통혼함으로써 처향을 연고로 회덕에 정착한 대표적 종족집단으로 원주변씨, 경주김씨 등이 있다. 원주변씨는 부마공파의 변견이라는 인물이 15세기 후반 처향을 따라 회덕에 입향하였다. 경주김씨는 16세기 후반 계림군파의 김광유라는 인물이 은진송씨를 배필로 맞이하면서 은진송씨 정주지였던 송촌 인근에 거주하기 시작하였다. 16세기 초반에는 청주한씨가 회덕에 입향하는데,

연산서씨의 회덕 입향

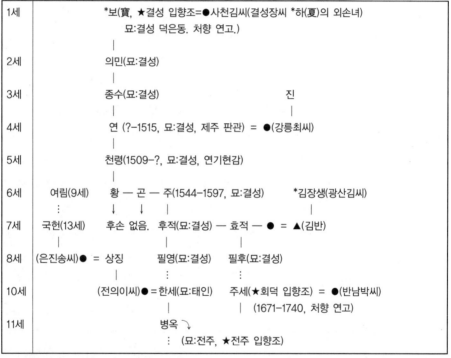

'＊'는 본문 중에서 언급된 인물임; '★'는 각 지방의 입향조. – 참고: 연산서씨세보(1832, 국립중앙도서관소장본)와 연산서씨무장공ㆍ사평공파보(1970, 서강대 로욜라도서관 소장본)를 비교할 때, 전자는 서보를 1세로 삼은 반면 후자는 서의민(徐義敏)을 1세로 설정하고 있다. 여기서는 1832년 간행본에 의거해서 세대수를 산정한 후, 묘소 분포나 관직, 거주지에 관한 내용은 양자를 함께 참고하여 추출하였다. 10세(世) 한세는 규세의 동생이고, 이들의 아버지는 익, 조부는 필영이다. 한세의 후손들은 태인과 전주로 이주하였지만, 그의 형제들인 규세, 경세, 간세의 후손들은 결성을 비롯한 홍성, 보령 일대에 잔류하였다. 이들 중에는 제4남인 간세가 가장 현달하여 무과를 거쳐 전라수사 동중추부총관[종2품]을 역임하였고, 이로 인해 아버지는 병조참판, 조부 필영 및 증조부 후적은 좌승지, 고조부 주는 병조참판으로 각각 증직이 이루어졌다.

＊ 출처: 연산서씨세보(連山徐氏世譜), 1832년; 연산서씨무장공ㆍ사평공파보(連山徐氏茂長公ㆍ司評公派譜, 1970년)

입향조는 장도공파의 한수성이라는 인물로 이전에 은진송씨와의 통혼 관계에 의해 들어온 진주강씨를 배필로 맞음으로써 현재의 대전 대덕구 중리동에 정착하였다. 비슷한 시기에 반남박씨의 박세형이라는 인물도 진주강씨를 따라 처향인 회덕에 입향하였다. 17세기 말에는 연산서씨가 이전에 정착한 반남박씨와 혼인하여 역시 처향인 회덕에 거주하게 되었다. 이와 같은 일련의 성씨들은 모두 은진송씨와의 직·간접적 통혼 관계를 맺으며 정주지를 확보한 사례로서, 은진송씨 중심의 사회관계망을 드러내고 있고 지역사회 영역성을 사회적, 물리적 측면에서 충전시켜 나갔음을 보여준다.

이상에서 살펴본 바와 같이 거주 공간의 충전과정은 주로 통혼 관계에 의해 진전되었는데, 은진송씨와의 직접 통혼에 의해 입향한 종족집단은 은진송씨 근거지인 회덕을 중심으로 정착하였고, 진주강씨와의 관계를 통해 정착한 경우는 회덕의 북부인 신탄진이나 구즉 일대에 거주하는 패턴을 보인다. 다시 말해서, 혈연 관계를 통해 입향한 경우는 그들과 통혼한 종족집단의 거주지에 인접해서 정착해가는 패턴이었다. 『회덕향약』「회덕향안서문懷德鄕案序文」중에 "남송북강지칭南宋北姜之稱"이라는 표현은 위와 같은 맥락을 반영하는 문구인 것이다. 통혼 관계뿐만 아니라 지연 관계를 연고로 회덕에 정착한 경우도 있다. 회덕향안에 의하면 광산김씨와 여흥민씨는 회덕에 선조의 묘소가 있어서 이 지방에 정착하였다고 기록되어 있다.[44]

은진송씨는 17세기에 이르러 회덕향약을 구상했다. 아마도 자신들과의 관계 속에서 회덕에 입향했던 여러 종족집단들 간의 관계에 질서를 부여함과 동시에 은진송씨 중심의 향촌 지배력을 강화하려는 의도가 있었을 것이다. 현재 전하는 회덕향약은 1672년현종 13년에 작성된 것으로서 서문을 은진송씨의 송시열이 짓고 글씨는 송준길이 썼다. 이 서문에서 송시열은 "내가 생각컨데, 호서지방에는 옛날부터 3대 종족宗族이 있었는 바 연산의 김씨, 니산의 윤씨, 그리고 나머지 하나가 회덕의 우리 송씨이다"[45]라고 명시함으로써 회덕지방의 지배 성씨가 은진송씨임을 강조하면서 자신들의 지위를 연산 지방 및 니산 지방의 수위 종족집단인 광산김씨, 파평윤씨의 그것과 견주고 있다. 또한 "김씨, 윤씨, 송씨는 비록 명칭은 다를지라도 혼인이 중첩되어 서로 시아버지, 사위, 고모, 이모가 되므로 기실은 일족一族과 같은 것이다"[46]라고 했다. 이

말은 지역사회의 공간 규모를 지역적 스케일regional scale에서 인식하고 이 스케일에서 자신들의 사회적 지위를 규정함으로써 은진송씨가 소규모local scale 향촌사회 종족의 지위를 훨씬 능가하고 있음을 강조한 것이다.

회덕향약의 회원 명단을 살펴보면 은진송씨 종족집단 내에서도 사회적 지위에 있어서 계층분화가 나타났다.[47] 회원 명단에는 회덕향약의 발기자인 우암 송시열, 동춘당 송준길, 그리고 제월당 송규렴 및 이들과 근친 관계에 있는 사람들이 모두 기입되면서 주류를 이루었다. 중요한 것은 발기 주도자였던 송시열, 송준길, 송규렴을 중심으로 혈연 계보가 연속적으로 등록되어 있다는 점이다. 그 만큼 종족집단 내에서 강력한 세력권을 형성하였음을 반영한다. 특히 송시열 계파의 경우 계보의 연속성이 가장 커서 수직적 계보에 있어서는 증조부로부터 송시열의 아들 대에까지, 그리고 횡적 계보에 있어서는 송시열 본인으로부터 형제 및 증조부의 동생 및 4촌에 이르기까지 걸쳐있다. 송준길의 권유로 상대적으로 뒤늦게 옥천에서 회덕에 정착한 송시열이 1672년 즈음에는 회덕의 은진송씨 중에서도 가장 큰 권력 집단으로 성장했음을 알 수 있다.

또한 유림의 대표자로 향원을 규찰하고 안정되게 하는 임무를 수행하는 유향공사원儒鄕公事員이라는 지위가 있었는데, 이 지위에 올랐던 인물들을 시대별로 관찰해 보면 은진송씨가 계층 분화 되어간 시간적 추이를 살필 수 있다. 회덕향약이 작성되던

회덕향약 회원 중 송시열, 송준길, 송규렴 계파 인물들

송시열 계파	송준길 계파	송규렴 계파	비 고
송구수(증조부)	송응상[종조(宗祖)]	송남수(증조부)	송시열: 송준길·송규렴
송인수(송귀수 동생)	송응서(조부)	송희원(조부)	과 13촌.
송기수(송귀수 4촌)	송이창(아버지)	송국전(아버지)	송준길-송규렴: 10촌 인척
송응기(조부)	송준길(본인)	송규렴(본인)	송규렴: 송준길의 문인
송갑조(아버지)	송광식(아들)	송규연(형)	
송시열(본인)		송규락(형)	
송시묵(형)			
송시걸(동생)			
송시도(동생)			
송기태(아들)			

유향공사원의 명단과 출신 계파

대수	성 명	생존 연대	출신 계파
1	송 문 상	1688 - 1754	우암 송시열의 4세손
2	송 환 길	1744 - 1809	〃 5세손
3	송 익 정	1741 - 1816	제월당 송규렴의 4세손
4	송 명 규	1781 - 1843	우암 송시열의 6세손
5	송 일 효	1778 - 1854	제월당 송규렴의 4세손
6	송 일 성	1797 - 1869	〃 5세손
7	송 규 인	1823 - 1894	〃 〃

* 출처: 이정우(1996: 197)가 정리한 것을 수정·인용한 것임.

1672년부터 향권을 장악했던 송시열 계파는 최소한 18세기 후반까지 이 자리를 차지했다. 그리고 송규렴 계파의 후손들이 18세기 후반부터 세력을 나타내기 시작하여 19세기 이후에는 향촌 권력을 주도했던 것으로 생각된다. 이에 비해 송준길 계파는 한 명도 등록되지 않고 있음을 보아 앞의 두 계파에 비해 상대적으로 세력이 약하였음을 암시한다. 종족집단 내에서의 이 같은 사회 계층 분화는 계층별 거주지 분화에도 영향을 미쳤을 것이라 추정된다.[48]

「회덕향안서문」에 이어 은진송씨 송규렴이 지은 「향약서鄕約序」에는 "지방에 향약이 있다는 것은 국가에 教가 있는 것과 같아서 '教'를 통해서 한 국가가 '化'하게 되는 것처럼 '향약鄕約'을 통해서 한 지방이 '바르게[正]' 된다. 생각컨데, 우리 회천[회덕] 일읍은 '예의의 고장'이라고 칭할 수 있다."[49]라고 했다. 다시 말해서 국가의 교화 정책에 비유하면서 회덕의 사회를 '바르게' 질서지우고자 향약을 만들었다고 하고 있으며, 예로부터 회덕이 예의 바른 지방이었음을 강조하는 것이다. 이러한 담론의 생산과 그것의 정상화를 통해 잠재적으로 종족간 위계 질서의 확립을 기도하고 있다. 일련의 담론들은 결국 여러 성씨가 군집하게 된 17세기 회덕 지방의 시·공간 상황에서 자신들의 입지를 공고히 하려는 목적을 지향하는 것이라 보인다. 그리고 지역적 스케일에서의 지역사회 구축을 견지하면서도 안으로 회덕의 내재적 사회질서 확립을 고민하는 것이 동시에 가능했던 것은, 중앙과 정치적 연계성을 가지면서도 지역적 활동 범위를 갖고 있었던 송시열 및 송준길 같은 인물이 있었기 때문이다.

이렇게 향약을 통하여 사회적 위계 질서를 확립하려는 행위는 성리학적 사회 구현이라는 주자朱子의 사상에 기반을 둔 것이다. 지배 종족집단들은 각종 '경관 만들기'와 '지명 부여' 사업을 통하여 주자의 공간, 즉 유교적 공간 세계를 재현하려고 했다. 특히 중국 대륙에서 명明의 멸망과 더불어 성리학적 정통성이 조선으로 이어졌다는 소위 '소중화사상'을 배경으로 하여, 각 처에 누정을 짓고 주자가 행했던 방식대로 고전古典에서 따온 이름을 기기에 부여했다. 그리하여 기존의 지명을 새롭게 바꾸거나 의미 부여하는 사업들이 가속화될 수 있었다.

그러한 행위를 통해서 그 장소가 바로 '중화中華'가 된다고 보았기 때문이다. '중화라는 공간'을 절대적 개념으로 보지 않고 오랑캐 지역도 중화로 '만들어 낼 수 있다'는 상대적 공간관을 갖고 있었던 것이다. 그 '만들어 내기 위한' 수단이 사회적으로는 향약을 통한 위계적 사회 질서의 구현이고, 공간적으로는 성리학적 경관과 지명의 각인을 통한 '유교적 장소들의 재현'이었다. 그리고 주희朱熹가 주자朱子로 불림으로써 한 때 남이南夷 오랑캐로 여겨지던 주자의 태생지[七閩, 중국 남부 복건성 일대가 '하夏'[중화中華]로 인식 전환된 것처럼, 송시열이 송자宋子로 불리게 됨으로써 그의 거주 공간 역시 '하夏'가 되고 동이東夷[조선朝鮮]는 '중화中華'가 되는 것이며, 여기에서 모든 재현representation을 위한 사업project이 일단락 지어진 것이라 해석할 수 있다.

경계지대의 정치 · 생태학

지역사회의 영역성을 측정하는 지표는 다양하게 설정될 수 있다. 필자는 정주 공간의 확보과정에서 드러나는 종족집단간 거주지 이동의 연동성, 혈연 및 지연 관계를 표상하는 다양한 경관과 담론, 학연과 권력 관계를 내포하는 사회관계망이 지역사회의 영역성을 포착하는 중요한 지표가 될 수 있다고 본다. 여기에 제시한 이들 세 지표의 순서는 구체적인 것으로부터 추상성이 높은 순으로 언급한 것이다. 따라서 이 중 학연 관계망으로 대변될 수 있는 세 번째 지표는 가장 추상적인 수준에서 지역사회의 최대 범위를 포착하는 준거가 될 수 있다. 국지적 공간 단위에 국한되어 존재했던 수위 종족집단들로 하여금 지역적 규모에서의 상호 교통을 가능케 한 것이 학연 관계망이었다는 전제 하에, 이러한 학연 관계망의 범위를 살펴봄으로써 전체 지역사회의 공간적 범위를 파악하려는 것이다. 이 때 학연 관계망을 상징하는 대표적 경관이 바로 서원이고, 서원은 어떤 한 지점만을 점유하는 것이 아니라 일정한 범위의 면적面的 영역성을 갖고 있는 상징경관이다. 따라서 호서사림 계열의 서원이 분포하는 지역 범위 및 그 분포 패턴의 변화 추이를 통해서 국지적 향촌사회의 연합체로서의 전체 지역사회의 영역을 동적으로 확인할 수 있을 것이다.

먼저 지역사회 영역의 핵심지역을 알아보기로 한다. 영역의 핵심지역은 주요 중핵 종족집단을 배향하고 있는 초창기 유림서원儒林書院[50]이 어느 장소에 입지하고 있는가를 통해서 확인할 수 있다. 이 때 주의할 점은 이들 유림서원의 분포를 분석할 때 배향인물이 학문계보상 분명한 호서사림계라는 학연 성향을 보이는 경우에 국한시켜야 한다는 점이다. 이 분석의 거시적 틀은 학연 관계망의 확대라는 측면에서 지역적 영역성에 접근하고 있기 때문이다. 제시된 지도는 호서사림계 학연 관계망을 구성하고 있는 주요 종족집단의 근거지를 반영하고 있다. 호서사림의 계보 기원인 광산김씨와 그 정통성을 계승한 은진송씨의 근거지에 이들 종족집단의 인물을 배향한 유림서원이 다수 분포하고 있음을 볼 수 있다. 시기를 구분해서 보면 17세기 말까지는 연산과 회덕에 집중 분포하면서 전의이씨의 근거지인 전의가 추가되는 패턴이다. 18세기 이후에는 기존의 분포지에 국지적으로 내적 충전이 이루어지는 한편, 부여와 청주 지방으로 분포 면적이 확대되고 있다. 따라서 18세기 전반기의 시점에서 지역사회 영역의 핵심부는 연산과 회덕을 중심으로 부여, 전의, 청주 등의 주변 지역을 포함하는 범위였을 것으로 추정할 수 있다.

지역사회 영역의 공간적 확대과정을 추적하기 위해서는 호서사림계 서원의 분포를 전체적으로 살펴보아야 한다. 중핵 종족집단의 인물을 배향하고 있는 초창기 호서사림계 서원의 분포 지역을 핵심부로 간주할 경우 서원의 분포 확산에 의해 17세기 말까지의 영역성 확대는 핵심부 북동부의 청주, 괴산, 충주 지방과, 남동부의 보은, 옥천, 영동 지방, 그리고 서남부의 부여 등지에서 진행되었다. 이러한 범위는 17세기 말 당시의 지역사회 영역성의 공간적 범위를 보여주는 것이다. 그리고 18세기에 이르면 북동부의 제천 지방, 남동부의 옥천 동단과 영동 남단, 남부의 금산, 서부의 공주 지방을 향하여 새롭게 확대되었음을 보여준다.

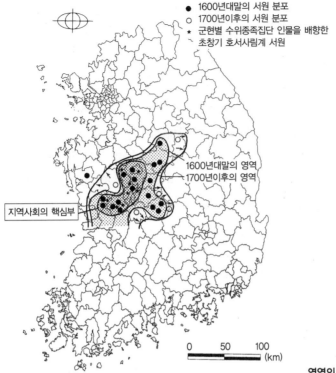

- ● 1600년대말의 서원 분포
- ○ 1700년이후의 서원 분포
- ★ 군현별 수위종족집단 인물을 배향한
- 　 초창기 호서사림계 서원

1600년대말의 영역
1700년이후의 영역

지역사회의 핵심부

0　　50　　100
　　　　　　(km)

영역의 핵심부와 영역성 확대 과정

　특기할 것은 물리적 거리가 근접함에도 불구하고 영역 확대가 지체된 지역이 있다는 사실인데 공주를 포함한 충청도 서북부 지방과 북부의 진천 및 음성 지방이 그곳이다. 옥천과 영동 지방은 송시열의 출생지이고, 더욱이 그가 만년에 거주하면서 강학 활동을 행한 지역임에 비해서 서원의 빈도가 상대적으로 적고 서원의 건립시기도 다소 늦은 경향이 있다. 그 배경을 이해하기 위해서 여기서는 호서사림과 대립 관계에 있었던 학연 관계망, 즉 영남사림계 서원의 분포 및 17세기 말부터 호서사림계와 갈등하며 갈라져 나간 소론계 서원의 분포를 확인해 보았다. 서원 분포를 확인한 지역은 기존의 지역사회 영역에 인접한 군현을 대상으로 했다.

　그 결과 충남 서북부의 경우 서부는 소론계 서원이, 북부의 아산과 천안은 영남사림계 서원이 지배적이었다. 호서지방에 인접한 영남의 군들에서는 영남사림계 서원

일색인 것으로 나타났다. 뿐만 아니라 영남사림계 서원은 충청도 북부의 단양, 제천, 충주, 음성과, 남부의 옥천과 금산 지방에도 침입하여 있었다. 이 같은 경계지대가 형성된 배경에 대해서는 북부의 진천 지방을 제외하면[51] 대부분 각 지역의 생태적 환경을 확인함으로써 이해할 수 있다.

먼저 거시적인 스케일에서 보면 지역사회의 영역이 갖는 형태는 금강 수계상의 유역 분지를 반영하며 동북–서남 방향의 타원형을 보이고 있다. 금강 본류 및 그것의 대지류인 미호천 유역이 거의 포함되는 형태이다. 그 경계지대를 부분별로 살펴보면 서북부와 북동부 경계지대는 자연지리적 분수계를 따라서 기본적 경계가 형성되어 있으면서 약간의 변형이 가해진 형태이다. 서북부 지방은 소위 내포지방으로서 경계

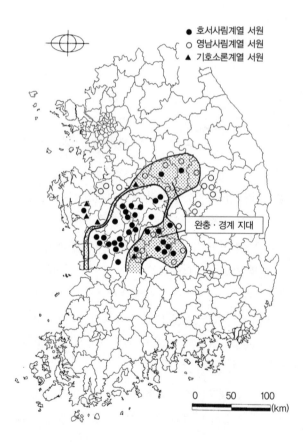

지역사회 영역의 완충 · 경계지대

지대가 대략 차령산맥을 분수계로 하여 이어지고 있다. 그리하여 차령 이북의 천안, 아산, 예산 등으로는 호서사림계 서원이 확산되지 못하고 있다. 더구나 이 지역은 중앙 정계의 권력관계에서 상대적으로 밀려난 관료층이 거주하던 곳으로서임병조, 2000: 83, 조선후기 이래로 정쟁에서 상대적 열세에 있었던 기호 소론계 및 영남사림계 유생들이 주로 거주하던 공간이었다.

북동부 지역의 경우, 괴산으로부터 음성 지역을 향해서 남한강 수계와 금강 수계의 분수계가 있는 지역이다. 원래 이곳은 영남사림계 서원이 지배적이던 공간이었다. 한 예로 남한강 수계에 입지한 괴산 칠성면의 화암서원은 퇴계 이황을 배향하고 있는 영남사림계 서원이다. 이외에도 북부지방의 충주는 통일신라 이후 가야국 사람 우륵을 비롯해 영남지방으로부터 이주민이 많았던 역사를 갖고 있다. 또한 조선시기 당시 영남로 상에 위치한 주요 도시로서 남한강 수운-문경새재-낙동강 수운으로 이어져 사회, 경제적으로 영남지방과 긴밀하게 기능했던 지역이기도 하다. 제천과 단양 역시 영남지방과 접경하는 지대로서 죽령을 통해 영남 북부 지방과의 왕래가 용이한 곳이었다.

조선시기동안 영남지방의 유생들은 과거시험을 목적으로 이곳을 경유하여 한양에 당도하는 것이 일반적 노선이었기 때문에, 충주, 제천, 단양 지방과 관직, 이주, 은거 등 각종 연고를 가진 경우가 많았다. 영남 사림의 종장인 퇴계 이황의 경우도 단양군수를 역임하면서 이 지방에서 강학활동을 한 바 있으며, 영남 사림의 대표적 인물인 정구는 남명 조식의 수제자로서 충주부사를 역임했고 음성지방에 왕래하며 직접 백운서당[52]을 건립하기까지 하였다. 이러한 점들을 살펴볼 때 충북의 북부지방은 이미 조선시기 이전부터 영남사림파 계열의 인물을 제향하는 서원이 입지할 수 있었던 사회, 정치적 배경이 마련되어 있었던 것 같다.

그렇지만 17세기 후반 이후에는 금강 분수계 너머의 북쪽을 향해 호서사림계 서원이 확산되어 나타난다. 이것이 가능했던 가장 큰 이유는 송시열의 적전嫡傳인 권상하를 포함하여 민정중, 정호 등의 유력한 제자들이 충주, 제천 등 이 지방 출신이거나 그곳에 거주했었다는 사실[53]에서 찾을 수 있다. 그러나 충주지방의 유림들은 영남사림계의 영향을 많이 받았던 까닭에 충주 누암서원의 액호를 철거하는 등 이 일대에서는 영남사림과 호서사림 간의 갈등이 빈번하였다.[54] 서로 다른 문화권간의 경계지대에서 나타나는 영역의 침입과 방어과정의 한 표출에 비유될 수 있다.

남부의 옥천 지방에는 영남사림계 서원인 쌍봉서원이 있었고 이것이 임진란에 소실되자 1621년 삼계서원이라는 이름으로 다시 지어졌다.[55] 충청도의 옥천과 영동은 한 때 경상도의 경산부와 상주목의 행정관할 내에 속했던 지역으로서[56] 영남 지방과 정치, 행정적으로 긴밀했던 이력을 갖고 있다. 더구나 이 지방에 세워진 최초의 서원인 옥천의 쌍봉서원과 삼계서원에 배향된 전팽령이라는 인물은 영남사림파 계열의 인물로서 토착성씨인 옥천전씨沃川全氏가 영남사림파와 긴밀한 관계에 있었음을 말해준다. 옥천전씨는 전팽령1480-1560[57]을 비롯하여 전식1563-1642, 전극항1590-1636, 전익희1598-1659, 전명룡1606-1667[58] 등 사림파간 붕당이 형성되던 16세기를 전후로 배출된 주요 인물들이 대부분 영남사림의 문인이거나 친영남사림파 진영에 서 있었다. 옥천전씨의 경우에서 볼 수 있듯이, 이곳이 본관이면서 지역적 기반을 확고히 다지고 있던 토착성씨집단의 성리학적 계보가 친영남사림파 계열이었다는 점이 이 지방에 세워진 서원의 당색에 영향을 주었다고 볼 수 있겠다.

그러나 옥천 지방은 호서사림의 상징적 존재인 송시열의 출생지이면서 그의 외가인 선산곽씨가 세거하여 온 지역이고, 김장생과 함께 율곡 이이를 스승으로 섬긴 중봉 조헌의 거주지이기도 하다. 그리하여 16세기 이래 옥천 지방은 토착성씨인 옥천전씨가 영남사림파에 적극적으로 가담하는 형세로 영남사림계 성향이 지배적이었던 상태에서, 17세기 후반부터 은진송씨와 선산곽씨가 호서사림계의 입장에서 대응하던 지역이었다. 이러한 갈등 양상은 매우 심하여 서원의 배향 인물을 둘러싼 향전鄕戰이 나타나기도 하였고 위차 변경을 둘러싼 불화도 발생했다. 이러한 사론士論의 분열 사건은 몇 차례 중앙 조정에 보고될 정도로 심각한 각축이었다.[59]

이러한 대립 상황은 쉽게 종결되지 않았고 동일한 서원에 서로 다른 학맥의 인물이 동시에 배향되는 등[60] 다른 지방에서는 나타나지 않는 기이한 현상으로까지 표출되면서 18세기 이후의 향촌사회 분위기에 영향을 끼쳤다. 옥천 지방은 군의 면적이 충청도에서 가장 작은 곳임에도 불구하고 이렇게 서로 다른 학연망이 첨예하게 대립하며 공존하였던 곳이다. 그 이유는 토착종족집단과 유입종족집단의 학연망이 서로 달랐다는 점과 그 세력이 서로 대등했다는 점에서 찾을 수도 있지만, 옥천 지방 일대에서 나타나는 자연지리적, 생태적 환경 조건에서 기인하는 바가 크다.

한반도 전체 스케일에서 볼 때 충청도 옥천과 영동 일대는 태백산맥에서 갈라져 나온 소백 산맥이 동북-서남 방향을 향해 뻗어나가는 구간에 해당한다. 그 결과 소백산맥을 이루는 많은 산열山列들이 숱하게 지나는 가운데 지표상의 균열과 구조선을 따라 금강의 본류와 지류가 흐르면서 복잡한 하계망을 형성하고 있다. 그리하여 이 일대에는 구조선의 교차점이 다수 분포하고 있고, 이들을 중심으로 많은 군소 침식 분지들이 잘 발달할 수 있었다. 비록 소규모일지라도 각 분지는 산간계곡을 흐르는 하천의 충적작용으로 풍부한 영양염류를 지닌 비옥한 충적지를 구비할 수 있었고, 따라서 농업생산의 측면에서 상당히 자족적인 생산 기반을 갖추고 있는 것이 중요한 특징이다. 뿐만 아니라 옥천과 영동, 나아가 충청도 금산 일원을 포함하는 이 일대는 금강 상류 지역에 해당하는 곳이기 때문에 송시열의 구룡촌九龍村이나 조헌의 이지당二止堂 같은 장소가 말해주듯이 수려한 계수溪水와 수목이 어우러진 산간 계곡이 많아 조선시기 사족들의 심신수양과 강학의 공간으로서 큰 매력을 갖춘 지역이었다. 이러한 지형적, 생태적 환경으로 말미암아 일찍부터 옥천과 영동을 중심으로 한 이 일대는 많은 종족집단들이 선호하여 입향하였던 곳이고, 입향 배경이 무엇이었는지에 관계없이 전통적으로 다양한 종족집단들의 생활 근거지였던 공간이다.[61]

혈연관계와 생산적 기반의 결합이라는, 즉 사회생활이 하나의 지리적 단위 내에서 충족된다는 측면에서 이들 군소 분지 및 그 안의 작은 계거지에 대해서는 소위 '기초지역基礎地域'[62]이라는 개념을 적용할 수 있다. 사회생활의 기본 단위와 기초적 지형단위가 일치함을 말하려는 것이다. 이러한 기초지역이 이 지방에 있어서 주요 종족집단들에게 일상생활의 단위 지역이 된 것이다. 그리하여 작게는 각 자연 마을의 존재로부터 크게는 오늘날의 읍·면 행정구역의 구분에까지 영향을 미친 것이라 볼 수 있다.[63] 그 중 현재의 옥천읍이 자리한 옥천 분지가 가장 큰 규모일 뿐, 동이 분지, 이원 분지, 안남 분지, 군서 분지, 청산 분지, 영동 분지, 황간 분지 등은 그 규모가 더욱 작다. 그리고 이들 분지 안에는 더욱 작은 분지들이 하천 지류가 교차하는 부분을 중심으로 발달하고 있다. 이러한 군소 분지들에는 각각의 종족집단을 단위로 각기 나뉘어 웅거해 왔다. 가령 토성집단인 옥천전씨가 근거지로 삼은 곳은 옥천 분지와

옥천, 영동 일대의 생태적 환경과 지형 윤곽

① 안내분지 ② 안읍분지 ③ 청성분지 ④ 청산분지 ⑤ 군서분지
⑥ 이원분지 ⑦ 심천분지 ⑧ 황간분지 ⑨ 마전분지 ⑩ 개심분지
⑪ 양산분지 ⑫ 영동분지 ⑬ 제원분지 ⑭ 학산분지

동이 분지, 군서 분지, 황간 분지 등이고, 대표적인 유입성씨로서 선산곽씨는 이원분지에 세거하여 왔다. 송시열이 태어난 구룡촌이라는 마을도 외가인 선산곽씨의 세거지로서 이원 분지 내의 소규모 분지 중 하나이다.

이러한 소규모 분지들은 전통적으로 자족적 생활권을 형성케 한 생태적 환경 조건을 갖추고 있었기 때문에[64] 은거지나 유생들의 강학처로 적합하였다. 그 결과 다양한 학연 및 혈연의 종족집단들이 매력을 갖고 군집할 수 있는 배경이 되었고, 그 결과 이 지방은 조선시기의 일반적인 유배지나 도서벽지가 아니었음에도 불구하고 서로 다른 성향을 가진 많은 정치적 은둔자들이 선호하여 입향했던 지역이다. 정착 이후, 종족집단들 간의 그러한 다양한 정치적 성향들이 결코 통일되거나 상쇄되지는 않았던 것으로 생각된다. 오히려 군소 분지들로 인해 나누어진 자연지리적 단절성 때문에 정치·사회적 차별성이 강화되거나 지속하도록 영향을 미쳤을 것이다. 각 종족집단들은 자신들의 자족적 생활권의 단위였던 이들 군소 분지들에 각기 나뉘어 거주하였기 때문에 적어도 경제적인 면에서는 서로 의존할 이유가 없었을 것이고, 따라서 분지를 벗어나 상호 접촉할 가능성도 적었을 것이다.

그러나 서원이라는 경관이 등장하면서 상황이 달라졌다. 종족집단들은 서원을 장으로 하여 모여들었고, 그 안에서 각자의 서로 다른 학연 성향 때문에 갈등할 수 밖에 없었다. 옥천 지방의 경우 군의 면적이 작으면서도 학연 계보에 있어서 그렇게 구분되고 대립적인 상황이 지속되었던 데에는 이러한 생태적 환경이 작용했음에 틀림없다. 군소 분지 단위의 생태적 환경은 생활권의 수평적 통합을 저해하였을 것이기 때문이다. 이러한 생태적 환경은 영동이나 금산 지방 등 소백산맥의 산열들이 전개되는 충청도 남부 지방 일대에 있어서도 유사하게 나타난다. 특히 옥천 지방에 버금갈 만큼 호서사림계와 영남사림계, 그리고 심지어 소론계 서원까지 병존했던 영동, 금산 일대의 서원 분포와 이 지역사회의 성격 또한 이러한 생태적 환경과의 관계에서 이해할 수 있다.

5

맺는 말

14~19세기를 거치면서 한국의 종족집단은 사회 구성에서 중요한 단위였을 뿐만 아니라 지리적 사회 집단으로서 경관 생산과 영역성 창출을 비롯한 공간적 행위들의 주체였다. 특히 왕조변천기인 14세기를 전후하여 전국적으로 종족집단 근거지의 재편성이 이루어지면서 수많은 종족집단들이 다양한 사회적, 생태적 공간 속에서 제각기 지역화과정에 돌입하였다. 필자는 지역화과정에 관한 구체적 분석을 위해 조선시기 호서사림파의 형성을 주도하고 장기간 중앙 정치 권력에 깊히 개입해 있었던 두 종족집단과 그들의 근거지를 사례로 검토하였다. 두 종족집단이란 김장생–김집으로 이어지는 광산김씨와 송준길, 송시열로 대표되는 은진송씨를 말하며, 충청도 연산현현 논산시 연산면 일대과 회덕현현 대전광역시 대덕구 읍내동, 송촌동, 법동 일원은 여말선초부터 현재까지 줄곧 이들의 근거지였다.

연산의 광산김씨와 회덕의 은진송씨에게 있어서 14~15세기는 새로운 근거지 확보과정으로서 '생태적 정착 단계'Habitat Phase로, 16~17세기 중반까지는 상징경관 생산을 통해 사회 관계망을 확장하는 '경관 생산 단계'Landscape Phase로 각각 명명할 수 있었다. 그리고 이 글에서 살펴본 바와 같이 17세기 중반~19세기는 지역사회가 내적으로 충전되고 외적으로는 영역성의 확대적 재생산이 이루어지는 '영역성 재생산 단계'Territoriality Phase로 인식하였다. 이 같은 세 단계를 거치면서 지역사회의 공간성은 생계와 정착을 위한 '삶의 공간'으로부터 '사회적 공간'으로, 다시 '권력과 정치의 공간'으로 변모되어감을 확인했다.

이 중 연구 지역에 권력·정치의 공간이라는 새로운 공간성을 퇴적시킨 영역성 재생산 단계에 관해 요약하면 다음과 같다. 이 단계에 접어들면 국지적 단위의 종족집단들 간에 내적 위계 질서가 확립되는 한편, 다양한 종족집단들이 혈연이나 학연 관계를 통해서 거주지를 이동·유입함으로써 영역의 내적 충전이 이루어졌다. 충전 과정은 국지적 스케일의 향촌 사회가 보다 큰 지역적 스케일의 지역사회에 포섭되는 방식으로 진행되었다. 즉 회덕과 같은 군현 단위의 국지적local 스케일에서는 은진송씨가 중핵 종족집단으로서 존재하면서 각종 지명과 유교적 경관을 만들어내고 여타 종족집단들의 거주지 이동 및 사회적 위계질서에 지배력을 행사했다. 그리고 지역적regional 스케일에서는 은진송씨가 연산의 광산김씨나 니산의 파평윤씨 같은 타지역의 중핵 종족집단들과 사회적 관계를 맺으면서 하나의 지역사회를 이루어가는 양상을 말한다. 따라서 연산의 광산김씨나 이에 인접한 니산의 파평윤씨 경우에도 회덕의 은진송씨와 마찬가지로 국지적local 수준에서 자신들의 장소 만들기와 함께 여타 종족집단의 거주지 이동 및 사회적 위계 질서에 큰 영향력을 미치고 있었을 것으로 추정할 수 있다. 전의의 전의이씨나 청주의 청주한씨 등도 이러한 국지적 수준의 중핵 종족집단으로 상정할 수 있다.

은진송씨 사례에서 확인된 바와 같이 수위 종족집단에 있어서 이 같은 지배력의 확보와 유지를 위해서는 향약과 같은 명문화된 기록 행위의 주관을 포함해서 서원, 사우, 정려, 신도비, 종가와 종족촌락과 같은 가시적 상징경관 생산 사업이 효과적이었다. 이러한 사업들이 지속적 관직 진출과 그에 따른 경제력을 토대로 가능한 것임은 물론이다. 그리하여 영역의 내적 충전과정은 학연 관계망보다는 향촌사회라는 지연 및 혼인을 통한 혈연 관계를 통해 심화되었음을 알 수 있다. 그리고 더욱 작은 스케일의 공간 규모로 내려갈수록, 거주지 이동이나 촌락 입지, 경관 분포를 이해하려

할 때 학연이나 지연보다는 혈연 관계에 관한 정보가 상대적으로 비중 있는 설명력을 가질 것이라 추론할 수 있었다.

한편 영역의 외연적 측면에서는 서원이라는 상징 경관을 창출하여 영역의 물리적 확대가 아닌 '영역성의 상징적 확장'을 추구하였음을 확인할 수 있었다. 다시 말해서 이 단계는 어떤 장소를 직접 점유하거나 물리적으로 지배하지 않고서도 상징 경관을 매개로 그 장소의 점유권, 즉 영역성territoriality을 확보하고 재생산해 간 시기였던 것이다. 이러한 영역성의 확장 과정에서 이 지역사회는 생태적 환경 조건의 공간적 차이를 반영하며 영역의 범위 및 인접 지역사회와의 경계를 조율해 갔다. 그리고 이 영역 위에 다시 퇴적되었을 20세기 이후의 새로운 층위를 맞이했을 것이다.

저자 주

第1章 서설/ 한국 종족집단의 자화상 – 그들의 경관과 장소

01_ 일반적으로 인문지리학에서 다루는 인간은 개개인 또는 그 대립항인 총체적 사회가 결코 아
니다. 개개인을 다루게 되면 심리학적, 인류학적 접근 방법과 유사할 가능성이 있고, 총체적
사회를 전제하게 되면 사회학이나 철학에서와 같이 지리적 관점이 위치할 자리가 사라진다.
이런 맥락에서 학사적으로 지리학자들은 인간을 공간행위의 주체로 인식함에 있어 그 스케
일을 집단적 수준으로 규정하려는 경향을 보였다. 그것이 곧 지리적 사회집단이다. 이러한
사회지리학적 사고의 선구자로는 단연 오스트리아의 H. Bobek과 독일의 W. Hartke를 들
수 있다. 지리적 사회집단과 관련한 그들의 사고방식은 독일 문화지리학과 프랑스 인문지리
학에 파급되었고 다시 영어권의 근대 인문지리학으로 이어져 현재에 이르고 있다.

02_ 노명호, 1999, "한국사 연구와 족보," 한국사시민강좌, 24, 서울: 일조각, 101.

03_ 이러한 자료를 근거로 이주과정을 추적하는 방법은 전기적 접근법biographical approach이라
명명되며, 서구 지리학계에서는 최근에 들어 다수의 연구 성과들을 내고 있다e.g. Halfacree,
K. and Boyle, P., 1993. 전기적 접근법은 인구 이동 현상에 관한 민족지적 연구ethnographic
study in migration의 가장 대표적인 방법론이다. 민족지적 연구는 기존의 인구 이동 현상에 관
한 연구들이 모델이나 이론 지향적인 설명적 도식과 인구학적 접근에 편중되어 있음을 비판
하면서 등장하였다. 따라서, 전기적 접근법은 이주의 주체인 인간 동인human agency에 강조

점을 두고, 집단적 역사와 전기, 경험을 통찰함으로써 인간의 거주지 이동 현상을 이해하려고 한다K.E. McHugh, 2000, pp.73-75. 이러한 접근 방법은 1990년대 이후 기존의 인구지리 방법론에 대한 대안으로서 거론되기 시작했는데, 이러한 입장을 취한 대표적 학자로는 Findlay and Graham1991, Halfacree and Boyle1993, White and Jackson1995이 있다.

04_ 川島藤也, 1974, "文化柳氏にみられる氏族の移動とその性格," 朝鮮學報, 70, 43-74.

05_ 전체를 통합하여 한국정신문화연구원 주관 하에 CD-rom으로 제작하였다.

第2章 경관과 장소를 읽는 새로운 관점

01_ Butlin, R. A., 1993, Historical Geography – through the gates of space and time –, London: Edward Arnold.

02_ 이 글에서 필자는 역사지리학의 학문적 범주로서 자연 환경의 변화, 인간의 지표 점유과정, 과거 문화경관의 복원, 경지의 개간과 촌락의 형성, 도시화·산업화에 따른 지역 구조 변용, 고지명과 고지도 해석, 지리적 영역성의 형성과정 등 역사지리학 고유의 연구 주제는 물론이고, 역사지리적 방법론을 사용하는 문화지리학의 일부와 지리 철학 및 방법론 변천에 관한 인문지리학 일부를 포함하는 넓은 의미에서 규정하고자 한다.

03_ 전종한·류제헌, 1999, "영미 역사지리학의 최근 동향과 사회역사지리학," 문화역사지리, 11, 170.

04_ Butlin, R. A., 1987, Theory and Methodology in Historical Geography, in *Historical Geography: Progress and Prospect*ed. by M. Pacione, Croom Helm, 20.

05_ Harvey, D., 1989, *The Condition of Postmodernity*, Basil Blackwell, 9.
Gregory, D., 1987, Areal Differentiation and Post-modern Human Geography, in *Horizons in Human Geography*ed. by D. Gregory, 67.

06_ Harvey, D., 1996, *Justice, Nature & the Geography of Difference*, Blackwell Publishers Inc., 208.
Soja, E., 1988, *Postmodern Geographies: the Reassertion of Space in Critical Social Theory*, London: VERSO, 92.
Merrifield, A., 1993, Place and Space: a Lefebvrian reconciliation, *Transactions, Institute of British Geographers*,18, 516.

Morris, J.E. et al., 1932, What is Historical Geography?, *Geography*, 95, 42.

07_ 한편, 영국과 달리 프랑스의 경우에는 역사지리학에 관한 논의가 그리 심각하지 않았다. 그 것은 역사지리학적 연구가 무의미하거나 발달하지 못해서가 아니라 오히려 정반대였다. 프 랑스의 경우에는 1929년 이후 소위 아날[이 용어는 Annals d'histoire économique et sociale이라는 학술지 이름에서 기원한다] 학파라는 간학문적 장을 통해서 역사지리학적 연 구가 자연스럽게 그리고 매우 활발히 축적되었다. Vidal Blache의 『인문지리학』1921, Principes de Géographie Humaine을 비롯하여 Lucien Febvre의 『대지와 인류의 진화』1922, La terre et l'evolution humaine, Marc Bloch의 『프랑스 농촌사의 기본 성격』1931, Les caractéres originaux de l'histoire rurale francaise, Fernand Braudel의 『지중해』1949, La Méditerranée dt le monde méditerranéen à l'époque de Philippe II 등을 모두 역사지리학적 저술로 간주할 수 있을 것이다. 프랑스 역사지리학의 전통과 특징은 이 분야가 특정한 분야에 속하지 않고 지리학 자 및 역사학자들이 공히 참여하였던 개방적이고 간학문적 분야라는 사실이다. 따라서 프랑 스의 경우 역사지리학이라는 이름으로 연구 경향을 정리한다는 것은 거의 불가능할 정도로 주제가 광범위하며 연구 내용이 포괄적이다.

08_ 전종한·류제헌, 1999, "영미 역사지리학의 최근 동향과 사회역사지리학," 문화역사지리, 11, 171.

09_ Heathcote R.L., 1970, Historical Geography in the New World: the strategic viewThe Great Columbia Plain by D.W. Meinig, in 'Book Reviews in Historical Geography,' *Economic Geography*, Aprill, 119-205.

10_ Koelsh, W., 1970, Acadia: The Geography of Early Nova Scotia to 1760 by Andrew Hill Clark, in 'Book Reviews in Historical Geography', *Economic Geography*, April, 199.

11_ Butlin, R.A., 1993, *Historical Geography – through the gates of space and time*, Edward Arnold, 62.

12_ 노도양, 1953, "지리학적 현상에 있어서의 역사적 요소, 사상계, 14, 213-219.

13_ 류제헌, 1996, "한국 문화·역사지리학 50년의 회고와 전망," 대한지리학회지, 312, p258.

14_ Giddens, A., 1985, Time, space and regionalization, in *Social relations and spatial structures*ed. by Gregory, D. and J. Urry, Macmillan, 265.

15_ Gregory, D., 1987, Areal differentiation and post-modern human geography, in *Horizons in Human Geography*ed. by D. Gregory, 79.

16_ Entrikin, J.N., 1994, Place and Region, *Progress in Human Geography*, 181, 229.

17_ Livingstone, 1995, The space of knowledge: contributions towards a historical geography of science, *Environment and Planning D: Society and Space*, 13(1), 6.

18_ Foucault, M., 1971, *The order of things*, New York: Vintage Books(1994, 50).

19_ Meinig E.W., 1989, Clifford Darby: an American appreciation, *Journal of Historical Geography*, 15(1), 22.

20_ Harris, R.C., 1991, "Power, modernity, and historical geography, *Annals of the Association of American Geographers*, 81(4), 671−683.

21_ Foucault, M., 1980, *Power/Knowledge*(edited by Colin Gordon), New York: Pantheon Books, 89−108.

22_ Foucault, M., 1980, Ibid., 146−165.

23_ Harris, R.C., 1991, Power, modernity, and historical geography, *Annals of the Association of American Geographers*, 81(4), 672−674.

24_ Gregory, D., 1987, Areal differentiation and post−modern human geography, In Gregory(eds, *Horizons in Human Geography*), 84.

25_ Harvey, D., 1990, Between Space and Time: Reflections of the Geographical Imagination, *Annals of the Association of American Geographers*, 80, 428.

26_ Harvey, D., 1996, *Justice, Nature & the geography of difference*, Blackwell Publishers Inc., 207.

27_ Gregory, D., 1994, *Geographical Imaginations*, Oxford: Blackwell.

28_ Gregory, D., 1987, Areal differentiation and post−modern human geography, in Gregory(eds, *Horizons in Human Geography*), 84.

29_ Gregory, D., 1982, Action and structure in historical geography, In Baker, A.R.H. and Billinge, M.(eds, *Period and place*(Cambridge: Cambridge University Press)), 248.

30_ Butlin, R.A., 1993, *Historical Geography − through the gates of space and time*, Edward Arnold, 64.

31_ Baker, A.R.H., 1984, Reflections on the relations of historical geography and the Annales school of history, in Baker, A.R.H. and Gregory, D.(eds, *Explorations in Historical Geography*(Cambridge: Cambridge University Press), 21.

32_ Butlin, R.A., 1987, Theory and methodology in historical geography, *Historical geography: progress and prospect*(ed. by M. Pacione, Croom Helm), 27.

33_ Baker, A.R.H., 1984, Reflections on the relations of historical geography and the Annales school of history, In Baker, A.R.H. and Gregory, D.(eds, *Explorations in Historical Geography*(Cambridge: Cambridge University Press), 20.

34_ Baker, A.R.H., 1984a, Ibid., 22.

35_ Baker, A.R.H., 1980, Ideological change and settlement continuity in the French countryside during the nineteenth century: the development of agricultural syndicalism in Loir−et−Cher during the late nineteenth century, *Journal of Historical Geography*, 6, 163−177.

36_ Bourdieu, , 1984, *Questions de Sociologie, Les Editions de Minuit* 문경자 옮김, 1994, 혼돈을 일으키는 과학, 도서출판 솔, 129.

37_ Williams, M., 1989, The Concept of Landscape, *Journal of Historical Geography*, 101. 본문에서 말하는 역사학자와 해당 저서는 W.G. Hoskins의 *Leicestershire: an illustrated essay on the history of the landscape*London, 1957, H. R. Rinberg의 *Gloucestershire*London, 1955이고, 역사지리학자들에 의한 저서는 W. G. V. Balchin의 *Cornwall*London, 1954: 1983과 R. Millward의 *Lancashire*London, 1955를 지칭한다.

38_ 당시 발표된 논문 중에서 다음과 같은 것들이 여기에 해당한다:
① Fusty, S., 2000, Excluding Diversity: enforcing behavioral homogeneity in a world city, *The 29th IGC Seoul Abstracts*, 127.
② Sakaja, L., 2000, Past−socialist Transition and the Changes in the City's Landscape: the experience of Zagreb, *The 29th IGC Seoul Abstracts*, 466.
③ Ryu, Je−Hun, 2000, Power, Ideology and Symbolism in Korean Urban Landscape, *The 29th IGC Seoul Abstracts*, 460−461.
이들 외에 국내외에서 발표된 주요 연구들로서 J.S. Duncan1988, B.S. Yeo1992, 윤홍기 2001 등의 논문이 있다:
① Duncan, J.S., 1988, The Power of Place in Candy, Sri Lanka: 1780−1980, in *The*

Power of Place(eds. by Agnew, J.A. & J.S. Duncan), 185-201.

② Yeo, B.S., 1988, Street Names in Colonial Singapore, *The Geographical Review* Vol. 82, 313-322.

③ 윤홍기, 2001, 경복궁과 구 조선총독부 건물 경관을 둘러싼 상징물 전쟁, 공간과 사회, 15, 282-305.

39_ 오상학, 2001, 조선시대 세계지도와 세계인식, 서울대 대학원 박사학위논문, 6.

40_ 전종한, 1997, Mikhail Bakhtin의 'dialogism': 사회과교육에 대한 그 함의, 사회과교육연구, 4, 한국교원대 사회과교육연구회, 96.

41_ 제29회 세계지리학대회에서 발표된 논문 중 다음과 같은 연구가 여기에 해당한다.

① Doroveeva-Lichtmann, V., 2000, Spiritual Landscape of the 「Classic of Mountains and Sea」 and the Reception of this Test by Chinese Historians of Geography, *The 29th IGC Seoul Abstracts*, 105-106.

② Suyama, S., 2000, Landscape Reconstruction by Small-Scale Handicraft Industry in Japan, *The 29th IGC Seoul Abstracts*, 543-544.

③ Warran, W.H., 2000, Korean Communities in Japan: a decade of landscape change, *The 29th IGC Seoul Abstracts*, 602-603.

第3章 한국 종족집단의 본관, 그리고 장소 정체성

01_ 여기서 '한국의' 종족집단이라 하여 성씨집단을 한국에 한정한 이유는 성씨제도가 비록 중국에서 기원하였으나 성씨제도의 내용상 한국과 중국, 일본이 서로 다른 특성을 지니며 발전해왔다는 점에서 '한국의' 경우로 한정할 필요가 있었기 때문이다. 특히 중국에는 전통적으로 남자 형제간 재산의 균분상속이 이루어져 왔고 이와 더불어 혈통에서도 종가宗家나 본관本貫 개념이 희박하다이광규, 1992, 87-92. 그러나 한국에서는 조선시기 이래로 장자우대 상속이 지배적 관행이었고 이에 따라 성씨집단 내에서 종가와 본관 개념이 매우 강한 것이 특색이다.

02_ 성씨姓氏란 원래 두 가지 요소 즉 '성姓'과 '씨氏'를 합친 용어이다. 이 단어가 기원한 중국에서는 성이 혈통을 뜻하는 것이고 씨는 개인의 주거지 혹은 관직을 표시하는 것이었다. 성은 모계사회를 경유한 부계사회에 있어서 혈통 전체를 뜻하는 상당히 포괄적인 의미를 갖고, 씨는 혈통 전체[종파宗派]로부터 갈라져 나온 지파支派를 지칭한다徐揚杰·윤재석 옮김, 2000, 中國家族

248

制度史, 대우학술총서 490, 서울: 아카넷, p179-182 참조]. 종파로부터 지파가 명명되는 방식, 즉 씨의 명칭은 크게 세 가지에 기초하는데, 지파의 파조派祖가 거주한 지명, 관직명, 자명字名이 그것이며 이 중 거주지명이 가장 일반적이다. 다시 말해서 계통적 혈통을 성으로 표시하고 개인적 특성을 씨로 표현한 것이다. 그러나 우리나라의 경우 성과 씨를 구분하지 않고 일반적으로 성을 성씨라는 단어와 동일시하여 통용하고 있다. 이 글에서도 우리나라의 상례에 준하여 성씨를 군이 구분하지 않고 성과 동일한 의미로 기술하고 있다. 본고의 논리전개상 성과 씨를 구분하는 것이 무의미하기 때문이다. 또한, 씨가 일반적으로 거주지명에 기초하여 명명된다고 해서 한국의 본관과 유사한 개념으로 받아들여서는 안 된다. 씨라는 것은 어디까지나 성의 하위 개념인데 비해서 한국의 본관은 성과 대등한 개념으로서 종족집단의 정체성을 구성하는 양대 기둥이기 때문이다.

03_ 청주한씨淸州韓氏 족보에 의하면 비조鼻祖는 고조선의 기자箕子, 시조는 고려 개국공신인 한란韓蘭으로 설정하고 있다. 이에 비해 곡산한씨谷山韓氏의 경우는 고려 희종 때 중국 남송에서 동래한 한예韓銳를 시조를 하고 있다. 곡산한씨를 제외한 한국의 여타 한씨는 청주한씨인 것으로 합의되어 있다.

04_ 오늘날에도 자신들의 혈연적 계보 기원, 즉 시조를 중국인에게서 찾는 종족집단들이 매우 많다. 일부 종족집단에 있어서 그것이 역사적 사실인 경우도 있지만, 대체로 그러한 내용은 후대의 자손들에 의해 조작된 것으로 이해되고 있다. 많은 학자들은 그러한 조작 이유를 문벌의식이 풍미하던 시대적, 정치적 배경에서 찾고 있다.

05_ 현대 유럽의 사회지리학, 특히 전통적으로 문화지리학과 긴밀한 관련 속에서 발전해온 프랑스와 독일의 사회지리학에서는 지리학적으로 의미 있는 사회집단에 관심을 가져왔다. 블라쉬Vidal de la Blache의 'genres de vie'가 그 시발적 개념이라 볼 수 있으며, 이를 보다 구체적으로 계승한 보벡Bobek, H.의 'Lebensformgruppe'생활형태집단, 오브라젠스키Obrazenskiy의 '사회영역적 집단' 등이 대표적인 것들인데, 이들을 포괄적으로 '지리학적 사회집단'이라 명명할 수 있을 것이다. 이들은 '1차 집단 · 2차 집단' 식의 구분과 같은 전통적인 사회학적 사회집단이 아닌 지리적으로 규정될 수 있고 지리적 행동공간을 갖는 사회집단을 제안하고 있다. 필자는 한국의 성씨집단도 일종의 지리적 사회집단으로 규정할 수 있다고 보고 있다. 그것은 본관이라든가 소위 종족촌락, 거주지 이동 같은 요소들에서 이들이 지리적으로 행위하고 공간적 영역성을 만들어 냈으며, 이를 위한 공간적 전략으로서 수많은 장소와 경관들을 생산해 왔기 때문이다.

06_ 조사한 바에 의하면, 1985년 기준 1만명 이상의 성씨집단은 본관수로는 321개, 성씨수로는 98개이고 이 중 시조 기원지를 중국으로 설정하고 있는 성씨는 96개 본관, 65개 성씨이다. 본관수로는 약 30%, 성씨수로는 약 68%에 달한다. 즉 전체적으로 우리나라 성씨집단의 약

30% 가량이 자신들의 혈연적 시조를 중국인이라고 족보에 기록하고 있다. 이에 관련된 연구로는 다음과 같은 것이 있다: 이종일, 1993, "중국에서 동래 귀화한 사람의 성씨와 그 자손의 신분 지위," 소헌 남도영박사 고희기념 역사학논총, 민족문화사, 321–337; 박옥걸, 1997, "고려초기 귀화 한인에 대하여," 한국사연구논선, 14, 도서출판 아름, 129–156.

07_ 역사문화학회 편, 2000, 지방사와 지방문화, 2집, 142.

08_ 지리학계의 경우, 본관에 관한 연구는 몇몇 논문에서 논의의 쟁점으로 언급되기보다는 성씨집단의 종족촌락 연구에 초점을 두면서 부수적으로 다루어져 왔다e.g. 최기엽, 1986; 이문종, 1988. 사회학계에서는 근대 이후에 관심을 두면서 성씨집단의 기능과 해체 과정에 초점을 두고 있고, 인류학계에서는 성씨집단의 의식구조와 통혼관계에 주로 관심을 갖고 있다. 그러나 현재까지 한국의 성씨와 본관에 관한 연구는 대체로 역사학계를 중심으로 해서 이루어져 왔다. 특히 송준호와 이수건은 이 분야에서 선도적인 학자들로서 사회사의 관점에서 성씨집단을 연구하고 있다. 이들 연구의 특징은 구체적이고 지리적인 소재들을 많이 갖고 있다는 점이다관련 논저로서 다음 저서들이 있음. 『한국중세사회사연구』이수건, 1984, 일조각, 『조선사회사연구–조선사회의 구조와 성격 및 그 변천에 관한 연구』송준호, 1987, 일조각.

09_ 『고려시대 향촌사회 연구』박은경, 1996, 일조각와 『고려시대 국가와 지방사회』채웅석, 2000, 서울대학교 출판부를 말한다. 전자는 고려시대 향촌사회 구조를 이해하기 위한 방편으로 본관 문제를 살핀 것이고, 후자는 고려시대 지방 질서를 파악하는데 본관에 중점을 두어서 고찰한 것이다. '국가의 지방 통제정책'으로서 본관제는 이들 연구에서 공통적으로 중요한 부분을 차지한다. 그러나 이들 연구는 시기적으로는 고려시기에 한정되어 있고, 연구 목적 또한 본관 그 자체라기보다는 고려시기의 지방 내지 향촌사회이므로 이들의 연구 결과를 적용함에는 시기적, 지역적으로 제약을 갖고 있다.

10_ 『고려사高麗史』권제卷第 1, 918년태조 원년.

11_ 『고려사高麗史』권제卷第 93, 1001년목종 4년.

12_ 閔瑛 墓誌銘, 1151년고려 의종 6년.

13_ "옛법에 의하면 … 과거에 응시하는 제생諸生들은 답안지의 첫머리에 성명, 본관 및 사조四祖를 기록하여……"舊制…其赴試諸生卷首寫名本貫及四祖…, 『고려사高麗史』권제卷第 74, 1273년고려 원종 14년.

14_ "…(鄭)惟産請行封彌之法貢闈 封彌始此……", 『고려사高麗史』권제卷第 73, 1048년문종 2년.

15_ "각도의 각 고을들로 하여금 금년 7월 15일부터 시작하여 양반, 인리人吏, 백성, 각색인各色人

의 세계世系를 자세히 추고하여 분간, 성적成籍하여, 한 벌은 호조에 바치고, 한 벌은 감사의 영고營庫에 비치하고, 한 벌은 그 고을에 비치하며, 한성부에서는 명년 7월 15일부터 시작하여 그 본관을 고찰하여 … 위 항목의 예대로 … 성적하소서. … 임금이 모두 그대로 따랐다." _{국역 조선왕조실록, 태종 027 14/04/02, 원전 20집 10면.}

16_ 다음과 같은 기록을 통해서 그 사실을 알 수 있다:
"호패의 조건은 이러합니다. 당상관은 관과 직을 쓰고 … 3품 이하의 경우는 성명과 본관을 쓰고 … 양인 및 천민은 나이, 본관, 형색을 모두 호패의 뒷면에 기록하고, 년, 월, 일을 써서 후일의 고증에 빙거憑據하게 하소서." _{국역 조선왕조실록, 세조 013 04/07/05, 원전 7집 283면.}

17_ 다음을 참고. "너는 건주建州 사람이면서 본관을 개봉으로 하는 호적을 만든다면 임금 섬김을 구하려 하면서 먼저 임금을 속이는 것이니……." _{국역 조선왕조실록, 세종 103 26/02/12, 원전 4집 542면.}

18_ 이것은 인물과 본관이 운명공동체로서 간주되었다는 것과 주민이 본관을 단위로 한 향촌공동체로 존재했음을 암시해 준다. 이를 통해 어떤 인물과 그의 출신 지역, 즉 사람과 장소를 동일시하는 당대의 본관의식을 가늠해 볼 수 있다. 또한 이러한 본관의식은 본관 지역에서 배출한 유명 인물이 신격화되기도 하고 그와 관련된 신화의 출현 배경이 되었다고 본다.

19_ 今村鞆, 1934, 朝鮮の姓名氏族に關する研究調査, 朝鮮總督府.
김두헌, 1985, "성, 씨족의 형성발전," 한국가족제도연구, 서울대학교 출판부.

20_ 旗田巍, 1972, "高麗王朝成立期の府と豪族," 韓國中世社會史の研究.
박은경, 1996, 고려시대 향촌사회 연구, 서울: 일조각.

21_ 이기백, 1974, "고려귀족사회의 형성," 한국사, 4.

22_ 김수태, 1981, "고려 본관 제도의 성립," 진단학보, 52.
허흥식, 1983, "고려시대의 본과 거주지," 고려사회사연구, 서울: 아세아문화사.
이수건, 1984, "토성연구서설," 한국중세사회사연구, 서울: 일조각.
채웅석, 1991, "본관제의 성립과 성격," 역사비평, 13.

23_ 연구대상인 321개 본관, 98개 성씨 중 본관의 형성 시기를 파악할 수 있는 경우는 총 277개 본관, 72개 성씨였다. 본관의 형성시기에 관한 기초 정보는 『성씨의 고향』_{중앙일보사, 1994}과 『한국인의 족보』_{삼성문화사, 1992}에서 추출하였으며, 추출된 기초 정보의 내용을 각 성씨별 족보 서문 및 내용과 비교, 검토하였다. 성씨별 족보의 경우, 해방 이후 간행된 대부분의 족보를 보관하고 있는 대전 회상사 족보도서관 소장본을 사용하되, 본관 기원 시기 및 관련 인물이 확실한 경우만을 정리하여 본관의 형성시기로 간주하였다. 회상사에서 소장하고 있는 족보는 비록 해방 이후의 것이기는 하지만, 거의 모든 족보에서 조선시기에 간행된 구족보의 서

문을 수록하고 있어서 족보 간행 초기부터 각 종족집단의 본관에 관한 인식이 어떠했는지를 분석하는데 큰 도움이 되었다. 자료 분석 기간은 2000년 3월부터 12월까지 약 10개월 소요되었다. 이 그림은 그렇게 파악된 결과를 0~33년을 초기, 34~66년을 중기, 67~99년을 말기로 구분하여 빈도 그래프로 표시한 것이다.

24_ 이중환李重煥도 고려초기 전국 호족들의 집거지가 된 개경의 상황을 다음과 같이 묘사한 바 있다: "고려시기에는 … 서리胥吏 출신으로 경상卿相이 된 자도 많았다. 일단 경상이 되면 그의 아들과 손자도 사대부가 되어 모두 경성에 집을 두고 거주하게 되었으므로 마침내 경성은 사대부들이 모인 땅이 되었다."高麗時 … 多起自胥吏而爲卿相者爲卿相則其子與孫爲士大夫咸置家於京城京城遂爲士大夫淵藪 李重煥, 『擇里志』「八道總論」.

25_ 『고려묘지명집성高麗墓誌銘集成』김용선 편저, 1997, 한림대 아시아문화연구소 자료총서 10 참고.

26_ 劉志誠 墓誌銘, 1045년고려 정종 11년.

27_ 李子淵 墓誌銘, 1061년고려 문종 15년.

28_ 崔士威 墓誌銘, 1075년고려 문종 29년.

29_ 崔褒抗 墓誌銘, 1147년고려 의종 1년.

30_ 신석호, 1978, "한국 성씨의 개설," 한국성씨대관, 서울: 창조사, 23.

31_ 국역 조선왕조실록, 태조 001 01/08/02, 원전 1집 25면.

32_ 국역 조선왕조실록, 태종 005 03/06/13, 원전 1집 268면.

33_ 국역 조선왕조실록, 태종 033 17/05/14, 원전 2집 167면.

34_ 국역 조선왕조실록, 세종 025 06/07/20, 원전 2집 615면.

35_ 국역 조선왕조실록, 성종 167 15/06/07, 원전 10집 598면.

36_ 국역 조선왕조실록, 성종 167 15/06/07, 원전 10집 598면.

37_ 국역 조선왕조실록, 선조 082 29/11/02, 원전 23집 91면.

38_ 국역 조선왕조실록, 선조 138 34/06/02, 원전 24집 261면.

39_ 국역 조선왕조실록, 선조 194 38/12/19, 원전 25집 143면.

40_ 공간 개념을 이해함에 있어 사상事象을 담아내는 고정적 실체로서보다는 역사적으로 가변적이고 사회적으로 생산되며 권력의 눈에 의해 조작되는 개념으로 인식하고자 하는 관점은 역

사지리학의 최근 동향에서 확인할 수 있다전종한·류제헌, 1999, p170-172. 특히 공간과 권력 개념의 관계는 F.Nietzsche가 처음 언급한 이후, M.Foucault로 이어지는 유럽 역사철학사상에서 주요 주제 중 하나이며 최근 사회역사지리학의 관심 영역에까지 들어와 있다. 이에 관련된 글로는 다음과 같은 것들이 있다: A.R.H. Baker, 1984; F. Driver, 1985; R.A. Butlin, 1987; C. Harris, 1991; C. Philo, 1992; D. Matless, 1992; A. Macquillan, 1995; M. Ogborn, 1996. 본문의 항목은 이 같은 관점에서 본관이 갖는 권력 지향성을 파악, 해석해 보고자 한 것이다.

41_ 채웅석, 2000, 고려시대의 국가와 지방사회, 서울: 서울대학교 출판부, 152-153.

42_ 이수건, 1999, "족보와 양반의식," 한국사 시민강좌 24, 서울: 일조각, 28.
박은경, 1996, 고려시대 향촌사회연구, 서울: 일조각, 75.
이광규, 1997, 한국 친족의 사회인류학, 서울: 집문당, 65.

43_ 백승종, 1999, "위조 족보의 유행," 한국사 시민강좌 24, 서울: 일조각, 77.

44_ 이수건, 1994, "조선후기 성관 의식과 편보 체제의 변화," 구곡 황종동교수 정년기념 사학논총, 대구: 정원문예사, 400.

45_ 양란이후에 간행된 족보들에서 그 서문 내용을 보면 얼마나 많은 족보자료들이 분실되고 소실되었는지를 짐작할 수 있다. 가령 "變起倉卒泯沒於兵燹之中"恩津宋氏族譜 서문, 1599년, "壬辰之亂門長之所裒 集者化爲灰燼"연안이씨 족보 서문, 1605년, "壬辰兵戈家業蕩失"礪山宋氏族譜 서문, 1606년 등에서 알 수 있듯이 임진왜란 직후에 간행된 족보들에서 10중 8,9는 전란으로 인한 족보 소실로 새로운 족보 간행에 어려움이 있음을 언급하고 있다.

46_ 이성동본同姓異本의 여러 성씨집단이 동일한 종족이라는 의식 하에 편찬하기 시작한 조선중기 전후의 대동보의 출현이 그 증거의 하나로 생각된다.

47_ 조선시기의 주요 성씨 관련 자료인 조선씨족통보朝鮮氏族統譜, 만성대동보萬姓大同譜, 증보문헌비고增補文獻備考, 전고대방典故大方을 참고하여 회상사에서 정리한 '관향별 성씨 일람표'를 기초 자료로 삼았다족보회상40년사회상사, 1993, 752-755를 참고). 필자는 기초 자료에 표시된 구지명舊地名들을 현재 지명으로 복원한 후 다시 현재의 행정구역별로 본관의 수를 합산하여 분포도를 작성하였다.

48_ 조선전기까지만 하여도 본관이 같은 경우 동족 내지 동향의식을 갖고 있었으며 이러한 의식은 서로 간에 사회·정치적 이점을 제공하였다. 다음을 참고. "행상호군行上護軍 이윤인李尹仁이 아뢰기를 진도군에 정속한 사람 박증은 신과 관향이 같은 족인族人입니다. ……."국역 조선왕조실록, 예종 002 00/11/19, 원전 8집 297면.

49_ 평안도를 비롯한 양계지방은 고려이래 조선전기까지 남부지방의 주민을 이주시키고 새로운 본관을 주었지만 대부분 원래의 출신지 본관을 고수하였기 때문에 본관 수의 분포가 적게 나타난다고 본다. 그리고 국내의 유력한 본관으로 개관하는 것 이외에도 중국의 지명을 본관으로 삼는 경우도 있었다. 가령 의창공씨가 곡부공씨曲阜孔氏로, 웅신주씨가 신안주씨新安朱氏로 된 경우가 그것으로 이들의 본관 변경은 권력과 사회적 지위를 상징하는 것으로 볼 수 있다.

50_ "十一世孫諱葳恕齊公以無后載錄者四譜皆然而忽以無據恣意塡充十有餘世有若血禪相仮者然嗚呼是誰欺乎," 淸州韓氏 大同譜 五校族譜乙丑譜 序文.

第4章 종족집단의 공간 이동과 종족촌락의 탄생

01_ 본관과 성씨의 결합에 의해 구분되는 한국의 혈연집단을 어떤 용어로 표현할 것인가에 대해서는 성씨집단, 동족집단, 동성집단, 씨족집단, 종족집단 등 학자마다, 분야마다 의견이 다양하다. 필자는 유교적 이데올로기와 종법사상의 보급에 따라 한국의 경우 14세기 이래로 장자우대관행이 강화되었고, 친족의식이 양계로부터 부계출계 중심으로 변모했다는 점, 그리고 조선시기의 각 족보에서 자기 성씨집단을 지칭하던 용어로서 일반적으로 '종족宗族'을 쓰고 있다는 점 등을 고려하여 한국의 성씨집단을 일컬어 종족집단lineage group이라 지칭하고, 아울러 그들의 주도하에 형성된 촌락을 종족촌락이라 명명한다.

02_ 공간상에 발생하는 지리적 현상들이나 경관들 사이에 어떤 호혜적 관계가 존재할 때 적용하는 개념이다. 그러나 단일 방향의 인과관계를 전제하지는 않으며, 일정한 지역 내에 있는 다양한 지리적 요소들 간의 공존원리 혹은 분포원리를 설명하려 할 때 사용하기도 한다.

03_ 『고려문과록高麗文科錄』에 의하면, 오현필은 고려 명종조에 과거에 합격하였고 '거란족을 물리쳐 보성군에 봉해지다討平契丹功挂寶城君하다'라고 되어 있다. 이 자료에는 그가 문과에 합격한 연도를 기록하고 있지는 않으나, 『보성오씨세보寶城吳氏世譜』제1권, 충북중앙도서관 소장에는 1175년고려 명종 5년으로 기록하고 있다. 오현필에게는 두 명의 형이 있었는데, 모두 거란군 침입 때 공을 세움으로써 큰형인 오현보는 해주군海州君, 둘째 형인 오현좌는 동복군同福君의 작위를 받아 각각 해주오씨와 동복오씨의 시조가 되고 있다.

04_ 왕조실록과 보성오씨세보에 공히 오사충이 영성부원군을 거쳐 영성군寧城君에 봉해졌다고 기록하고 있다『태종실록太宗實錄』태종 4년 10월 23일;『보성오씨세보寶城吳氏世譜』권지일卷之一, 10]. 그러나 왕조실록에 영성군 오사충의 졸기卒記에는 "그 선대는 연일현延日縣사람이었는데 뒤에 영원진寧遠鎭으로 이사하였다. 아버지 순洵은 장원 급제하여 ..."라고 되어 있는 반면 족

보에는 오사충의 부를 광신廣信이라고 쓰고 있어, 족보의 기록이 잘못 되었거나 왕조실록상의 오사충이 보성오씨가 아닐 가능성이 있다.

05_ "高麗門下侍郎平章事寶城府院君老退于寶城因居焉"『寶城吳氏世譜』卷之一, 9.

06_ 『세조실록世祖實錄』 세조 1년 12월 27일.

07_ 우선의 아들 천경이 1658년에 출생한 사실로부터 추정한 것임.

08_ 퇴계 이황의 문인 중 한사람이다.

09_ "麗末擢魁科歷典郡牧當國初歸隱槐北放跡山水"[『보성오씨세보寶城吳氏世譜』 권지일卷之一, 14-15].

10_ "太朝累徵出仕行議政府左參贊"上揭書. 왕조실록의 다음과 같은 기록에서도 그가 조선초기에 관직에 재등용되었음을 알 수 있다:"상당군上黨君 이저, 개성유후開城留後 강사덕, …, 검교참찬의정부사檢校參贊議政府事 오사종吳嗣宗, … 등 6인을 순금사에 내렸으니, 공사供辭가 문가학과 관련되었기 때문이었다. 이튿날 모두 석방하였다.『태종실록太宗實錄』 태종 6년 11월 15일. cf. 문가학이라는 사람은 태종조에 역모로 발각되어 죽임을 당한 자이다.

11_ 그는 함경도 길주 목사를 지내다가 이시애의 난을 당하여 순절하였다. 이에 관한 기록은 괴산읍지 삼강록에 실려 있고 그는 죽산사竹山祠에 배향되었다.

12_ 오순손은 세조조에 무과에 올랐고 연산의 광산김씨 김국광 및 가평이씨 이형손과 함께 이시애의 난에 공을 세워 2등 공신에 책봉되었다:"무과의 중시에는 신홍례 등 27인을 뽑고, 초시에는 오순손吳順孫 등 25인을 뽑았다. 오순손은 능히 1백 30근 되는 활을 당기니, 임금이 특명으로 사복을 겸하도록兼司僕으로 임명하였다."『세조실록世祖實錄』 세조 3년 2월 8일;"김국광, 이형손, … 오순손, …을 이등공신으로 삼고"『세조실록世祖實錄』 세조 13년 9월 20일.

13_ 공주에 정착한 인수의 아들 10세 점?-1445은 생원, 문과하여 성균관 대사성을 지냈다. 11세 비민도 생원, 문과하였고, 12세 숙홍은 정랑, 13세 한은 통덕랑, 14세 광국은 참봉, 광준은 직장을 역임했다. 이 후의 자손들은 관직 진출이 거의 없었다.

14_ 12세 응기의 처.

15_ 12세 응두의 처.

16_ 15세 정익의 처. 부父는 봉사 응진應辰.

17_ 15세 복립의 처. 부는 좌승지 진振.

18_ 15세 정필의 처.

19_ 모母는 천안전씨인데, 천안전씨는 천안 및 아산 일대의 토착 종족집단이다.

20_ 태종조에 오몽을1342-?은 세자 책봉을 둘러싼 정쟁에서 패하여 토지를 빼앗기고 전주로 유배되었다. "…오몽을 등은 서얼인 어린아이를 끼고 종실宗室을 무너뜨리려고 꾀하였고, … 오몽을은 그 토전土田과 노비奴婢를 환수還收하라."「태종실록」 태종 9년 12월 19일.

21_ 태종실록에는 그의 죽음을 다음과 같이 기록하고 있다. "오몽을을 목 베고 정진을 수군으로 내쫓았다. 간관 권숙 등이 말씀을 올리기를, '오몽을·정진 등은 남은·정도전과 함께 몰래 반역을 도모하고 서자를 세자로 세우고자 하여 종친을 해치려고 하다가, 실정이 나타나고 일이 명백하게 되어, ……'"「태조실록太祖實錄」 태조 7년 10월 10일.

22_ 왕조실록에는 오자경의 졸기가 기록되어 있다. "성화成化 병술년에 중시에 합격하여 가선 대부에 오르고, … 정해년에 이시애를 토벌하는 데 오자경이 공이 있어서 정충 적개 공신의 호를 주고 … 보산군寶山君에 봉하였다. … 계사년에는 죄를 지어 전주에 유배되었다가 을미년에 소환되어 다시 군君에 봉해졌는데, 이때에 이르러 졸하였으며, 나이는 65세이다."「성종실록成宗實錄」 성종 9년 8월 12일.

23_ 전주는 오몽을의 처가인 전주최씨 거주지였다. 이 점을 상기하면, 족보의 기록대로 오몽을이 전주 지방에 유배되었다는 해석보다는, 왕조실록에 기록된 것처럼 한양에서 오몽을이 역모로 죽임을 당한 후 그의 자손들이 화禍를 피하기 위해 외가인 전주로 은거한 것이라고 보아야 할 것 같다.

24_ 현재의 청원군 현도면 달계리로서, 이 때 처음 이 지방에 정착한 보성오씨는 충청도 현도면 달계리를 대종大宗, 부강면 상삼리를 소종小宗의 근거지로 각기 마련하였다. 또한 이곳의 보성오씨는 청원군 현도면과 부강면을 중심으로 문의면, 낭성면 등지에 거주지를 확대하며 종족 촌락을 형성하였고, 이들 지역에 진주강씨, 순흥안씨, 부암림씨 등 자신들의 처족妻族 및 외족外族 성씨들이 정착할 수 있도록 유도하였다제보: 현도면 달계리 주민 오옥자50세씨와의 면담, 2001. 11.

25_ 족보에는 "元兵使居文義新難公自寶城來居焉"이라 기록되어있다. 오숙동의 처가 원주원씨이고 장인이 병사 원계손元系孫이므로, '원계손이 문의의 신탄에 거주하고 있었고 그것을 연고로 오숙동 보성으로부터 이곳에 이거移居하였음'을 알 수 있다.

26_ "考諱叔仝國初乘亂自寶城遷避于文義西二道面陽地里月岱岬兵使原州元氏處"「進義副尉寶城吳公諱仁政行狀」, 庚申 七月, 成均館典儀 吳鑒均 撰.

27_ 숙동의 네 아들은 인정1421-1458, 인헌1423-1473, 인후1426-1506, 인례이다. 이들의 관직은 모두 무관직으로서 인정은 부위, 인헌과 인후는 부사과I종6품를 지냈다.

28_ 1511년중종 6년 별시에 문과로 합격하였다. 『사마방목司馬榜目』

29_ 『보성오씨세보寶城吳氏世譜』1996, 대전: 한밭도서관 소장, 7.

30_ 문의 인근의 청주, 연기, 진잠, 전의, 회덕의 보성오씨는 대체로 문의로부터 이주한 사람들이다. 이들을 모두 문의 출신으로 간주하여 이들 지역별로 세부적 인원을 살펴보면 다음과 같다: 문의: 오천령, 오명립, 오시립, 오현국, 오재창, 오두칠, 오두춘, 오두중, 오두석, 오재강, 오언국, 오서홍, 오동주, 오형준, 오종한, 오응렴, 오응호; 청주: 오영건, 오행간, 오소, 오광후, 오석창生員, 오석창進士, 오복명, 오백조, 오백희, 오익환, 오삼환, 오승현, 오영익, 오재정, 오창현; 연기: 오태창; 진잠: 오창운; 전의: 오한응; 회덕: 오대곤. 이상 전체 71건 중 31건件.

31_ 『사마방목司馬榜目』에 의하면 그는 1528년중종 23년 진사 시험에 3등으로 합격하였다.

32_ 『보성오씨세보寶城吳氏世譜』1996, 대전: 한밭도서관 소장, 25.

33_ 이들 성씨에 대한 분석 내용은 아래 논문을 참조: 전종한, 2002, 종족집단의 거주지 이동과 지역화과정, 한국교원대 대학원 박사학위논문.

34_ 회덕황씨의 이주 사례 '① 회덕⇒목천'에서 목천으로부터 연산, 청주, 오창 등지로의 이주; 은진송씨의 이주 사례 '1 회덕 및 인근지역으로의 이주'에서 회덕으로부터 청양, 공주, 논산, 청주, 부여 등지로의 이주; 광산김씨의 이주 사례 '1 연산 정착 및 인근지역으로의 이주'에서 연산으로부터 논산 관내로 이주한 세건의 이주와 전의로의 이주단. 26세 덕휘의 부여 이주는 시기상 임진왜란과 관련 있음; 보성오씨의 이주 사례 '(1 본관 기원과 근거리 이주)'에서 19세 덕윤, 전, 21세 민선, 천석, 수성이 보여준 보성으로부터 낙안, 능주, 광양, 고흥으로의 이주.

35_ 조선시기는 양반 중심의 관료 사회로서 정치적 지위가 곧 사회적, 경제적 지위를 대변하는 것이었기 때문에, 조선전기의 이주 패턴을 이해함에 있어서는 정치적 진출 여부가 매우 중요한 요인이 된다. 이 글에서 이주 패턴을 분석함에 있어 관직에 관심을 둔 배경도 거기에 있었다. 조선후기로 갈수록 정치적 지위의 영향력이 상대적으로 감소한 것이 사실이다. 그러나 상류 지배 집단의 경우에는 유교사상의 보급과 향약의 제정 등을 통해서 전란 이후에도 상당기간 정치적 지위를 토대로 사회적 지위의 획득과 경제적 지위의 유지를 지속한 것으로 보인다.

36_ 정치적 지위가 높은 종족집단에 있어서는 파의 명칭이 파시조의 관직을 근거로 하는 경우가 일반적이다. 이것은 자신들의 정치사회적 지위를 과시하는 의도도 있겠지만 거주지가 이처럼 군현 내에 집중되기 때문에 거주지의 지리적 구분이 곤란하다는 점도 이유로 작용할 것이다. 반면에, 정치사회적 지위가 낮거나 정치적 도피에 의한 거주의 경험을 가진 종족집단들

은 거주지의 지명을 파의 호칭으로 삼는 경우가 많다.

37_ 앞에서 분석한 네 성씨들에 있어서 한양 인근으로의 이주는 대부분 여기에 해당하는 사례이다.

38_ 중앙 정계에 군집한 종족집단 간에 있어서 통혼에 의한 이러한 장거리 이주는 정치적 피화나 전란 등 국가 규모의 재난이 발생할 때 흔히 나타나는 패턴이다.

39_ 이러한 이주 패턴은 정치적 진출이 활발할수록 전형적으로 나타난다. 광산김씨의 이주 사례에서 이 같은 패턴을 쉽게 확인할 수 있었는데, 29세 익섭, 30세 만철, 만동, 31세 진문, 진해, 32세 응택 등의 이주가 여기에 간주된다.

40_ 본문에 제시된 표에서 보성오씨의 이주 사례에서 임진왜란으로 인한 이주를 확인할 수 있다.

41_ 병자호란을 피하기 위해 전라북도 고부로부터 경상남도 진양으로 이주한 광산김씨 29세 익서의 이주가 이러한 경우이다.

42_ 각 종족집단의 이주 사례 중 17세기 이후의 경우를 보면 근거리 이주의 빈도수가 점증하는 것을 확인할 수 있다. 이 시기의 인구 이주 빈도가 급증한 것은 일반적으로 농법의 개량 및 그에 따른 인구 증가로 이해되고 있다김상호, 1969: 이태진, 1986: 이영훈, 1988. 옥한석은 조선후기 씨족들의 본관지 이탈 배경으로서 농업 경제의 발달과 인구 증가, 정치·군사적 요인을 거론하였다옥한석, 1987, 100. 또한 근거리 이주는 정치적 진출을 지속하지 못한 계파들에게서 흔히 나타나며, 특히 이들은 저습지나 산간 오지에서의 촌락 형성을 주도했다는 연구 결과가 있다전종한, 1993, 43.

43_ 20세 남걸1618-1685이 성균관 통사에 오르면서 경기도 고양에 이주하였으나 단일 세대에서 그친 일시적 이주였다.

44_ 한양에서 생원진사 시험에 합격한 오몽양과 오세란은 문의에 거주하던 인물들이다.

45_ "初入仕之多出於京華子弟而外方人抱才虛老誠爲可惜"『증보문헌비고增補文獻備考』 하下 199, 선거고選擧考 16, 317.

46_ 1930년대 조사된 회덕황씨의 종족촌락은 다음과 같다: 충북 보은군 법수리, 청원군 문의면 남계리, 충남 천원군 풍세면 용정리, 성남면 화성리, 금산군 복수면 구례리, 경북 영일군 연일면 자명동, 월성군 외동면 북토리.

47_ 보성오씨의 종족촌락은 다음과 같다: 충북 청원군 현도면 달계리, 양지리, 중척리, 매봉리, 시목리, 부용면 노호리, 낭성면 삼산리, 강서면 송절리, 보은군 회북면 용촌리, 전북 김제군 청하면 관상리이상 문의 종파 기원의 종족촌락: 전남 보성군 조성면 구산리, 충남 보령군 웅천면 성동

258

리이상 보성 잔류파 기원의 종족촌락.

48_ 일반적으로 한국 역사학계에서는 종족촌락의 형성과정을 조선시기의 유교적 이데올로기에서 기인된 가부장적 친족체계의 결과로 해석하고 있다. 이에 대해서 이해준은, "가부장적 친족체계가 일반화된 시기가 17세기 중엽 이후의 일이라는 점을 인정할 경우, 그 결과로 나타나는 종족촌락의 형성 발달 시기는 보다 늦게 상정되어야 한다"고 주장한다이해준, 1993, "조선 후기 문중활동의 사회사적 배경," 동양학, 23, 단국대학교 동양학연구소, 198. 그는 가부장적 친족체계가 종족촌락을 형성하게 하는 중요한 요인임을 부정하지는 않았으나, 다른 요인이 있음을 지적하면서 종족촌락의 형성시기를 좀 더 명쾌하게 검토할 필요가 있다고 제안하였다. 즉 유교적 이데올로기에 기인한 가부장적 친족체계의 보편적 보급 시기와 종족촌락의 형성 시기가 서로 일치하지 않는다는 점에서 종족촌락의 형성 배경 및 시기에 관한 기존 주장들을 재검토해야 한다는 견해였다.

49_ 일반적으로 지리적 군집현상의 유형은 세 가지로 나뉘는데, 콜로니colony, 게토ghetto, 그리고 인클레이브enclave가 그것이다. 콜로니는 군집현상이 '일시적인' 경우에 적용되는 용어이고, 게토는 미국 도시내 흑인 거주지와 같이 '비자발적이며 지속적인' 군집현상을 일컫는다. 이에 비해 인클레이브는 스스로 격리를 추구하는 '자발적 군집현상'이라는 점이 특징이고 모사회에 적응 혹은 동화하는 과정에서 특히 초기에 나타나는 현상이다.

第5章 종족집단간 사회관계망과 촌락권의 형성

01_ 사회적 공간 혹은 사회공간social space이란 사회집단에 의해 인지되고 이용되는 공간을 의미한다. 인문지리학에서의 사회집단은 지리적 행위 및 공간 현상의 주체라는 점에서 지리적 사회집단이라고도 부르며, 사회 · 경제적 특성, 인구학적 특징, 가치, 태도 등을 공유하기 때문에 공통된 지리적 행동 패턴을 나타내는 경향이 있다Johnston et al. 2001, 762-763.

02_ "오서산 남쪽에는 만세토록 영화를 누릴 수 있는 땅이 있다". 도참설圖讖說에 의하면 내포지역에는 오서산의 북쪽과 남쪽에 각각 길지吉地가 있는데, 북쪽의 것은 '2대에 걸쳐 왕이 나올 자리'二代天子之地이고 남쪽의 그것은 '만세토록 영화를 누릴 수 있는 자리'萬年榮華之地라는 것이다제보: 광산김씨 김규수, 77, 보령시 청소면 능동 광성부원군 재실 거주.

03_ "오서산과 성주산 사이에 만인이 가히 살만한 곳이 있다". 여기서 '오성지간烏聖之間'이란 오서산烏棲山과 성주산聖住山의 사이를 의미한다제보: 전주이씨 이봉주씨, 75, 황룡리, 전보령향교 전교. cf. 제보자 이봉주씨는 '烏聖之間萬人可活之地'라 표현하였으나 다른 자료에서는 '烏聖之間可活萬

人之地'라 쓰고 있음.

04_ 『택리지擇里志』「복거총론卜居總論」산수조山水條.

05_ 수구가 좁다는 이 같은 지형 조건을 활용하여 현재 이 수구에 해당하는 곳에 제방을 축조, 청라저수지혹은 청천저수지를 만들었다.

06_ 판도판서공파는 김성우의 부父 김윤장金允臧이 고려말엽 판도판서밀직부사版圖判書密直副使를 역임한 것에서 붙여진 이름이다.

07_ "麗朝公爲全羅右道都萬戶兼招討營田事, 時倭滿湖右以王命討平之..."「都萬戶公諱成雨行蹟」, "... 公麗季爲全羅右道都萬戶卽今之水使也."「都萬戶公諱成雨墓碣銘」, 七代孫祉謹竪, , 七代孫涉謹書.

08_ "... 過保寧樂其土仍家焉, 子孫世居之."「都萬戶公諱成雨行蹟」, "... 嘗以王命討倭寇過保寧, 樂其土因家焉."「都萬戶公諱成雨墓碣銘」, 七代孫祉謹竪, , 七代孫涉謹書.

09_ "... 曾祖諱南浩贈吏曹判書, 祖諱仲老監察贈左贊成, 考諱孟權進士贈領議政, 皆以公貴 ..."「光城府院君金克成公神道碑銘」.

10_ 김극성의 불천지위 사당은 당초 복병리에 건립되어 있었으나, 부지가 청라저수지의 수몰 지구에 편입됨에 따라 1960년 2월 16일 보령시 청소면 능동에 위치한 그의 묘소 옆으로 이건되었다. 그의 신도비神道碑도 이곳에 위치한다.

11_ 제보: 능성구씨 종손 구봉회75, 옥계리 정골.

12_ 능성구씨 대종회, 2002, 능성구씨세보綾城具氏世譜, 卷九, 대전: 회상사, 1-11.

13_ 경주이씨 대동보편찬위원회, 1978, 경주이씨대동보慶州李氏大同譜, 總編一, 대전: 보전출판사, 139-140.

14_ 제보: 경주이씨 이종근80, 황룡리 삼거리.

15_ 서원말은 화암서원 아래에 형성된 마을이었는데 청라저수지가 만들어지면서 현재 수몰되었다.

16_ 청라저수지 수몰 지구가 되어 현재는 사라짐. 이 마을의 지명은 복병리와 연관되어 있는데, 복병리의 군사들을 위한 무기 제조창불무간이 있었다는 것에서 유래한다.

17_ 제보: 원주원씨 원춘재68, 옥계리 누루실.

18_ 명대마을의 입향조는 이치의 손자 이산광李山光, 이지번李之蕃의 둘째 아들이며, 명대마을 정착자는 이치의 증손 이거인李據仁, 토정 이지함李之菡의 손재이다제보: 한산이씨 이석원, 장현리 명대마을.

19_ 보령향교 소장.

20_ 제보: 능성구씨 구영회_{황룡리 사기리 거주, 대천고교 교장}.

21_ 제보: 광산김씨 종손 김규수77, 청소면 능동 광성부원군 재실 거주.

22_ 충남발전연구원 역사문화센터, 1999, 충남의 서원·사우, 충청남도, 196쪽에서 재인용.

23_ 제보: 평산신씨 신동혁71, 황룡리 사가리.

24_ 櫻井德太郎, 1976, 日本民俗學講座 3 – 信仰傳承 –, 朝倉書店, 2_{황달기, 1997, 329에서 재인용}.

25_ 아랫장밭 마을에 정착한 평산신씨 신광태의 셋째 손자 신석붕의 효자정려를 말한다.

26_ 제보: 안동김씨 김장한65, 아랫장밭 마을, 경주이씨 이종근80, 삼거리.

27_ 제보: 경주이씨 이종근80, 삼거리, 원주원씨 원춘재68, 누루실.

28_ 이 가옥은 1987년 문화재자료 291호로 지정되었음.

29_ 이 일을 기념하여 장밭 마을 주민들은 그의 자선공덕비를 세워주기도 하였다_{신경섭 가옥 옆에 위치}.

第6章 종족집단의 지역화과정(I : 생태적 정착 단계)

01_ 전통적으로 인문지리학에서는 '지역화과정'의 의미에 대해 두 가지 상이한 관점에서 정의해 왔다. 하나는 지역 개념 자체를 일종의 지리적 연구를 위한 개념적 도구로 보면서 관찰자에 의한 편의상의 '지역 구분'으로 규정하는 것이고, 다른 하나는 지역을 실체로 이해하면서 '인간 주체에 의한 공간적 영역성의 형성과정'으로서 접근하려는 관점이다. 전자가 '공간을 통해 사회를' 설명하려는 태도라면, 후자는 '사회를 통해 공간을' 해석하려는 것이다. 특히 후자는 M. Foucault의 역사철학이나 A. Giddens의 사회이론, 그리고 신문화지리학, 사회역사지리학에서 강조되는 시각으로 이 글이 지향하는 시선과 동일하다.

02_ 이 글에서 정의한 바와 동일한 관점에서 지역화과정을 연구한 경우는 없지만, 넓은 의미에서 볼 때 다음과 같은 연구를 지역화과정에 관한 논의에 포함시킬 수 있을 것이다 : 홍현옥·최기엽, 「남양홍씨 동족사회집단의 지역화과정」 『지리학연구』 10₁₉₈₅, 383–424 ; 정승모, 「서원·사우 및 향교 조직과 지역사회체계상」 『태동고전연구』 3₁₉₈₇, 149–192 ; 정승모, 「서원·사우 및 향교 조직과 지역사회체계하」 『태동고전연구』 5₁₉₈₉, 137–179 ; 이해준, 「조선후기 서원 연구와 향촌사회사」 『한국사론』 21₁₉₉₁.

03_ 전종한, 「본관의 누층적 의미와 그 기원에 대한 역사지리적 탐색」 『대한지리학회지』 36–1₂₀₀₁, 46.

04_ 모든 지역사회에서 지역화과정이 제3단계까지 진행된다는 보장은 없다. 진행의 단계는 지역에 따라서도 다를 뿐만 아니라 동일한 지역내에서도 지역화과정의 주체인 사회집단종족집단에 따라 다양하게 전개되는 것으로 보인다.

05_ 『조선왕조실록朝鮮王朝實錄』, 인조 14년1636년 6월 11일.

06_ 열녀허씨烈女許氏는 광산김씨 연산 입향조인 김약채金若采 1371년 생원의 자부子婦이다. 결국 『동국여지지東國輿地誌』에 기록된 모든 인물이 광산김씨 관련 인물에 해당한다.

07_ 『여지도서輿地圖書』「인물조人物條」에는 당대의 실세 종족집단에 해당하는 인물들이 기록되어 있다. 인물조 항목은 조선시기 각 군현의 유력 종족집단을 파악하기 위한 자료로서 성씨조姓氏條 항목에 비해 상대적으로 유효한 것이 사실이나, 인물조에 기록된 정보는 성명과 관직에 관한 내용일 뿐이며, 본 고에서 필요로 하는 본관·거주지·혈연 관계·학연 계보 등을 파악하는 작업에는 크게 도움이 되지 않는다.

08_ 적어도 연구 지역에 관한 한, 조선시기 각종 지리지地理誌의 「성씨조」는 지역별 실세 종족집단을 반영하지 못하고 있다. 이들 지리지에서 기록하고 있는 토성 관련 내용은 조선 이전의 사실일 가능성이 크며 당시의 내용이 조선후기의 지리지에까지 그대로 이어진 것으로 볼 수 있다. 따라서 조선시기의 지리지 성씨조에 근거해서 지역별 주요 종족집단을 파악하는 방법은 신중할 필요가 있다.

09_ 『연산서씨세보連山徐氏世譜』, 1832년순조 32년, 서울:국립중앙도서관 소장.

10_ 연산서씨는 본관인 연산 지방 대신, 고려말이래 충청도 홍성의 결성지방에 세거하여 왔음을 확인할 수 있었다. 서보徐寶는 연산서씨의 비조鼻祖로서 고려말을 당하여 결성의 덕은동德隱洞에 은거하기 시작했다는 기록이 전하고 있다. 그가 처음 자리잡은 지점은 당시 결성현 보개산寶盖山 아래에 위치했다는 귀항촌龜項村이었다. 서보가 낙향한 배경을 살펴본다면, 그가 처음 거주했다는 '덕은동'이라는 지명이나 '둔우결성遯于結城'과 같은 표현으로 보아 여말선초의 정국 혼란에 따른 정치적 도피였을 가능성이 크다. 특히 낙향지로서 충청도 결성지방을 선택한 이유는 결성이 처가의 거주지였기 때문이다자료출처: 『연산서씨족보』, 1832년순조 32년, 국립중앙도서관 소장].

11_ 송서宋瑞 ?-1353는 고려후기 중찬中贊을 역임한 송례宋禮의 손자이고 역시 중찬을 지낸 낙랑공樂浪公 송분宋?, ?-1318의 아들이다.

12_ 기철은 본관이 행주인데 그의 누이동생이 원나라 순제順帝의 제2황후가 되자 이를 배경으로 하여 그를 비롯한 행주기씨幸州奇氏 몇몇 인물들은 고려말 친원파 세력으로서 당시의 대표적인 권력 집단을 이루었다.

13_ 이제현은 본관이 경주로서 고려말 성리학을 처음 들여온 백이정白頤正의 문인이며, 다시 그의 제자가 한산이씨 이곡李穀, 이색李穡 부자이다.

14_ 『고려사高麗史』 공민왕 임진 원년1352년 및 공민왕 계사 2년1352년.

15_ 송인번宋仁蕃, 송윤번宋允蕃, 송의번宋義蕃을 이른다.

16_ 연산 고정리는 그 후 광산김씨의 근거지가 되었는데, 고성이씨는 광산김씨에 비해 3대 앞서서 연산 지방에 입향하였다고 전해진다.

17_ 도사면의 아버지는 도응都膺, 15세기초반 생존으로서 그는 조선개국에 반대한 고려말 두문동 72현인賢人의 한 사람이다. 그는 야은冶隱 길재吉再, 1353-1419의 사위이기도 하다. 도응은 조선 태조 이성계의 친구로서 고려말 찬성사贊成事를 지냈는데, 조선 개국에 임박하여 벼슬을 버리고 충청도 홍주 노은동에 은거함으로써 그의 후손들이 이 일대에 세거하게 되었다. 따라서 도응의 아들 도사면은 연산의 고성이씨와 통혼함으로써 홍성으로부터 이곳 연산으로 이주해 온 것으로 생각된다.

18_ 청동리에 정착한 이다림은 조선초기에 동지중추원사를 역임한 인물이고, 그의 아들 이윤손과 이형손1418-1496은 연산 청동리에 거주하면서 각각 병조판서[정2품]와 전주부윤[종3품], 청주목사[정3품]를 역임하였다. 특히 이형손은 1467년 5월 이시애李施愛의 난에 공을 세워 2등공신에 녹훈되고, 연산에 거주한 이유로 연산군連山君에 봉해졌다가 차후에 본관을 따라 가평군加平君으로 개봉되었다[『세조실록世祖實錄』 1467년세조 13년 9월 20일]. 한편 『세종실록世宗實錄』에 의하면, 천호리에 들어온 기계유씨 유효통은 1408년태종 8년 式年文科에 급제하여 홍문관에 등용된 인물로서 문장과 특히 의학에 정통하였고, 관직은 1427년세종 9년 대사성[정3품] 및 집현전직제학[종3품]를 역임하였다.

19_ 오늘날, 화악리는 여산송씨대신 전주이씨가 대부분의 거주민을 구성한다. 연산 지방에 거주하고 있는 전주이씨는 대부분 가평이씨 이다림의 사위가 되어 낙향한 옥계玉溪 이현동李賢童의 후손들이다. 이현동은 조선의 종실 인물로서 태조 이성계의 3남 익안대군의 자손이다. 15세기 중반경, 이현동은 사육신과 단종이 죽임을 당함에 따라 정치적 소요를 피하기 위해 연산의 처가로 낙향하게 되었다. 이현동은 낙향 초기에 처가인 이다림의 가택에 머물다가 뒤에 연산과 접한 벌곡면 조령리로 은거하였다. 이현동의 후손들은 벌곡면 조령리에 세거하게 되었는데, 일부 후손들은 연산의 각 동리로 이주하였다. 이현동의 큰 아들 이몽윤 및 그 후손들은 조령리에 세거하였고, 둘째 아들 이몽주는 연산 백석리 탄동으로 이주하여 후손들이 그곳에 세거하게 되었다. 그리고 이현동의 5대손 이오륜은 외가 여산송씨가 있는 연산 화악리에 거주하기 시작하였다. 그 후 화악리의 여산송씨 자손들은 점차 마을을 떠나가 그 비중이 줄어든 반면, 외손인 전주이씨는 그 수를 늘려 현재와 같이 화악리의 지배적 성씨로 되었다.

20_ 고려 공양왕1389-1392 때에 과거에 급제하여 검열檢閱을 역임하였으나 요절하였다.

21_ 고려 공민왕1351-1374 때인 1371년에 생원을 하고, 조선왕조에 이르러 대사헌을 지냈으며 1404년 충청도 도관찰사가 되었다. 고려말 직제학直提學을 지낸 김약시金若時, 생몰년 미상, 조선초 광산군光山君으로 봉해진 김약항金若恒, ?-1397이 그의 형이다.

22_ "墓楊州豐壤縣古宅連山面居正里"[『광산김씨양간공파보光山金氏良簡公派譜』, 권일, 19].

23_ 16세 진稹, 1287-1367과 17세 광리光利, 1309-?의 묘소는 풍덕부 동부 망포리 제일동豐德府東部芒浦里第一洞, 현 황해도 개풍군 흥교면 조문리에, 약채의 아들 20세 문問, 1373-1393의 묘소는 황해도 장단군 약사원에, 그리고 18세 남우南雨, 생졸년 미상의 묘소는 경기도 고양 포답원에 있다.

24_ 약채의 할머니는 남양홍씨로서 그녀의 아버지는 선공부령繕工副令 승연承演, 약채의 어머니는 연안이씨로서 아버지는 전법판서典法判書 방昉, 약채의 처는 원주원씨로서 아버지는 정당문학 문정공政堂文學文定公 송수松壽 등 처가 및 외가쪽을 살펴보아도 대부분 개경에 거주하던 인물들로서 충청도 내지 연산 지방과의 인연은 찾을 수 없다.

25_ 김약채의 아들 김문金問도 충청도 연산 출신이었다. 『고려문과록高麗文科錄』에는 김문이 고려 공양왕 때의 과거급제자로 기록되어 있고, 『세종실록世宗實錄』1420년세종 2년 1월 21일자 기사에 "연산의 급제及第 김문金問…"이라는 기록이 있다.

26_ 남편이 일찍 세상을 떠나자 양천허씨의 아버지였던 대사헌 경혜공大司憲景惠公 응應은 고려말 당시의 관행대로 양천허씨를 개가시키려 하였다. 그러나 양천허씨는 아들 철산鐵山, 1393-1450을 데리고 시댁이 있는 충청도 연산 고정리로 낙향하였다. 조선조에 들어 국가로부터 정려旌閭가 내려졌고 전술한 사실들은 『삼강행실록三綱行實錄』 및 『여지승람輿地勝覽』에 실려있다[『광산김씨양간공파보光山金氏良簡公派譜』, 19].

27_ 김약채가 충청도 도관찰사에 취임한 것이 1404년이므로, 만약 김약채가 관직 은퇴후 연산에 거주했다고 간주할 경우 그의 연산 입향시기는 15세기 초반으로 추정된다.

28_ 허응은 고려말 배불론을 주장하여 왕의 노여움을 샀고[『고려사』 공양왕 3년], 이성계의 신진세력에 가담하여 조선 건국을 도왔으며, 조선개국후 배불정책의 강경론자로서 사노寺奴 해방과 과부의 개가 금지를 주장한 바 있다.

29_ 광산김씨는 약채若菜, 19세→문問, 20세→철산鐵山, 21세→국광國光·겸광謙光·경광景光, 이상 22세으로 이어지는 동안 21세 철산이 사헌부 감찰, 국광이 정승에 오르는 등 모두 조선왕조의 고위 중앙 관직을 역임하였다. 특히 22세 국광은 우의정과 좌의정을 거쳐 광산부원군光山府院君에 봉해졌고, 겸광은 예조판서와 좌참찬을 거쳐 세자좌빈객을 역임하였다.

30_ 김약채는 두 아들을 두었는데 큰 아들 김문 외에 작은 아들 김열金閱이라는 인물이 있다. 족보에 의하면, 김열의 묘소는 경기도 광주 퇴촌에 있으며 그의 자손들 중 장손 계열은 경기도 양평 및 양주 일대에 다수 거주하였다. 김열의 나머지 자손들은 비교적 전국 각지로 이주하였는데, 가령 23세 김용석의 후손들이 경상도 흥해로 이주하였고[『영가지永嘉志』], 24세 김균은 경상도 봉화로, 24세 김장은 전라도 무주로, 24세 김수는 예천으로, 26세 소昭의 자손들은 경상도 합천으로 각각 이주하였다. 이렇게 23~24세의 자손들이 대부분 지방으로 이주한 것을 보면 이들의 이주 배경은 정치적 피화被禍로 인한 은거隱居일 가능성이 있다. 차자 김열의 후손들에서 보이는 이러한 전국적인 이주 패턴은 장자 김문의 자손들이 충청도 연산을 중심으로 집중적으로 거주한 것과 매우 대조적이라 할 수 있다.

31_ 돈암서원이 입지했던 원래의 장소는 임리의 숲말[일명 '숨말']이었다. 그러나 연산천이 종종 범람할 때 물이 서원의 뜰 앞까지 들어온 까닭에 1881년 현재의 서원말로 이설하게 된다. 어쨌든 숲말이나 서원말 모두 고정리의 입구 위치에 해당한다. 좀 더 구체적으로 살펴보면 숲말의 위치가 고정리 '동구 밖'인데 비해서 서원말은 거의 고정리의 '동구'에 가깝다.

32_ 양천허씨 정려, 김국광 사당, 김계휘 신도비, 재실인 영모재와 모선재를 말한다. 특히 김계휘의 신도비는 1604년 건립하였는데 당시 마을 안에 있던 것을 고정리 입구로 옮긴 것이다.

33_ 『세종실록』, 세종 2년 2월 21일.

34_ 『성종실록』, 성종 11년 11월 11일.

35_ 『회덕황씨세보懷德黃氏世譜』[무오보戊午譜] 회천군유사懷川君遺事. 황윤보는 족보에서 회덕황씨의 시조로 설정되고 있다. 황윤보가 회덕과 어떤 연고가 있었기에 이 지방에 자리를 잡게 된 것인지는 알 수가 없다. 다만 '숨어살기 위해 들어왔다', 즉 은거隱居했다고 전한다.

36_ 황윤보의 묘지墓誌는 1710년 봄 청주 주안周岸에서 발견되었다[『회덕황씨대동보懷德黃氏大同譜』 권일]. 이 묘지墓誌의 앞면에는 황윤보의 관직을 지문성부사회천군知文成府事懷川君으로 기록하고 있다.

37_ 『회덕황씨대동보懷德黃氏大同譜』에 의하면, 황윤보는 공민왕 때에 신돈辛旽의 집권과 강녕대군江寧大君, 뒷날의 우왕의 책립을 반대하는 주장을 펴다가 결국 받아들여지지 않아 회덕으로 낙향하였다.

38_ 홍무洪武 14년, 즉 고려 우왕 7년1381년에 한산군韓山君 목은牧隱 이색李穡이 지은 기문記文이다. 남루南樓는 고려말 회덕황씨 일가가 운영하던 미륵원의 부속 누각을 말하는데, 목은 이색은 미륵원의 위치, 건립 배경, 기능, 회덕황씨 일가와의 관계 등을 담아내며 이 기문을 지었다. 기문의 전문이 『회덕황씨대동보懷德黃氏大同譜』 9쪽에 실려 있다.

39_ 오늘날 미륵원지彌勒院址에 인접하여 회덕황씨 재실이 입지하고 있다. 1977년 미륵원지가 발굴된 이후 남루가 복원되었는데 건물의 형태에 관한 엄밀한 고증이 안된 상태에서 건립되었기 때문에 경관상의 특성을 언급하기에는 무리가 있을 것이다. 이곳의 위치는 현재의 대전광역시 동구 마산동 산 25-1번지로서 조선초의 행정구역상 회덕현 동면 관동에 해당한다.

40_ 남루기문이 작성된 시기가 1381년이므로, 남루기문을 청한 황수黃粹의 생존 시기는 14세기 후반부터 15세기 초반 사이일 것으로 생각할 수 있다.

41_ 3세 황수가 고려말에 수안군사遂安郡事를 지낸 것을 제외하면 별달리 정계 진출 사실이 없으나, 4세 황자후 대부터 정치적으로 크게 현달한 인물들이 배출되었다. 황자후가 한성판윤으로서 정2품의 관직에 올랐고, 5世 유裕는 태종 임금의 사위로서 회천군懷川君이라는 작위가 내려졌으며, 6세 호浩는 공주판관으로서 종5품에 이르렀다.

42_ 회덕황씨 족보에서는 이 묘지墓誌가 1710년 봄에 청주 주안淸州 周岸, 현재의 대전광역시 동구 오동동 시향골로서 회덕 인근에서 발견되었다고 기록하고 있다. 묘지墓誌의 앞면에는 윤보의 관직이 지문성부사회천군知文成府事懷川君이라 새겨져 있다.

43_ 회천懷川은 회덕의 옛 지명이다.

44_ "南樓在懷德縣之東自京而南往來大路之上…."[12세 후손 식寔의 기문 중에서]

45_ 1977년 발굴조사에 의하면, 미륵원의 규모는 동서 길이 90m, 남북 너비 60m으로서 1,630여평 규모의 대지를 가진 것으로 보고되었다. 3동 이상의 건물이 있었으며 중앙에는 2층 누각이 있는 목조건물이 있었던 것으로 알려졌다. 2001년 현재, 미륵원지의 일부는 대청호가 생기면서 수장되었지만 나머지 일부는 대청호변에 남아있다. 현재는 미륵원지 위에 회덕황씨 재실이 건축되어있으며 그 옆에 남루가 복원되어 있다.

46_ 회덕황씨가 아닌 타성씨 인물만의 숫자이다.

47_ "有室以庇風雨…蔬菜以助適口行旅之受黃氏之賜多矣."[이색의 남루기문 중에서]

48_ "余昔歸寧于鄕道過懷德縣…有院宇歸然出林…登樓…欲留詩."[하륜의 기문 중에서]

49_ "廬宿固爲三代事…."[조분의 시문 중에서]

50_ "施無望報垂陰."[정이오의 시문 중에서]

51_ "…起弊粤若新懷德黃君號吉人."[성석린의 시문 중에서]

52_ 12세 수우재守愚齋 식寔, 1647-?의 기문에 의하면, 그의 8세조 혜의공 자후子厚, 1362-1440가 부친의 유지를 이어 동실과 서실을 증축하였다고 기록하고 있다. 다음을 참고. "八世祖惠懿公又能繼述作

東西室以增盃之…. 「수우재 식의 기문 중에서]

53_ "不募衆緣鳩材工匠悉用家儲撤舊而新之…. 「타인과의 연줄이나 재산을 빌지 않고, 재목과 공인을 모두 집안의 재물을 들여 옛것을 허물고 새로 지어…., 이색의 남루기문 중에서]

54_ 은진송씨가 회덕에 처음 자리를 잡은 것은 입향조 송명의宋明誼가 회덕황씨의 사위가 됨으로써 가능했다. 은진송씨가 처음 거처를 정한 곳은 현재의 대전광역시 동구 토정리土井里 혹은 토우물로서 회덕황씨의 세거지 내에 있었다. 은진송씨와 회덕황씨의 초기 통혼 관계 및 정착과정은 양가의 족보에 공히 기록되어 있다.

55_ 조선초기 회덕현 동면 관동寬洞은 현재의 대전광역시 동구 마산동 일원에 해당한다. 오늘날 이곳에 남아 있는 회덕황씨 종중 재산은 재실과 함께 임야가 13,660㎡, 밭田이 1,289㎡, 논畓이 6,523㎡에 이른다. 이곳에는 미륵원 터와 남루가 남아있고 선대의 묘소가 집중적으로 분포한다.

56_ "公曄綱紀幾絕爭期棄命卽與錦城大君謀事而覺暗被暴禍而卒."「『회덕황씨대동보懷德黃氏大同譜』]

57_ 황경식씨 제보[62세, 대전광역시 동구 마산동 산 25-1번지 회덕황씨 재실 거주].

58_ "執端先祖卜居懷川之土井宋之世於懷昉以此…", 執端府君遺墟碑陰記, 14代孫 基鼎, 『은진송씨승지공파보』 문헌록, 15 ; "恭愍王自安東還都次于淸州御拱北樓試士君登…官至司憲府執端始家懷德東面土井里有遺墟…",『은진송씨진산공파세보』대전:회상사, 1990, 45.

59_ 은진송씨대종중, 『은진송씨의 뿌리와 전통』대전:향지문화사, 1993, 30.

60_ 『은진송씨진산공파세보』대전:회상사, 1990, 46.

61_ 은진송씨승사랑공종중, 『송촌의 인물과 유적』대전:향지문화사, 1996, 18.

62_ 이 시문詩文들은 『은진송씨승지공파보』 문헌록19~28에 수록되어 있다.

第7章 종족집단의 지역화과정(Ⅱ: 경관 생산 단계)

01_ "연산連山의 급제及第 김문金問의 처는 나이 20세에 지아비가 죽었는데 무덤 곁에 여막을 치고 능히 3년을 마쳤으며, … 임금이 명하여 … 김문의 처 許氏 … 등에게는 그 마을에 정문旌門을 세워 포상하고 그 집의 요역을 면제하게 하고…….「세종실록世宗實錄』세종 2년 1월 21일.

02_ 조선시기에 있어서 나라에 특별한 공훈이 있었던 인물이 졸卒한 경우, 중앙 조정에 의해 그

를 영원히 사당에 모셔 제향할 수 있도록 특별히 허가된 신위神位를 말한다.

03_ 이시애李施愛, ?-1467는 본관이 길주吉州로서 그의 집안은 대대로 함경도 길주에 거주하던 지방 호족이었다. 지방 호족으로서 그는 세조가 추진한 강력한 왕권 확립과 중앙집권화의 시책에 불만을 가질 수 밖에 없었고, 결국 1467년 함경도 일대를 장악하면서 반란을 일으켰다. 이 시애의 난이 발발하였을 때 김국광金國光은 병조판서의 지위에 있으면서 반란을 평정하는데 큰 공을 세우게 된다.

04_ 『성종실록成宗實錄』 성종 11년 11월 11일.

05_ 돈암서원 경내에 복원되어 있음.

06_ 김계휘는 1549년명종 4년 9월 식년시式年試에서 을과乙科에 합격한 후 관직이 예조참판에 이른 인물이다『명종실록明宗實錄』명종 4년 1월 20일. 특히 그는 국토의 인문지리에 관심을 보여 당시 조선의 산천, 마을, 도로, 성지 등의 형세와 농작물 생산 현황, 각 지방의 전통, 연혁, 씨족 원류 등 을 파악하여 기록을 남겼다임진왜란 때 소실되었다. 『국조인물고國朝人物考』.

07_ "양사兩司가 아뢰기를, '김홍도는 사사로이 김규와 어울려 사론邪論을 주장하여 사습士習을 오 도했으니 … 이귀수와 김계휘도 서로 빌붙어 맞장구 쳐서 성세聲勢를 도왔으니 파직만 해서 는 안됩니다. 아울러 관직을 삭탈하고 문외출송門外黜送시키소서'하니 그대로 시행하라고 하 였다."『명종실록明宗實錄』 명종 12년 6월 10일.

08_ 조선초기에는 유교적 교육기관인 서당과 서원을 불교 사찰 터에 세우는 경우가 종종 있었다. 조선왕조는 억불정액抑佛政策을 추진하면서 혁파 대상이었던 사원寺院이나 폐사廢寺를 공공용지 로 접수하는 경우가 많았다. 이러한 장소는 기존의 시설과 대지를 재활용한다는 경제적 잇 점뿐만 아니라 억불숭유라는 새로운 조선왕조의 정치철학과도 합치하는 것이었기 때문에, 서당이나 서원같은 유교적 교육기관이 입지하기에 매우 용이하였다. 입지立地의 측면에서는 지리적 장기지속을 함의하면서도 경관의 상징성에 있어서는 시간적 단절성을 보여주는 사례 이다. 사찰 입지를 유교적 교육기관의 입지로 대체하려했던 것과 관련된 기록으로는 다음과 같은 것들이 있음:"홍문관 직제학 송질 등이 성종 임금에게 사은謝恩하기를, '… 융성한 사 업을 유지하여 지켜 이룩하고 문文[성리학을 숭상하여 교화를 일으키시는 전하를 만나 … 사 찰寺刹을 폐하고 그 자리에 서원書院을 세우며 훌륭한 편액을 내리고 아름다운 잔치를 베푸셔 서 …….'하였다."『성종실록成宗實錄』 성종 24년 5월 13일; "행부사과行副司果 어득강魚得江이 상소하였는 데, '신은 생각하건대 … 충청도 · 강원도 · 전라도의 중앙과 경상 좌우도에 각기 한 사찰寺刹 을 얻어서, 생원이나 진사를 막론하고 도내의 명유名儒들을 불러 모아 … 독서하게 하는 것을 연례로 해야 한다고 생각합니다'하였다."『중종실록中宗實錄』 중종 37년 7월 27일. 이 외에 고려의 사찰 터가 조선시기의 서원 입지 장소로서 선호되었음을 주장하는 논문들로서 다음과 같은 것들

을 참고: 이수환, 1984, "영남지방 서원의 경제적 기반 II," 대구사학, 제26집, 대구사학회; 이상윤·김용기, 1995, "조선시대 서원의 입지특성 및 변화과정에 관한 연구," 한국조경학회지, 23-1, 157-173; 안장헌·이상해, "조선시대 서원의 역사와 서원건축," 서원, 열화당, 339-357.

09_ 현재 정회당은 이 자리에 남아있지 않으나 근처에 김계휘 손자 김집金集의 묘소가 있다. 정회당은 현재 연산면 고정리의 돈암서원 내에 복원되어 있다.

10_ "박순, 정철, 이이, 박응남, 김계휘, 윤두수, 윤근수, 박점, 이해수, 신응시 등이 심의겸과 생사生死의 사귐을 맺고 서로 세력을 성원하여 ……."『선조실록宣祖實錄』, 선조 17년 8월 18일.

11_ 『정회당지靜會堂誌』「유장儒狀」.

12_ 『정회당기靜會堂記』「입의立議」조. 정회당의 지역적 배타성에 관련된 분석은 다음 논문의 해당 부분을 참고: 이연숙, 1993, "돈암서원 연구", 충남대학교 사학과 석사학위논문, 7-8.

13_ 1457년세조 3년 역모 사건을 해결한 공으로 원종공신 3등에 녹훈된 인물이다.『세조실록世祖實錄』, 세조 3년 8월 12일 기사.

14_ 매입하기 직전의 소유자는 최청강이 아니었던 것 같다. 최청강은 1462년 불충, 불효의 죄목으로 원종공신적原從功臣籍에서 삭제당하고, 연산에 인접한 진산의 관노官奴에 처해졌다는 기록이 있다.『세조실록世祖實錄』, 세조 8년 7월 11일. 즉 적어도 1462년 이후에는 아한정 및 그 부지가 최청강에게서 박탈되어 국가나 관청의 소유로 되었을 가능성이 크다. 따라서 김석金錫은 아한정을 국가나 관청으로부터 구입하였거나 높은 정치적 지위를 배경으로 하사받았을 것으로 본다.

15_ 돈암서원 경내에 복원되어 있음.

16_ 남명南冥 조식曺植의 수제자로서 남명학파를 이어갔다. 그는 동서東西 붕당 시절에는 경상도에 세력권을 둔 동인 측에, 그리고 동인이 다시 남북 붕당으로 나뉜 때에는 경상남도에 세력권을 가진 북인 편에서 활동하였다.『국조인물고國朝人物考』. 따라서 그는 관직에 오른 뒤 서인에 대해서는 거의 적대적인 일처리를 하였는데, 특히 1602년 대사헌으로 승진한 뒤에는 성혼 등 서인을 탄핵한 사실이 있다. 이러한 상황에서 김장생은 정인홍의 정치 행위에 불만을 갖고 고향인 연산으로 기관낙향棄官落鄕하였다.

17_ 전용우의 분석1993에 의하면, 율곡 이이의 문인은 76명 중 근거지를 알 수 있는 경우는 33명인데, 이 중 2명을 제외하면 모두 비영남권에 해당하는 것으로 나타났다94%. 구체적으로 보면, 강원 1명, 경기 9, 황해 7, 충청 4, 전라 10명이다.

18_ "… 나는 경락京洛에서 생장生長하여, 조정에서 관직에 매달려 쓸데없는 일에 시달렸으므로

…余生長京洛繁官於朝役役塵冗". 「돈암서원지遯巖書院誌」, 「양성당기養性堂記」.

19_ 「죽림서원도록竹林書院都錄」.

20_ 임리정臨履亭은 「시경詩經」 「소민小旻」편의 "如臨深淵如履薄氷"이라는 구절에서 이름을 따온 것이다허경진, 2000, 충남지역 누정문학 연구, 태학사, 49. 즉, 학문을 임하거나 어떤 행동을 함에 있어서 "깊은 연못에 임하는 것과 같이 두려워하고 살얼음판 위를 걷는 것과 같이 조심하다"는 의미이다.

21_ 설립자인 사계 김장생은 타계 후 죽림서원에 추배追配되었고, 그 뒤인 1665년에는 죽림서원에 사액이 내려지면서 유림의 합의에 따라 정암 조광조, 퇴계 이황, 우암 송시열의 위패를 추배하였다. 현재 위패의 위차位次는 정암-퇴계-율곡-우계-사계-우암 순으로 되어 있어서 당초의 배향 순서와는 다른 것을 알 수 있는데, 생존 연대와 성리학적 계보를 고려한 것이라 생각할 수 있다. 다만 배향 인물 중에 영남사림파의 종장宗丈으로 알려진 퇴계 이황이 있다는 점이 특이하다. 필자가 생각하기엔 1659년 효종이 급서한 뒤 복제문제로 제1차 예송禮訟이 있었고, 여기서의 견해 차이로 인해 1660년대부터 본격적으로 붕당 형성이 가속화되었음을 감안하면, 퇴계 이황이 죽림서원에 배향된 1660년대만 하더라도 아직 그는 영남사림파의 종장으로서보다는 조선 성리학의 대가로서 인식되고 있지 않았을까 사료된다. 즉, 죽림서원에 관여한 유생들은 조선 성리학의 정통성과 기호학파로서의 정통성을 모두 확보하고자 한 것이라 생각되는 것이다. 물론 그 수렴점은 기호학파, 호서사림파를 지향하는 방향성을 보인다는 점에서 죽림서원은 명백한 기호사림파 계열의 서원인 것이다.

22_ 「국조인물고國朝人物考」.

23_ 김은휘金殷輝, 1541-1611는 김호金鎬의 아들로서 김계휘의 친형이 된다. 그러나 김은휘는 큰 아버지인 김석金錫에게 양아들로 들어감으로써 김계휘와 사촌지간이 되었다.

24_ 「광산김씨족보光山金氏族譜」.

25_ "이 때에 사계 김장생은 화禍를 당해 연산으로 돌아와 있으므로, 송이창은 매번 서로 왕래하고 … 특별히 서로 잘 허가하고 알아주며 술을 나누고 때묻지 않은 곳을 거닐면서 …時沙溪先生立遭禍歸在連鄕每相往來 … 特相善許而知已許酒相邀逍遙垢塵之外……." 「동춘당선생문집同春堂先生文集」 권37, 先考靜坐窩府君 年譜 56歲條. '정좌와靜坐窩'는 송이창의 호號이다.

26_ 김장생, 김집의 자손으로서 송시열과 송준길의 문인이 된 사람은 김만균, 김만기, 김만중, 김만중, 김신망, 김용겸, 김이수, 김익경, 김익견, 김익추, 김진구, 김진규, 김진옥 등 13명이다가나다 순.

27_ 돈암서원은 양성당이 있던 장소에 건립되었기 때문에 양성당은 돈암서원으로 흡수되었으며 그 이전의 광산김씨 서당이었던 벌곡의 정회당 또한 마찬가지였다. 그리하여 돈암서원 건립

과 더불어, 연산 지방에는 이이와 성혼을 배향하는 임리정 · 죽림서원과 김장생을 배향하는 돈암서원이 양대 서원을 이루게 되었다.

28_ 김장생의 연산 거주지가 '연산천 연안'에 있었기 때문에 '계상溪上'이라 한 것 같다.

29_ "沙溪文元公金先生以崇禎辛未八月易簀于溪上旣葬門人弟子無以寓其羹墻江漢之思則卽溪上舊居之左刱立祠宇..."『돈암서원지遯巖書院志』원정비문院庭碑文.

30_ 총54명의 열읍유사를 인원이 많은 순서로 열거하면 다음과 같다출처: 『돈암서원지遯巖書院志』: 회덕7: 송국시, 송석규, 송승길, 송희명, 박휘길, 이경, 정선; 니산5: 김완, 김의립, 박설, 민여서, 이경; 옥천4: 곽현, 곽지인, 유식, 정홍계; 공주3: 손몽열, 윤빈, 황변; 연기3: 윤정홍, 임상기, 최달원; 문의3: 오시립, 오상관, 송지찬; 목천3: 황종해, 김득신, 이성기; 아산3: 윤태형, 윤헌지, 김영; 청산3: 육지관, 김종룡, 신철; 보은3: 김곤, 김용, 이후재; 전의2: 이필원, 이지윤, 조흔중; 천안2: 이광춘, 전홍서; 직산2: 박유서, 조견룡; 신창2: 권책기, 이일; 평택2: 방전, 신복홍; 영동2: 정이관, 윤덕형; 황간2: 이준업, 박유동; 진잠1: 최속; 온양1: 이항; 회인1: 박천령.

31_ 송시열이 유학幼學으로, 송준길이 전세마前洗馬로 등록되어 있다.

32_ 이긍길, 이함길, 이복길, 이희영, 이희창, 이중기, 이영선, 이항길, 이성신. 이들 중 이항길李恒吉은 돈암서원의 출문유사에도 참여함.

33_ 연산 지방 서북쪽으로 인접해 있는 니산의 파평윤씨는 돈암서원 창건시까지만 하여도 광산김씨, 은진송씨와 함께 호서사림파를 주도하던 3대 종족집단에 해당하였다. 파평윤씨는 16세기 중반경 니산 지방에 정착하였고 입향조는 21세 윤돈尹暾, 1519~1577이었다. 그리고 윤돈의 손자인 윤전 및 증손인 윤운거가 돈암서원 건립에 출문유사로서 참여하였다. 윤전의 형제인 윤황은 은진송씨와 혈연 관계를 맺고 있었다. 윤황의 손자 윤증은 회덕에 있는 안동권씨 권시의 딸을 배필로 삼았는데 권시는 송시열과 사돈지간이기도 했다. 윤전의 누이동생은 송시열 부친의 항열인 은진송씨 송희조와 통혼하였다. 또한 윤황의 아들 윤선거는 광산김씨 김집의 문하생이었으며, 그의 아들 윤증은 송시열이 한 때 자신의 수제자로서 공인한 인물이다. 이렇듯 돈암서원이 건립 시기를 전후로 해서 파평윤씨는 광산김씨 및 은진송씨와 혈연상으로는 물론이고 학맥으로도 깊은 관계에 있었다. 그러나 병자호란시 윤선거의 강화성江華城 탈출 사건, 송시열과 학문적으로 대립했던 윤휴에 대한 윤선거의 우호적 태도, 그리고 윤증이 의뢰한 윤선거의 묘지명에 대한 송시열의 '술이부작述而不作' 문구 등을 사인으로, 송시열과 윤선거 · 윤증 사이에는 소위 '회니시비懷尼是非'가 일었고 이로 인해 17세기 말부터 파평윤씨는 호서사림파로부터 분리되었다. 주지하듯이 회니시비는 '회'덕[은진송씨 근거지]과 '니'산[파평윤씨 근거지]의 시비 논쟁, 즉 송시열과 윤선거 부자 사이의 시비를 뜻하고, 나아

가 영역성에 있어서의 공간 분할을 함축한다. 그 결과 18세기 이후 연산·회덕의 지역사회 영역성은 니산과 그 세력권에 들어간 충청 서부지역을 포함시키지 못하는 형태를 띠게 된다.

34_ 이러한 천거薦擧 관행은 소위 산림직山林職의 설치를 통해서 제도화되어 운영되었다. 예를 들면, 김장생, 김집을 비롯해 송준길, 윤선거, 윤원거, 윤증 등 동일한 학문적 계보상의 수많은 사림들이 산림직을 통해 등용되었다. 산림직의 설치와 운영에 관한 상세한 내용은 김세봉1994의 논문을 참고. 이렇게 등용되는 사림들에게는 식물食物의 하사, 상경했을 때 머물 가옥의 수리, 상경했을 때나 고향에 내려갔을 때 가마나 마필의 제공 등의 대우를 누리기도 했을 만큼우인수, 1999: 34, 학문 계보망에서 비롯된 권력의 효과는 지대하였다.

第8章 종족집단의 지역화과정(Ⅲ: 영역성 재생산 단계)

01_ "此我先祖妣 柳氏舊居而朝家命旌之間也"송준길, 1665,「류조비정려비기柳祖妣 旌閭碑記」

02_ "臣浚吉猥侍講筵先大王適語及貞婦事臣敢擧先祖妣 遺蹟以對先大王遽教日頃歲已命旌之矣" 송준길, 1665,「류조비정려비기柳祖妣 旌閭碑記」.

03_ "先正臣宋浚吉白上日故學生臣時昇天性至孝父縣監啓祿病且死割指以進血……"「『도암집陶菴集』李縡文集,「송씨삼세정려기宋氏三世旌閭記」, 권 24

04_ "我文正[文正: 송준길의 시호]先祖次第陳白於孝顯兩朝并蒙贈官"「『금곡집錦谷集』宋來熙文集,「송씨삼세정려이건기宋氏三世旌閭移建記」, 권 11.

05_ 송준길의 고조.

06_ 송준길의 증조.

07_ 각각 송준길의 조부와 아버지.

08_ "시열이 … 일찍이 선생[신독재 김집]의 명으로 노선생[사계 김장생]의 행장문을 지었는데 '사실事實에 다소 지나치는 말이 있다'하며 '스승으로 이어오는 의리에 어찌 이렇게 감히 성실하지 못한가'하므로 시열이 황공하게 생각하였는데 …時烈…嘗以命撰老先生狀文先生日有些溢辭師承之義何敢不誠如此時烈惶恐……"「文敬公 愼獨齋先生 諱 集 神道碑銘」, 宋時烈 撰.

09_ 김장생의 손자.

10_ 김장생의 서손庶孫.

11_ 김장생의 증손.

12_ 김장생의 증손. 숙종 임금의 장인.

13_ 김장생의 증손.

14_ 김계휘(김장생의 아버지)의 형인 김은휘의 증손.

15_ 김반(김장생의 아들)의 증손.

16_ 김만균(김장생의 증손)의 아들.

17_ 원칙적으로 서원의 제향인은 유학(儒學)에 큰 공이 있어야 하지만 서원 건립과 위차 선정이 후학들에 의해 추진될 수 밖에 없다는 점은 매우 중요하다. 서원 건립 자체가 학문 계보를 반영하는 것이기 때문이다. 따라서 서원은 비가시적인 학문 계보가 경관화한 것이라 볼 수 있다. 서원 제향인의 자격이 1차적으로 유교적 학행이 있는 자이어야 했지만 숙종 대에 와서는 그러한 원칙에 벗어난 경우가 많아졌던 것 같다: "書院之享必待有功於斯文者而近來則不然" [『서원담록(書院謄錄)』권4 경진(숙종 26) 11월 5일].

18_ 물론, 문중서원(門中書院)과 소위 유림서원(儒林書院)의 상대적 비중은 시간 흐름 속에서 크게 변화하므로 신중한 판단을 요한다. 문중서원의 건립 빈도는 18, 19세기로 갈수록 크게 증가한 것으로 보고되고 있는데(이해준, 1998, 이것은 조선사회의 유교적 질서가 해체되는 데서 기인한 전국적인 경향이었다. 따라서 호서지방의 서원을 이해하기 위해서는 18세기 이후의 시점에서는 그러한 전국적인 추세를 감안하는 것이 중요하겠지만, 16세기를 전후로 창립된 초창기의 서원을 이해함에 있어서는 호서지방 고유의 지리적 특성(중앙 정치에 관여한 주요 인물들의 일상적 거주지로서의 특성. cf.조선시기 중앙 관료에게 있어서 중앙에서의 정치 활동과 지방에서의 일상적 거주가 가능했던 남한계선을 충청 지방까지로 보려는 시각임)으로 인해 야기되는 학연의 계보적 속성에 초점을 맞추는 것이 의미 있을 것이다. 호서지방의 유림세력은 중앙 무대에서 활동하던 주요 인물을 중심으로 정치적 권력망과 학연계보를 바탕으로 존재하였고, 바로 이들에 의해 건립되고 유지되었던 소위 유림서원이 우세할 수 있었다고 생각된다.

19_ 이에 비해 호남지방의 서원은 전체적으로 볼 때 문중 인물을 제향하는 문중서원인 경우가 많고, 그 제향 인물은 학덕있는 선현보다는 종족집단 내의 특출 인물인 경우가 많다(최완기, 1999: 27. 이러한 이유로 호남지방의 서원들은 계보적 연관성이 적고, 이런 의미에서 보면 분포 패턴에 있어서 분산적인 점적 분포를 보인다.

20_ 서원을 장(場)으로 하여 이루어진 송시열의 강학 활동은 학문적 계보의식을 전파, 강화시킴으로써 지역 유생들을 포섭하여 가게 되는데, 이것이 영역성의 확장 방식이었다. 다음을 참고: "송시열은 매월 1일과 15일이면 어김없이 서원에 들렀다. 방문하는 서원은 어느 한 곳으로

정해져 있지 않았고, 그곳에 가서 하는 일은 항상 같았다. 먼저, 배향된 선현들의 위패 앞에서 분향을 하고 참석한 유생들과 상호 절하는 예를 행한다. 이어서 강학이 시작되면 서원은 유생들로 비좁아지고 만다."이종호, 2000: 134.

21_ 보은 현감으로 재직하고 있던 성제원이 1610년에 건립하면서 김정과 성혼을 배향하였다. 김정은 조광조와 함께 기묘사화로 희생된 사림파의 한사람으로서 보은에 유배된 연고에서, 성혼은 보은이 출신지라는 이유에서 각각 배향되었다.

22_ 1570년선조 3년에 세워졌고 청주 목사를 역임한 연고로 이이를 주향主享으로 삼아 경연, 김정 등을 배향하였다.

23_ 1580년선조 13년에 세워졌고 단양군수를 역임하고 제천 지방에서 강학활동을 했던 이황을 독향獨享하였다.

24_ 1581년선조 14년에 건립되어 주자朱子, 이존오, 이목, 성제원 등이 배향되었다.

25_ 1594년선조 27년에 세워졌고 한산 출신의 대표적 유학자인 이곡과 이색을 배향하였다.

26_ 1608년선조 41년에 건립되었고 옥천 출신으로서 임진왜란 때 순절한 조헌을 독향獨享하였다. 창주서원은 표충사라는 사우祠宇에서 출발한 서원이다.

27_ 봉암서원은 1651년 창건되었고 청주한씨 한충을 배향한 서원이다.

28_ 1608년 건립되어 옥천 출신의 유학자이자 임진란 충신인 중봉 조헌을 배향하였음.

29_ 1592년 건립되어 정광필, 김정, 송인수를 배향하고 있었다.

30_ 1581년 주자, 이존오, 이목, 성제원을 배향하며 건립되었다.

31_ 현재의 옥천군 이원면 용방리 구룡촌으로서 이곳에서 송시열이 태어났고 회덕으로 이거移居하기 이전까지 12년을 구룡촌에서 살았다.

32_ "壬辰遭倭亂… 甲午聘我先妣 于沃川仍寓居焉"송자대전宋子大全』 권 188, 「황고수옹부군묘지皇考睡翁府君墓誌」이라는 기록에서 보이듯이, 송시열의 아버지x 송갑조는 임진왜란을 당하여 갑오년에 처 선산곽씨善山郭氏의 세거지인 옥천으로 이거하게 된다. 임진왜란 후 갑오년이라 기록되어 있으므로 옥천에 정착한 시기는 1594년임을 알 수 있다.

33_ 송시열은 8세 때부터 회덕의 송이창에게 가서 수학하였으며 이 때부터 송이창의 아들인 송준길과 교우하였고, 12세 때에는 송준길의 권유로 회덕으로 거주지를 옮기게 되었다. 또한 송이창은 그 이전부터 연산의 김장생을 찾아가 공부하고 있기 때문에, 송시열은 송이창의 학맥에 힘입어 송준길과 함께 다시 연산의 김장생 및 그의 아들인 김집을 스승으로 섬길 수

있었다. 송시열과 송준길 및 김장생 부자와의 관계에 대해서는 조선왕조실록에도 상세히 기록되어 있다: "송준길은 송시열과 같은 종족宗族이면서 또한 중표형제中表兄弟가 되고 함께 김장생 · 김집 부자를 스승으로 섬겨 덕망이 서로 엇비슷하였다. 그러므로 세상 사람들이 '양송兩宋'이라 칭하였고……. 與宋時烈旣同宗且爲中表兄弟而同師金長生金集父子德望相孚故世稱兩宋」「현종실록顯宗實錄」, 현종 13년 12월 5일.

34_ 조선조 효종이 승하하였을 때, 효종의 계모이자 인조의 계비인 자의대비 조씨가 어떤 복을 입어야 하는가 하는 논의가 일어났다. 이 때에 서인 송시열과 송준길은 기년복朞年服을 주장하고 영남의 남인 윤휴와 호목은 삼년복三年服을 주장하였다. 그리하여 조정은 처음에 기년설을 채용하여 그대로 실시하였다. 그러나 이것에 대한 반박과 판명은 여러 번에 걸쳐 되풀이 되었는데, 현종 1대 15년 동안과 숙종 25년경까지 전후 약 35년에 걸쳐 계속되었다. 이것이 조선의 당쟁을 대표하며 여러 차례에 걸쳐 반복된 소위 예송논쟁禮訟論爭의 개략적 전말이다현상윤, 1999, 조선유학사, 서울: 현음사, 193-207. 이러한 예송논쟁시 중앙 조정에서 패배하면 지방의 근거지는 일시적 안식처로 활용되었고 상황이 호전되면 언제나 중앙에 재진출했기 때문에 논쟁은 수시로 계속되었다. 이런 면에서 지방의 근거지를 중심으로 한 지역사회는 정쟁을 위한 후방기지나 다름 없었고, 조선의 당쟁이 지속될 수 있도록 한 주요 원인의 하나로 간주될 수도 있을 것이다.

35_ 「열읍원우사적列邑院宇事蹟」「충청도忠淸道」 황간 송계서원 條, 민창문화사 영인본, 301-305.

36_ 구암서원의 위차 조정은 우암 송시열의 문인이 주관하여 송시열에게 品稟함으로써 결정되었다: "1613년계축년 12월 22일에 설립하여 서락재, 박수암, 이서계 선생을 철향腏享했다. 그 후 1666년현종 병오년에 송시열의 문인 황진검 등이 동고 이선생과 방촌 이선생에 대한 통문을 발하여, 그 위차位次를 우암 송시열에게 물어본 결과, 동고 선생을 주향으로 삼게 되고…癸丑十二月二十二日設立…士林腏享徐樂齋朴守菴李西溪三先生矣其後顯廟朝丙午尤庵門生黃震儉等發通士林東臯李先生芳村李先生而位次則棄于尤庵宋先生以東臯爲主享……".[「열읍원우사적列邑院宇事蹟」「충청도忠淸道」 청안 구암서원 條. 민창문화사 영인본, 102].

37_ 영동의 화암서원은 도내 선비들이 송시열에게 品議稟議하여 창건하였고, 송시열은 봉안문을 작성하였다: "顯廟朝庚戌道內章甫稟議于文正公宋時烈創建腏享而宋時烈製安文曰……." 「열읍원우사적列邑院宇事蹟」「충청도忠淸道」 영동 화암서원 條. 민창문화사 영인본, 313-314.

38_ 1681년 송시열이 서원 건립을 발의하였고, 모든 벼슬아치와 유생들이 1693년숙종 계유년에 서원 창건을 위한 통문을 발하였다: "肅廟朝辛酉尤庵宋先生發論縉紳章甫發通癸酉建立…." [「열읍원우사적列邑院宇事蹟」「충청도忠淸道」 석성 봉호서원 條. 민창문화사 영인본, 371].

39_ 괴산의 화양동은 황간의 한천과 함께 송시열이 거주하며 강학하던 장소 중에 하나이다. "송시열이 청주 화양동의 천석泉石을 매우 사랑하여 그 가운데에 집을 짓고 선비들과 강도講道하였는데, 실로 주자의 무이武夷와 같으므로 여러 선비들이 원우院宇를 베풀어 제향하니 … 임금이 말하기를 '송시열은 다른 유현儒賢과 같지 않고 화양동은 다른 곳에 견줄 것이 아니니 특별히 사액하라' 하였다. "『숙종실록肅宗實錄』 숙종 22년 9월 6일.

40_ 한천서원은 송시열이 만년에 거주하며 강학하던 장소에 건립한 것으로서 지방 유생들이 발의하고 송시열의 수제자인 권상하가 봉안문을 작성하였다. "寒泉書院卽文正公尤庵宋先生時烈晩年棲息講道之所... "『열읍원우사적列邑院宇事蹟』『충청도忠淸道』, 민창문화사 영인본, 305-306. 한천서원은 조선 영조 대의 첩설 금지 정책이 집행될 때에도 예외로 허가될 정도로 그 건립과정에는 중앙 권력의 지원이 있었던 것 같다: "황간의 냉천서원冷泉書院, 현재의 한천서원을 말함은 송시열이 문인과 더불어 도학道學을 강론하던 장소입니다. 사실은 청주당시 괴산 화양동은 청주 관할의 화양서원과 다른 것이 없으니 … 임금이 말하기를 '근래에 서원의 폐단이 있기 때문에첩설疊設하는 것을 엄중히 금하려고 하나 이곳은 송시열이 거처하던 곳이므로 화양서원의 규례에 의거하여 사액賜額한다'고 하였다. "『영조실록英祖實錄』영조 1년 10월 7일

41_ 18세기 이후의 문중서원은 주요 특징으로서 다음과 같은 요소들을 내포한다: 서원 설립이 공론을 거치지 않고 사의私意에 의함; 추가로 배향하는 인물의 성씨가 있을 경우 앞서서 배향된 인물의 그것과 동일함; 재정 지원 및 건립 주체가 특정 성씨에 국한됨; 군현 단위에서 특정 성씨의 입향조가 배향되는 경우가 많음문중서원의 출현과 특징에 관해서는 다음 저술을 참고: 정만조, 1997; 이해준, 1994. 한편 문중서원의 출현 양식은 두 가지로 정리되고 있는데, 하나는 기존에 공론을 통해 건립된 서원이 특정 성씨주로 배향 인물과 관련된 성씨인 경우임의 재정 지원에 의해 유지되면서 18세기 이후에 문중화門中化하는 경우이고, 다른 하나는 특정 성씨 중심의 서당이나 사우가 각각 제향시설과 교육시설을 병설함으로써 문중서원으로 발전하는 경우가 있다.

42_ 회덕향약은 1977년 대덕군현 대전광역시 관내 문화재 조사의 일환으로 회덕향교의 자료를 조사하던 중 발견되었다. 발견자는 충남대 성주탁 교수이며, 『백제연구』 제9집충남대 백제문화연구소, 1978에 '회덕향약고懷德鄕約考'라는 보고문을 게재하였다.

43_ "一鄕之中又有南宋北姜之稱故姜氏爲次多焉矣"『회덕향약懷德鄕約』「서문序文」, 1672, 송시열

44_ "광산김씨, 여흥민씨 같은 종족에 이르러서는 그 선조의 묘소가 경내에 있기 때문이다. "『회덕향교지懷德鄕校誌』, 27.

45_ "余惟湖西舊有三大族之稱盖謂連山之金尼山之尹而其一卽懷之我宋也"송시열, 1672, 『회덕향약懷德鄕約』「회덕향안서문懷德鄕案序文」

46_ "夫金尹宋三族相與婚媾 爲舅甥焉… 則名雖爲三而其實一而已矣" 송시열, 1672, 「회덕향약懷德鄕約」「회덕향안서문懷德鄕案序文」

47_ 종족집단별 구성원 수를 추출해 보면, 송씨 106명41.1%, 강씨 36명14.0%, 박씨 31명12.0%, 이씨 20명7.8%, 김·노씨 각 10명각 3.9%, 변·한씨 각 9명각 3.5%, 연씨 8명3.1%, 황·양씨 각 5명각 1.9%, 정·나씨 각 4명각 1.6%, 조씨 1명0.4%으로 나타난다. 이상 소수 둘째자리에서 반올림

48_ 동일한 종족집단 내에서도 계파 및 지위 차이에 따른 사회적 분화가 거주지 분화와 대응한다는 연구 결과가 있다. 최기엽1987은 경기도 화성군 서신면 홍법리의 남양홍씨[土洲] 및 충남 천원군 동면 장송리의 안동김씨 종족촌락을 사례로 들면서 다음과 같이 정리하였다. "위의 두 사례를 통하여 lineage 단위로 형성되는 지연적 집중이 마을을 형성하는 과정을 추적할 수 있었다. 한국의 대부분 동족촌에 있어서 자연부락의 형성이 이 같이 파별 집중을 중심으로 이루어짐이 실증되었다."최기엽, 1987, 29 그러나 사회 계층상의 분화와 이에 따른 촌락 입지상 차별화 사이의 상관성에 관한 논의는 현재로서는 사례 검증 빈도가 매우 적고 그 분화分化의 주된 시기, 시차, 원인 및 과정에 대한 다각적인 검토가 여전히 미흡한 상태이다.

49_ "鄕之有約猶國之有敎敎而化一國約而正一鄕 … 惟我懷川一邑素稱禮義之鄕"「회덕향약懷德鄕約」「향약서鄕約序」, 1672, 송규렴 저.

50_ 여기서 사용하고 있는 유림서원儒林書院이라는 용어는 18세기 이후의 문중서원과 구별하려는 의도에서 사용하는 개념으로서 유림들간의 공론公論에 의해 창건되었음을 의미한다. 배향인물의 성씨 구성만을 보면 특정 성씨만을 제향하는 문중서원과 일견 유사해 보이지만, 서원의 건립시기 및 배향인물의 권력망과 학문적 계보를 살펴보면 문중서원의 특징과 전혀 다른 서원이 호서지방의 초창기 서원들 중에서 나타나기 때문이다.

51_ 1722년 진천 지방에는 충청북도에서는 유일하게 소론계 서원이 세워졌는데, 제향인물은 숙종조 후반의 소론小論 영수領袖로 활동했던 최석정이다. 진천 지방은 한 때 최석정이 귀양살이를 하던 곳으로서의 인연이 있는데, 이를 연고로 소론이 노론과의 쟁론에서 일시적으로 집권하던 1721~1724년 사이에 건립될 수 있었던 것으로 본다.

52_ 음성군 삼성면 용성리에 있으며, 정구가 충주부사로 있으면서 이곳에 왕래하여 서당을 세웠다. 뒤에 충주유생의 주관으로 운곡서원으로 격상, 창건되었고, 주자와 정구를 배향하였다.
「열읍원우사적列邑院宇事蹟」「충청도忠淸道」, 민창문화사 영인, 73.

53_ "충주의 누암서원은 송시열을 제향하는 서원이고 민정중이 함께 배향되어 있습니다. 권상하도 이 장소에서 송시열을 모시고 강론하였으니……"『영조실록英祖實錄』 영조 1년 5월 2일; "충주의 누암서원은 … 정호가 노년을 보낸 곳입니다."『정조실록正祖實錄』 정조 19년 4월 6일.

54_ "누암서원의 액호를 임오년에 사액하였는데 … 충주 유학幼學 이진유가 사사로이 도신道臣에게 위협을 하여 억지로 액호를 철거하게 하였다."『영조실록英祖實錄』 영조 1년 1월 28일.

55_ "융경 신미년1571년에 군수 서희려가 서원을 고을 남쪽 쌍봉雙峯 밑에 창건하고, 고을 사람인 목사 전팽령全彭齡과 곽시郭詩를 제향하기로 의논하였으나, 천연하고 실행하지 못하였습니다. 임진년에 이르러 원사院舍가 왜적에게 불태워졌으므로, 천계 신유년1621년에 고을 사람들이 서원을 삼계三溪에 다시 세우고…"『숙종실록肅宗實錄』 숙종 1년 10월 10일.

56_ 고려사高麗史, 권 제57, 지리地理.

57_ 경상도 상주목사, 부호군 역임.

58_ 전식은 영남사림파 서애 류성룡의 문인이며, 전극항은 류성룡의 제자인 정경세와 이준의 문인이고, 전익희는 정경세의 문인이다. 전명룡은 경상도의 흥덕현감, 울산부사, 영해부사를 역임하였다.

59_ "김창협은 옥천의 유생을 무상無狀 못났음하다고 여기었으니 … 김창협은 사론士論이 어긋나는 것을 민망하게 여겨서……"『숙종실록肅宗實錄』 숙종 11년 2월 9일; "고을 사람들이 서원을 삼계三溪에 다시 세우고, 전팽령과 곽시를 합향合享할 때에 … 참봉 곽현郭鉉이 일가인 송갑조와 더불어 자신의 선조 곽은郭垠을 배향할 만하다는 말을 주창하니, 사론士論이 모순되었습니다. 송시열은 바로 송갑조의 아들로서, 그 무리를 부추겨 도리어 이미 배향한 두 현인賢人을 공격하여, 조헌의 어짊이 전全·곽郭보다 나은데도 위패가 그 밑에 있다는 것으로 핑계대고는 조헌의 위판을 몰래 빼내어 따로 사우를 세우니, 삼계 서원의 유생들이 물러가 예전 서원을 지키고 이들과 더불어 같이 일을 하지 않습니다. 송시열 등이 또 삼계의 사우를 훼철하고 삼계의 전토를 탈취하고자 하므로……"『숙종실록肅宗實錄』 숙종 1년 10월 10일.

60_ 결국 삼계서원에는 송시열의 주관으로 기존의 전팽령과 곽시 외에 자신과 학연망이 동일한 호서사림의 중봉 조헌을 동시에 배향하게 되었다.

61_ 조선시기에 있어서 이러한 공간을 점유할 수 있었던 사회집단은 아마도 정치사회적 지위에 있어서 상류계층에 해당할 것이라 짐작할 수 있다. 그들의 관직 이력이나 유교적 촌락 경관을 보면 이들은 깊은 산간지대를 전전하며 화전火田을 일구곤 하던 하층민들과는 본질적으로 다른 존재였다.

62_ '기초지역'이라는 개념은 일본인 학자 水津一郎1969에 의해 명명된 용어인데, 그는 '생태적 특성과 사회생활의 측면에서 규정되는 최소 단위의 지역 통일체'를 기초지역이라고 정의하였다水津一郎, 1969, 社會集團の生活空間-その社會地理學的研究-, 東京: 大明堂, 16-17. 그 후, 한국에서도 이 개념이 김상호1976, 최기엽1979에 의해 차용, 연구에 적용된 바 있다김상호, 1976, "생활공간의 기초지역 연

구—면·리·동의 지역적 기반", 지리학연구, 1-2, p1-25; 최기엽, 1979, "임야개척 과정에서의 기초지역의 형성," 경희대 대학원 지리학과 박사과정발표요약문. 특히 김상호는 기초지역의 규모가 고대, 중세 등 시대별 사회·경제적 특성에 따라 면㎴ 규모로부터 촌락 단위에 이르기까지 융통성 있게 설정될 수 있다고 하였고, 기초지역 형성에 있어서 혈연집단의 기능을 추적한 바 있다김상호, 1976, 전게 논문.

63_ 오늘날 기초지역의 공간 스케일은 일반적으로 촌락 단위에 고정되고 있는 것이 사실이다. 그러나 중세 이전 지역 집단과 지역촌의 존재를 감안하면 현재의 면단위 행정 구역은 당시의 지역촌에 대응되는 공간 규모인 경우가 많고, 따라서 조선말기 이후 현재의 면단위 행정구역의 기원을 중세의 기초지역 규모로부터 일면 엿볼 수 있을 것이다.

64_ 이중환도 언급했듯이 옥천沃川은 그 지명의 의미가 말해주는 것처럼 토지는 넓지 않으나 매우 비옥한 곳으로서 ["옥천은 북쪽으로 금강과 닿아있고 서쪽으로는 회덕과 고개 하나를 사이에 두고 있다. 산수가 깨끗하고 흙빛 또한 밝고 뛰어나 한양 동쪽 교외와 비슷하다"택리지擇里誌, 「충청도」], 이러한 토지생산력과 자연적 지형 구분에 기초한 각각의 크고 작은 분지들은 자족적 생활의 단위가 될 수 있었다.

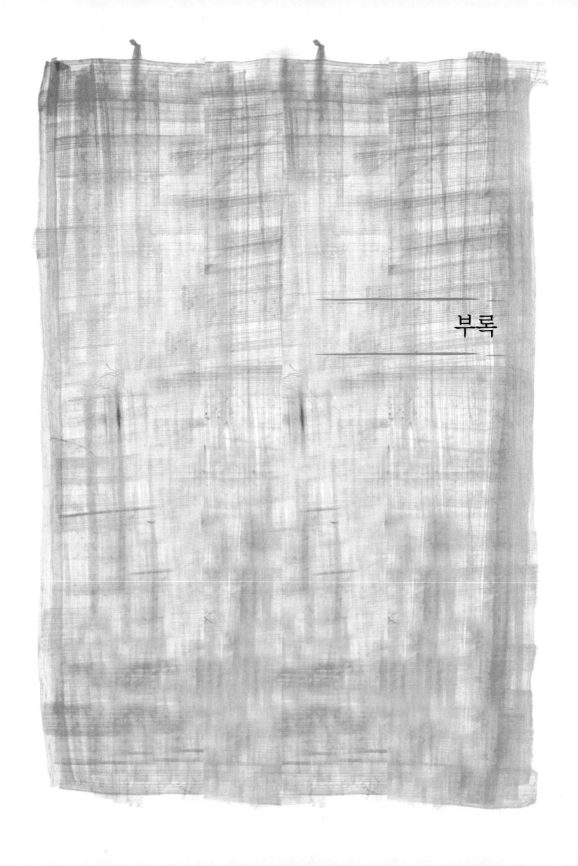

부록

1 종족집단별 본관의 등장 추이

구분	500초	500중	500말	600초	600중	600말	700초	700중	700말
본관명	·	경주	·	창녕	원주 의령 화성	·	정선	남원 영양	강릉
계		1		1	3		1	2	1

구분	800초	800중	800말	900초	900중	900말	1000초	1000중	1000말
본관명	안성	고양 전주	·	고령(2) 옥천(2) 개성 연백 경주(2) 영일 강릉(2) 연기 고성 강원 온양 光州(2) 용인 광주 경기 울산(2) 김포 울진 나주(2) 의성 남원 제주 단양(2) 진주(3) 무안 천안(2) 밀양 청송 부안 청주 삼척 춘천 상주(2) 충주 선산(2) 파주(2) 성주(4) 평산 송화 평택 수원 함안 순천(2) 함양 안동(5) 함평 안성 화성(2) 언양	금성 온양 창원	밀양 영광 함열 해주(2)	부안 부여 시흥 연백 영해 인천(2) 합천 화성	개성 거창 고성(강원) 나주 안성 울진 이천 장흥(2) 정읍 철원 파평 합천	고창 안성 전주 충주 함양
계	1	2		71	3	5	10	14	3

구분	1100초	1100중	1100말	1200초	1200중	1200말	1300초	1300중	1300말
본관명	거창 고창 안동 원주 홍성	강릉 강화 고양 김해 달성 담양(2) 상주(2) 선산 순창 안동 영변 영천 진천 창령 충주 평창 함평(2) 함흥	강서 강진 강화 거제 군위 금산 금천(황해) 김해 나주 남원 논산 달성(2) 봉화 순창 안동 여주 연안 연천 영천 온양(2) 장수 전주 진주(2) 창녕 함양 해주 화성 화순	곡산 (황해) 영주 홍천	강화 개풍 경주 광주(경기) 김제 무안 보성 서산 성주 수원 신천 아산 안동(3) 안성 여주 익산 청도 평강 함안 화순(2)	개풍(2) 거제 경산 곡산 나주 나주 서흥 수안(황해) 신천 예천 청송 칠곡 평양 합천 홍성	고흥 삼척 장수	강진 개성 고령 고성(경남) 고창 고흥 곡부(중국) 곡산 김해 녕천 서천 선산 수원 안동 연백 연안 영광 영동 영일 원주 전주 청주(2) 평해	가평 강릉 경주 廣州(2) 나주 단양(2) 보성(2) 북청 상주 성산 성주 순창 안동 울진 전주 제천 진주 창원 청주 한양 해남 홍주 화성
계	4	21	33	3	23	16	3	24	26

구분	1400초	1400중	1400말	1500초	1500중	1500말	1600초	1600중	1600말
본관명	봉화 장성	나주 성주	·	·	·	경주 김해 영양(중국) 절강(중국)	·	나주(2)	·
계	2	2				4		2	

2 종족집단별 본관 형성의 연고

성씨	본관	시조 (생존시기)	중시조 (생존시기)	본관 형성 연고 및 시기	족보 편찬
姜	진주	以式→ (고구려영양왕)	縉 (신라말)	縉 : 晉陽候로 훈봉	1691 1746 · 69 · 99 1816 · 29 · 98 1921 · 55 · 72
康	信川	侯 · ·	之淵 기자조선	之淵 : 信城府院君으로 훈봉 (고려 충렬왕)	1710 · 74 1805 · 55 1918 · 79
高	제주	乙那 · ·	末老 (고려 태조)	末老 : 고려태조가 星主 · 王子의 칭호를 하사	1450 1535 1640 1723 · 24 1769 · 91 1804 · 33 · 44 · 62 · 78 1907 · 18 · 24 · 38 · 64 · 73 · 74 · 75 · 78 · 83
孔	曲阜 [중국]	〈中〉孔子 → (춘추전국)	紹 (고려 공민왕)	紹 : 檜原君으로 훈봉되었으나 원래의 관향을 고수함(檜原은 창원)	1968
郭	청주	祥 · · · (신라 헌강왕)	元 (고려 성종)	延俊(고려 충혜왕) : 淸原君에 훈봉	1712 1974
	玄風 [달성]	〈中〉· ·	鏡 (고려 인종)	鏡 : 苞山君에 훈봉(포산은 달성)	1587 1743 1924 · 76
具	綾城 (능주)	〈中〉· ·	存裕 (고려 고종)	存裕 : 宋나라가 망하자 고려의 능성에 와서 은거	1575 1717 · 87 1853 1906 · 63 · 86
	창원	仇成吉 · · · (고려 혜종)	雪 (고려 공민왕)	仇成吉 : 義昌君에 책봉(조선 정조 22 년 왕명으로 具씨로 개성	1762 · 97 1924 1955 1981
丘	평해	〈中〉· 大林 · (신라 문무왕)	宣赫 (고려 공민왕)	宣赫 : 시조의 표착지인 평해를 본관으 로 삼음	1761 1917 1950 · 75
鞠	담양	〈中〉· 周 (고려 인종)		周 : 秋城君에 훈봉추성은 담양	1723 1806 · 53 1914 · 57 · 74
權	안동	〈신라김〉· 幸 고려 태조		幸 : 안동을 식읍지로 하사하고 權씨를 사성	1476 1604 · 54 1701 · 34 · 94 1907 · 61
琴	봉화	應 · · · (기자조선)	儀 (고려 명종14)	儀 : 봉화에서 세거	1739 1805 · 53 · 89 1937 · 83

성씨	본관	시조 (생존시기)	중시조 (생존시기)	본관 형성 연고 및 시기	족보 편찬
奇	행주	友誠··· (백제 온조왕)	純祐 (고려 인종)	純祐 : 경기도 행주에서 세거	1664·88 1714·76 1890 1914·57·82
吉	海平 [선산]	〈中〉·瑭· (고려 문종)	時遇 (문종후100년)	時遇 : 해평백에 훈봉	1838 1980
金	강릉	〈신라김〉周元 (신라 원성왕)		周元 : 경주김씨로부터 최초로 분적하여 강릉일대가 식읍, 세거함	1565, 1714 1803·73 1901·20·57
〃	개성	〈신라김〉龍珠 (고려 문종)		龍珠 : 개성군에 훈봉(경주김→의성김에서 분적)	1672, 1851 1917·84
〃	경주	〈신라김〉 김알지→		경순왕 : 고려 태조 때 경주 일원을 식읍으로 하사받음.	1685 1784 1862·71, 1984
〃	고령	〈신라김〉·· (고려 공민왕)	南得	南得 : 高陽府院君에 훈봉 (경주김→의성김에서 분적)	1726·97 1830·74 1916·22 49·74
金	固城	〈가야김〉 김말로왕→		김말로왕(서기42) : 6가야중 고성은 김말로왕의 도읍이었음	
〃	광산	〈신라김〉·· (신라말)	興光	興光 : 신라말 국운의 쇠락을 예견→광주에서 은거, 세거함 (고려조때 광산부원군에 책봉)	1677·87 1747·82 1876 1957
〃	廣州	〃	祿光 (고려 고종23)	祿光 : 廣州君에 훈봉	1924·39·57·82
〃	김녕 [김해]	〃	時興 (고려 인종)	時興 : 김녕군에 훈봉	1624·84 1797 1832 1977
〃	금산	〃	侁 (고려 중기)	侁 : 錦州君에 훈봉	1770 1857 1934·62·80
〃	김해	〈가야김〉 김수로왕→		김수로왕 : 김해는 가락국의 도읍이었음	1754 1859 1978
〃	김해 [賜姓]	〈日〉··	忠善 (임진왜란때)	忠善 : 임진왜란 때 조선에 귀화한 일본 장수. 貫과 姓을 하사받음	
〃	나주	〈신라김〉 경순왕→	雲發 (고려초)	雲發 : 나주군에 훈봉	1786 1832·87 1926·55·62·72

성씨	본관	시조 (생존시기)	중시조 (생존시기)	본관 형성 연고 및 시기	족보 편찬
〃	도강 [강진]	〃 · ·	希祖 (고려 중기)	希祖 : 도강백에 훈봉	1609 1723 · 92 1846 1917 · 33 · 56 · 72
〃	扶寧 [부안]	〈신라김〉 경순왕→	金+盆 (고려초)	春(1100년대) : 부녕부원군에 훈봉, 부녕이 식읍으로 내려짐	1584 1785 1959 · 81
〃	삼척	〃	渭翁 (고려초)	渭翁 : 삼척군에 훈봉, 삼척이 식읍으로 내려짐	1794 · 1814 · 1861 · 1909 · 1934 · 60 · 82
〃	商山 [상주]	〃 · ·	需 (고려초)	需 : 상산군에 훈봉 寶 : 서흥군에 훈봉	1625 1710 · 51 1825 · 74 1924 · 70
〃	瑞興	〃 →	寶 (고려 충렬왕)		1731 · 86 1852 · 70 · 76 1925 · 84
〃	선산 (一善)	〃	宣弓 (고려초)	宣弓 : 선주백에 훈봉(주류)	1690 1739 1856 1901 · 55 · 74
			錘 (고려초)	錘 : 일선군에 훈봉(비주류)	
〃	수원	〃	稟言 (고려초)	稟言 : 나라에 공을 세워 수성(수원)에서 세거	
〃	순천	〃 · ·	摠 · · 允仁→ (라말) (려중)	摠 : 平陽君에 훈봉	1704 · 97 1927 · 57 · 84
〃	안동 [新]	〃	宣平 (고려초)	宣平 : 라말 古昌城主, 고려초 나라에 공을 세워 고창성이 안동부로 승격, 후손들이 안동을 본관.	1719 · 90 1834 · 78 1960 · 84
〃	안동 [舊]	〈신라김〉 경순왕→	叔承 (고려초)	叔承 : 工部侍郎을 지냈고, 안동에서 세거함	1580 1739 · 78 1825 1902 · 35 · 79
〃	安山	〃 [시흥]	兢弼 (고려 현종)	兢弼 : 안산군에 훈봉	1973
〃	彦陽	〃	鐥 (고려 태조)	鐥 : 언양군에 훈봉	

성씨	본관	시조 (생존시기)	중시조 (생존시기)	본관 형성 연고 및 시기	족보 편찬
〃	延安	〈신라김〉··	漢 (고려 명종)	漢 : 국자감의 사문박사를 지냄으로써 가문을 일으켜 후손들이 그를 시조로, 관향을 삼음	1719·65 1870 1957·62·76· 87
〃	영광	〈신라김〉 경순왕→	審言 (고려 성종)	審言 : 箕城[영광]君에 훈봉	京파:1748 1929· 66 영광파:1752 1815·28·48· 79 1932·61
〃	永山 [영동]	〈신라김〉 신무왕→	分胎 (고려 충렬왕)	吉元(고려 공민왕) : 영산부원군에 훈봉	1684 1760·87 1803·64·71· 95 1900·35·62· 81
〃	禮安 宣城	··尙 (1100년대)		尙 : 4대 동안 예안의 호장 역임	1685 1744 1973
〃	龍宮 [상주]	〈신라김〉 경순왕→	存中 (고려 의종)	存中 : 용궁군에 추봉	1889 1924·52·71
〃	울산	〃	德摯 (고려초)	德摯 : 경순왕의 아들, 고려투항을 반대하고 울산에 은거	1689 1809·60 1934·77
〃	월성	〈신라김〉	··光佑 (조선초)	光佑 : 중시조가 원래 신라 경주의 경주김씨 후손	1928·86·87
〃	의성	〈신라김〉 경순왕→	錫 (고려초)	錫 : 고려태조의 외손으로 의성군에 훈봉	1553···
〃	전주	〃	台瑞 (고려 명종)	台瑞 : 벼슬 후 완산군에 훈봉	1915·18·24· 28·32·41· 65·85
〃	진주	〃	→錘 (고려초)	錘 : 광종 12년 벼슬 후 晉城君에 훈봉	1807·08·39· 96·99 1928·34·58· 81·83
		〈가야김〉→	舒玄 (신라 중기)	三光(신라말) : 진주에 터를 잡아 세거	···
〃	청도	〈신라김〉 경순왕··	之岱 (고려 고종)	之岱 : 벼슬 후 공으로 청도군에 훈봉	1747·66 1833·92 1924·59·84
〃	청주	〃	→錠 (고려초)	錠 : 공이 있어 청주를 청주군에 훈봉, 청주가 식읍으로 내려짐	1890 1924·25·30· 31·34·40· 58·78

성씨	본관	시조 (생존시기)	중시조 (생존시기)	본관 형성 연고 및 시기	족보 편찬
〃	淸風	〃	大猷 (고려말)	大猷 : 벼슬 후 청성부원군에 추봉	1637 1715 · 50 1857 1919 · 58 · 75
〃	豊山	〃	文迪 (고려 고종)	文迪 : 벼슬 후 풍산백에 훈봉	1782, 1853 1960
〃	함창 [상주]	〈가야김〉 古寧(가야왕)	宗悌 (고려 인종)	古寧(가야왕) : 고녕가야국이 상주군 함창에 자리했었기 때문. 중시조는 덕원군에 훈봉됨	1807 1968
〃	海豊 [개성]		崇善 (고려 공민왕)	崇善 : 해풍부원군에 훈봉	1791 1809 · 65 1911 · 55 · 83
羅	錦城	· · 聰禮 (고려 혜종)		聰禮 : 벼슬 후 금성부원군에 훈봉	1562 1623 · 92 1747 · 64 1800 · 27 1930 · 88
〃	나주	〈中〉宋代 말엽 富 · ·	得蛺 (송 멸망기)	富 : 송 멸망기에 사신으로 고려에 왔다가 송나라의 멸망으로 나주에 세거	1683 1703 · 21 1832 1917 · 59 · 82
南	영양	〈中〉唐나라 敏→ (신라 경덕왕)	洪輔(영양) 君甫(의령) 匡甫(고성) 모두 13세기	敏 : 경덕왕이 영양을 식읍으로 하사하 고, 南씨를 사성, 세거함	1693 1758 1804 · 70 1900 · 57 · 79
南宮	함열	〈기자조선〉· 元淸 (고려 성종)		元淸 : 벼슬후 甘勿阿[함열] 伯에 훈봉	1691 1790 1840 · 75 1914 · 57 · 76
盧	광주 (광산)	〈中〉唐나라 · 穗→ 垓 · · (신라말)	恕(고려초) 蔓(고려초)	垓 : 신라조에 벼슬, 광산백에 훈봉	···
〃	交河 [파주]	〈中〉唐나라 · 穗→ 康弼 · · (신라말)		康弼 : 도시조의 차남으로서 고려조에 공을 세워 교하백에 훈봉	1739 1802 · 30 · 75 1921 · 79
〃	豊川	〈中〉唐나라 · 穗→ 址 · · 신라말	裕 (고려초)	址 : 도시조의 아들로서 고려초의 혼란 을 평정하는데 공을 세움, 풍천백에 훈봉	1536 1682 1845 · 96 1922 · 54 · 76
魯	강화	〈中〉周나라 · 仲連	啓 (기자조선) 龍臣 (몽고침입기)	啓 : 기자와 함께 동래했다고 하는 8백 의사중 한 명, 禮敎를 편 공으로 강화군에 훈봉 龍臣 : 공을 세워 강화군에 훈봉	···1976

성씨	본관	시조 (생존시기)	중시조 (생존시기)	본관 형성 연고 및 시기	족보 편찬
〃	廣州	〃	弼商 (조선초)	弼商 : 벼슬 후 광주에서 세거	
〃	함평	〃	穆 (고려 인종)	穆 : 공을 세워 함풍[함평]군에 훈봉	1781 1824 · 61 1916 · 39 · 55 · 86
都	성주	〈中〉…	順 (고려 명종)	陳(고려 태조) : 개국공신으로 성산부원군에 훈봉	1752 · 97 1853 1934 · 70 · 87
柳	고흥	…英→ (고려 문종)		淸臣(고려 충선왕) : 벼슬후 고흥부원군에 훈봉	1653 · 73 · 98 1744 1849 · 80 1914 · 41 · 49 · 77
〃	문화 [신천]	…車達→ (고려개국공신)		璥(고려 고종) : 무신정권을 무너뜨린 공으로 고향인 儒州[문화]가 식읍으로 내려짐	1423 1562 1689 1742 1803 · 64 1926 · 74 · 76 · 84
柳	전주	…車達→ (고려개국공신)	良梓 (고려 중기)	良梓 : 全城[전주]君에 훈봉	1652 1726 · 86 1876 1976
〃	진주 [移柳]	〃	彦沉 (고려 중기)	彦沉 : 진주백에 훈봉	1423 1562 1756 1829 1905 · 67 · 86
〃	진주 [土柳]	· · 挺 (고려 중기)		挺 : 벼슬 후 晉康府院君에 훈봉	1724 · 62 1804 · 46 · 74 1918 · 82
〃	풍산	· · 節 (고려초)		? : 고려 중기이래로 풍산에서 호장직, 고려초 세거함. 조선초에 하회로 이주 해서 세거함.	1758 1807 · 55 1964 · 78
馬	장흥 (목천)	· · 黎 · · (백제건국공신)	陸沈 (9세기)	占中(목천군, 고려문종) : 두 아들이 있 어, 鉉은 세거지 목천을 관향으로 삼 고, 赫은 장흥을 식읍으로 하사받음	…
孟	신창 [아산]	〈中〉 · · 孟子 · ·	理 (고려 중기)	儀(중시조의 아들, 14세기초) : 난을 평정한 공으로 신창백에 훈봉	1675 1762 1875 1937 · 68 · 88
明	西蜀(中) 연안(韓)	〈中〉 · · 王珍 · ·		昇(고려 공민왕) : 시조가 중국 서촉 사 람인데, 시조의 아들 昇이 고려에 망명하여 황해도 연안에서 세거	1701 · 76 1812 · 92 1925 · 57 · 87

성씨	본관	시조 (생존시기)	중시조 (생존시기)	본관 형성 연고 및 시기	족보 편찬
牟	함평	〈中〉 ··慶·· (고려 인종)		慶 : 고려에 와서 난을 평정한 공으로 牟平[함평]君에 훈봉	…
文	甘泉	〈남평文씨〉→	龜 (조선초)	龜 : 좌의정에 오른 후 감천군에 훈봉	…
		〈신라김〉原吉 (고려초)		原吉 : 신라김씨의 후손 高爨이 중국에서 문장으로 현달하여 文씨를 사성받음, 그의 아들 原吉이 고려에 귀국.	
〃	南平	多省·· (신라 자비왕)	翼 (고려 문종)	多省 : 남평백에 훈봉	731·68·92 1827·46·53· 70·95 1902·20·26· 54·57·64· 82·88
閔	여흥 [여주]	〈中〉 ··稱道·· (고려 인종)		漬(고려 원종) : 벼슬 후 여흥부원군에 훈봉. 시조 때부터 여주에서 세거	1417·77·78 1622·71 1713 1802·89 1923·62·73
朴	강릉	〈신라박〉 ··純 (고려 명종)		? : 박혁거세의 자손으로 신라말 이래 로 강릉에서 세거	1769 1802·46·79 1907·36·62· 84
〃	고령	〈신라박〉 ··彦成 (신라 경명왕)		彦成 : 高陽府院君에 훈봉	1707·29·90 1909·36·62· 84
朴	무안	〈신라박〉 ··進昇 (고려초)		進昇 : 고려초에 공을 세워 무안을 식읍으로 받아 세거	1974
〃	밀양	〈신라박〉 ··彦忱 신라 경명왕		彦忱 : 신라 경명왕은 자신의 여덟 아들을 전국에 책봉하였는데, 첫째 아들은 密城大君에 훈봉	1620·77 1701·44·71·91 1806·44·64 1958·80
〃	반남	〈신라박〉 ··應珠 (고려 고종)		? : 고려초 이래로 현달하여 세거함	1642·83 1766 1825 1924·58·80
〃	상주	〈신라박〉 ··彦昌 (신라 경명왕)		彦昌 : 沙伐[상주]大君에 훈봉	1672 1781·74 1852 1927·57·84

성씨	본관	시조 (생존시기)	중시조 (생존시기)	본관 형성 연고 및 시기	족보 편찬
〃	순천	〈신라박〉 ··英規·· (고려 태조)	淑貞 (고려 충숙왕)	蘭鳳(고려초) : 平陽[순천]大君에 훈봉	1670·77 1785 1831·62·99 1936·82
〃	영해	〈신라박〉 ··堤上→ (신라 내물왕)	命天 (고려 현종)	命天 : 禮原[영해]君에 훈봉	1786·87 1868 1928·76·87
〃	울산	〈신라박〉 ··允雄 (고려 태조)		允雄 : 공을 세워 벼슬후 興麗[울산]伯에 훈봉	1672 1705·80 1818·74 1924·59·87
〃	월성	〈신라박〉 ··彦儀 (신라 경명왕)		彦儀 : 월성대군에 훈봉	···
〃	竹山	〈신라박〉 ··寄悟 (고려 태조)		奇悟 : 죽주백에 훈봉	1771·98 1855·79 1960
〃	珍原 [장성]	〈신라박〉 ··進文 (고려 중기)		熙中(조선 태종) : 벼슬후 진원군에 훈봉	1657 1737 1801·03·56 1981
〃	춘천	〈신라박〉 ··彦智·· (신라 경명왕)	恒 (고려 고종)	彦智 : 원나라에 다녀온 공으로 춘성 부원군에 훈봉	1962
〃	충주	〈신라박〉 ··英 (고려 중엽)		? : 신라말, 불명확함	1474 1651·94 1764 1824·1880
〃	함양	〈신라박〉 ··彦信·· (신라 경명왕)	善 (1100년대)	彦信 : 速咸[함양]大君에 훈봉	1678·94 1788 1847·49 1913·39
潘	거제	〈中〉 ··阜 (고려 충렬왕)		阜 : 공을 세워 岐城[거제]府原君에 훈봉	1658 1790 1805·54·65· 82 1926·57·76
方	온양	〈中〉唐나라 ··智·· (신라 문무왕)	雲 (고려 태조)	雲 : 신라말 고려에 귀속, 벼슬하여 溫水君에 훈봉	1781 1804·60 1928·59·81

성씨	본관	시조 (생존시기)	중시조 (생존시기)	본관 형성 연고 및 시기	족보 편찬
房	南陽 [화성]	〈中〉 ‥俊‥ (고구려보장왕)	季弘 (고려초)	俊 : 고구려 보장왕의 청으로 우리나라에 와 예악 교육을 하였고, 唐城[화성군 남양]에 정착하여 세거함	1649 1778 1846 · 88 1914 · 39 · 60 · 84
裵	경주	祗沱 (신라)	玄慶 (고려 태조)	祗忱 : 신라 6부촌장 중 한분을 도시조로 하여 경주에서 세거	…
〃	달성	〃	雲龍 (고려 중기)	雲龍 : 벼슬 후 공을 세워 달성군에 훈봉	…
〃	김해) (盆城)	〃	〃	雲龍 : 벼슬 후 공을 세워 달성군에 책봉. 盆城君에 훈봉	1764 1827 1938 · 51 · 55 · 56 · 81
〃	성주	〃	位俊 (고려말)	仁慶(고려 원종) : 興安[성산, 성주]君에 훈봉	…
〃	흥해	〃	景分 (고려 중기)	詮(고려 충혜왕) : 난을 평정하는데 공을 세워 흥해군에 훈봉	…
白	수원	〈中〉元나라 ‥宇經‥ (신라 선덕왕)	昌稷 (신라 경명왕)	? : 고려 중후기, 불명확	1857 1926 · 59 · 80
邊	원주	〈中〉元나라 ‥安烈 (고려 공민왕)		安烈 : 원주 일대에서 왜구를 격파하는데 공을 세워 원주부원군에 훈봉	1435 1517 · 51 · 1800 · 63 1914 · 59 · 86
卞	草溪 [밀양]	〈中〉 庭實 (고려 성종)		庭實 : 벼슬이 문하시중에 오른후 八溪[초계]君에 훈봉	1674 1711 · 42 1802 · 62 · 64 · 99 1906 · 28 · 55 · 57 · 59 · 84 · 89
徐	남양	〈中〉唐나라 ‥趕 (신라 문무왕)		趕 : 당성남양에 정착, 신라 태사로서 남양군에 훈봉 厚屋(고려 현종) : 공을 세워 당성군에 훈봉	
〃	달성 대구	〈이천서씨〉 ‥神逸‥ (신라말)	晉(달성서씨) 閈(대구서씨)	晉 : 공을 세워 달성군에 훈봉 閈 : 벼슬후 대구에서 세거	1702 · 36 · 75 1818 · 52 1930 · 57 · 77
〃	부여	〈백제 왕〉 ‥隆‥ (백제말)	存 (고려초)	隆 : 백제 의자왕의 아들로 나라가 망한 뒤 당나라에서 벼슬하여, 서씨를 사성받아 귀국하여 세거	1683 1760 1925 · 61 · 86

성씨	본관	시조 (생존시기)	중시조 (생존시기)	본관 형성 연고 및 시기	족보 편찬
〃	이천	〈기자조선〉 ‥神逸‥ (신라 효공왕)		神逸 : 신라말에 시조가 이천에서 은거 熙(고려 덕종) : 이천군에 추봉	1742 · 63 1804~32 · 45 · 65 · 76 1909 · 16 · 25 · 36 · 57
石	충주 홍주	〈中〉 ‥鄰 (고려 의종)		鄰 : 난을 평정하는데 공을 세워 藥城[충주]府院君에 훈봉	1769 1864 · 90 1916 · 39 · 67 · 73 · 83
宣	보성	〈中〉明나라 ‥允祉 (고려 우왕)		允祉 : 전라도 관찰사를 역임, 고려가 망하자 보성에 정착, 세거	1895 1930 · 78
薛	경주 순창	虎珍 (신라개국공신 6부촌장중1명)		譽(신라 진흥왕) : 경주가 본관 子升(고려 인종) : 淳化伯에 훈봉	1749 · 86 1848 · 75 1912 · 48 · 55 · 70
成	창령	〈中〉唐나라 ‥仁輔 (고려 중기)		仁輔 : 창령에서 대대로 호장직,세거함	1493 1616 1709 1960 · 81
蘇	진주	‥慶 (신라 진덕여왕 6부촌장중 1명)		慶 : 시조 이래로 세거	947 1103 1320 1670 1747 1852 1906 · 35 · 60 · 81
孫	경주	‥順‥ (신라 흥덕왕 6부촌장중 1명)	敬源 (고려말)	順 : 월성군에 훈봉	1694 1924 · 76
〃	밀양	〃		? : 凝川君에 훈봉 競訓(고려 태조) : 廣理君에 훈봉	1755 1984
〃	一直 [안동]	‥凝‥ (고려 태조)	世卿 (1100년대)	洪亮(고려 충목왕) : 福州[안동] 부원군에 훈봉	1612 1744 1907 · 78
〃	평해	‥順‥ (신라 흥덕왕 6부촌장중 1명)		翼淡(고려초) : 평해군에 훈봉	1632 1820 · 76 1925 · 58 · 84
宋	김해	〈中〉唐나라 ‥天逢 (고려 충숙왕)		天逢 : 김해군에 훈봉	1762
〃	남양	〈中〉唐나라 ‥奎 (신라 경순왕)		奎 : 신라가 망하자 벼슬을 버리고 경기 도 화성군 남양에 퇴거하여 세거(cf. 남 양은 본래 고구려의 唐城으로서 당시에 귀화한 성씨들의 본이 다수 존재함)	1785 1800 · 33 · 71 1929 · 59 · 87

성씨	본관	시조 (생존시기)	중시조 (생존시기)	본관 형성 연고 및 시기	족보 편찬
〃	冶城 [합천]	··孟英 (고려 목종)		孟英 : 야성[합천군 치로면]군에 훈봉	1608·95 1741·95 1976
〃	礪山 [익산]	··惟翊 (고려 원종)		惟翊 : 공을 세워 礪山君에 훈봉	···
〃	延安 [연백]	··卿 (고려 공민왕)		卿 : 난을 평정한 공으로 연안군에 훈봉	1850 1938·87
〃	恩津 [논산]	〈礪山宋씨〉 ··大原 (고려 중기)		大原 : 은진군에 훈봉	1595 1666 1887 1966
宋	진천	··舜恭·· (신라 시대)	仁 (고려 인종)	仁 : 진천백에 훈봉	1541 1673 1789·99 1859 1975·88
申	고령	··成用 (고려초)		成用 : 조상대대로 호장직, 고려초에 처음 중앙관직에 진출하였기 때문에 후손들이 그를 시조로하고 고향을 본관으로 삼음	1578 1754 1850·98 1924·54·76
〃	鵝洲 [거제]	··益休 (고려 중엽)		益休 : 공을 세워 아주군에 훈봉	1819·67 1908·34·37· 59·79·82· 84·85·86
〃	평산	··崇謙 (고려 개국기)		(고려초) : 조상 대대로 세거 및 퇴거지로서, 고려말 정치 문란으로 퇴거하였으나 조선개국에 가담함.	1636 1702·65 1873 1930·58·76
愼	거창	〈中〉宋나라 ··修 (고려 문종)		修 : 시조 이래로 거창에서 세거	1737·97 1848 1902·61·88
辛	靈山 [창령] 영월	〈中〉唐나라 ··鏡 (고려 인종)		? : 7세손 이후의 세거지	1427 1607·68 1708 1979
沈	삼척	··東老 (고려 충선왕)		東老 : 고려 충선왕~공민왕代의 인물로, 벼슬후 삼척에 낙향,세거	1716·97 1849·87 1926·57·85
〃	청송	··洪孚 (고려초)		? : 시조 이래로 세거지	1545·62·78 1649 1712·87 1832·81 1920·58

성씨	본관	시조 (생존시기)	중시조 (생존시기)	본관 형성 연고 및 시기	족보 편찬
〃	풍산	〈中〉 · · 滿升 (고려 예종)		滿升 : 시조가 벼슬 후 풍산에 세거의 터를 마련하여 후손들이 세거	…
安	廣州〈	中〉唐나라 · · 邦傑 (고려 태조)		邦傑 : 광주군에 훈봉	1739 · 90 1866 1982
〃	순흥 [영주]	· · 子美 (고려 신종)		子美 : 시조이래로 세거	1546 1659 1765 · 97 1824 · 30 · 45 · 65 · 68 · 74 1900 · 18 · 36 · 80
〃	竹山	〈中〉唐나라 · · 邦俊 (신라 헌덕왕)		邦俊 : 나라에 공을 세워 죽산군에 훈봉	1744 1804 · 05 · 48 · 58 · 93 1922 · 30 · 49 · 60 · 65 · 76
〃	탐진	〈中〉唐나라 · · 元璘 (고려 충혜왕)		元璘 : 벼슬 후 탐진군에 훈봉	1732 · 77 1845 1906 · 17 · 48 · 72 · 80
梁	제주	良乙邦→ (단군시대)	具美 (고려 태조)	良乙邦 : 제주에서 세거	1482 1587 1686 1748 · 97 1808 · 52 1903 · 14 · 30 · 58 · 79
梁	남원	良乙邦→ (단군시대)	能讓:고려성종 朱雲:고려원종	友諒(서기 757) : 신라왕실에 공을 세 워 남원부백에 훈봉	제주량씨와 같음
楊	남원	· · 敬文→ (고려초)	以時 (고려 공민왕)	敬文 : 시조 이래로 남원 지방에 세거	1766 1955
〃	청주	〈中〉 · · 起 (고려 충정왕)		起 : 외교적 공헌으로 상당백에 훈봉	1570 1690 1766 1807 · 50 1900 · 28 · 57 · 87
魚	함종 [강서]	〈中〉 化仁 (고려 명종)		? : 시조의 후대에 평안도 강서 함종에 서 출세하여 현족화함	1581 1627 1713 · 1803 · 71 1947 · 73
嚴	영월	〈中〉 · · 林義 (고려)		林義 : 시조 이래 영월에서 세거	1748 1875 1933 · 62 · 79
余	의령	〈中〉宋나라 · · 善才		善才 : 중국에서 동래하여 宜春君에 훈봉	1763 1908 · 54 · 80

성씨	본관	시조 (생존시기)	중시조 (생존시기)	본관 형성 연고 및 시기	족보 편찬
呂	성주 (성산)	〈中〉 ··御梅·· (신라 헌강왕)	良裕 (고려말)	? : 시조 이래로 성주에서 세거	1796 1875 1958
〃	함양	〃	林淸 (고려 숙종)	林淸 : 중시조 이래로 함양이 世葬之地	1704 1800·58 1901·62·85
延	곡산	〈中〉 (고려)	壽菖 ··繼?→	壽菖 : 벼슬뒤 황해도 곡산에서 세거 (고려 충렬왕)	···1958·84
廉	파주	〈中〉唐나라 ··邢明·· (고려 태조)	悌臣 (고려 충목왕)	邢明 : 시조이래 파주에서 터를 잡고 세거	···
吳	고창	··學麟 (고려 정종)		季孺(고려 충숙왕) : 벼슬후 牟陽君에 훈봉	··1977
〃	군위	〈동복오씨〉 ··淑貴 (고려)		? : 시조 이래로 군위에서 세거	···
〃	나주	〈中〉 ··偃 (고려)		自治(조선 세조) : 난을 평정한 공으로 나주군에 훈봉	···
〃	동복	〈中〉 ··賢佐 (고려 고종)		賢佐 : 전쟁에서 공을 세워 同福君에 훈봉. cf. 세 형제가 있었는데, 그 중 賢輔는 해주군, 둘째 賢佐는 동복군, 세째 賢 弼은 보성군에 훈봉됨	1712·32·86 1806·42·66· 98 1980
〃	보성	〈中〉 ··賢弼 (고려 고종)		賢弼 : 보성군에 훈봉됨	···
〃	함양	〈中〉 ··光輝 (고려 명종)		光輝 : 보성오씨에서 분적, 세거	1778 1833 ··1960·78
〃	해주	〈中〉 ··仁裕 (고려 성종)		仁裕 : 시조 이후 황해도 해주에 세거. cf. 해주군에 책봉된 賢輔와 仁裕 간의 관계는 애매모호함	1401(족보지도) 1634 1718·71 1928·64·81
玉	의령	〈中〉唐나라 ··眞瑞·· (고구려영류왕)	恩宗 (고려 신종)	眞瑞 : 고구려가 망한뒤 신라조에서 벼슬하여 宜春君에 훈봉	1804·63 1907·76

성씨	본관	시조 (생존시기)	중시조 (생존시기)	본관 형성 연고 및 시기	족보 편찬
王	개성	‥國組(왕건의 증조)→ 建=(고려태조)		建 : 개경의 토호 가문으로서, 시조가 고려를 건국하고 개경에 도읍을 정함	1798 1850 · 81 1918 · 61 · 74
龍	홍천	‥得義 (고려 희종)		得義 : 시조가 벼슬 후 세거	1709 1850 1901 · 35 · 76
禹	단양	‥玄 (고려 현종)		? : 고려말로 추정됨	1600 1754 1802 · 49 · 93 1966
元	원주	〈中〉 ‥鏡‥ (고구려보장왕)	계파별 차이	? : 조상 대대로 원주에서 세거	1457 1740 1800 · 63 1921 · 58 · 88
魏	장흥	〈中〉 ‥鏡‥ (신라)	菖珠 (고려초)	鏡 : 장흥군에 훈봉되어 세거	‥1971
俞	杞溪 [영일]	‥三宰 (신라)		義臣(신라말): 기계현 호장을 지냈기 때문에, 후손들이 이곳을 본관으로 삼음	1645 1704 · 38 · 86 1864 1914 · 65
〃	무안	‥千遇 (고려 원종)		千遇 : 나라에 공을 세워 무안부원군에 추봉	1804 · 53 1934 · 61 · 88
劉	강릉	〈中〉宋나라 ‥?→ (고려 문종)	敞 (조선개국시)	敞 : 玉城君에 훈봉	1761 · 64 · 86 1838 1924 · 56 · 57
〃	거창	〃	堅規 (1100s초)	堅規 : 居陀[거창]君에 훈봉	1768 · 86
陸	옥천	〈中〉 ‥普‥ (신라 경순왕)	仁端 (고려 충렬왕)	普 : 중국에서 8학사의 한 분으로 동래하여 고려 명종 때 관성군에 훈봉	1722 · 72 1817 · 72 1928 · 57 · 87
尹	남원	‥威 (고려 명종)		威 : 남원의 난적을 토평하여, 그 공으로 남원백에 훈봉	1706 1805 · 60 · 99 1939 · 59 · 79
〃	茂松 [고창]	〈中〉唐나라 ‥良庇 (고려 예종)		良庇 : 선조가 당나라에서 난을 피해 동래하여 고창군 무장에서 세거	‥‥
〃	漆原 [함양]	‥始榮‥ (신라 태종무열왕)	鉅富 (고려초)	? : 시조 이래로 함양군 칠원 일대에서 세거	1616 · 83 1717 · 94 1872 1929 · 60 · 80

성씨	본관	시조 (생존시기)	중시조 (생존시기)	본관 형성 연고 및 시기	족보 편찬
尹	파평	‥莘達 (고려 태조)		瓘(고려 문종) : 여진을 평정한 공으로 파평현 개국백에 훈봉	1539 · 85 1634 · 82 · 1726 · 63 1830 1920
〃	해남	‥存富→ (고려 중엽)	光珸 (고려 공민왕)	(고려말) : 고려말 이전부터 강진 일대에서 세거, 고려말에 해남으로 이거하여 세거	1702 1929 · 77
〃	海平	‥君正 (고려 고종)		碩(고려 충숙왕) : 벼슬 후 해평부원군에 훈봉	1676 1715 1800 · 51 1983
殷	幸州 [고양]	〈中〉唐나라 ‥洪悅‥ (신라 문성왕)	允保 (고려 고종)	? : 시조가 경기도 고양군 행주에 정착	1724 · 86 1847 · 87 1917 · 56 · 79
李	가평	〈中〉 ‥仁輔 (신라말)		多林(조선초) : 가평군에 훈봉 · 시조 仁輔는 전라도 완산에서 가평군 朝宗으로, 그리고 다시 가평으로 이거함	1771 1838 1901 · 43 · 57 · 83
〃	경주	‥謁平‥ (신라 유리왕)	居明 (신라)	? : 신라 유리왕 9년에 陽山村 李氏로 사성받음	1684 1748 1814 · 73 · 90 1918 · 29 · 30 · 31 · 33 · 78 · 88
〃	古阜	‥敬祖 (고려 문종)		敬祖 : 礪山君에 훈봉됨. 그후 후손들이 시조의 출신지에서 세거	1782 1844 · 81 1910 · 28 · 68 · 85
〃	固城	〈중〉漢나라 ‥璜 (고려 덕종)		璜 : 전쟁에서 공을 세워 철령[고성]군에 훈봉	1726 · 53 1814 1927 · 40 · 76
〃	공주	‥天一 (신라박혁거세)		天一 : 벼슬후 공산군에 훈봉	‥1960 · 85 · 88
〃	廣州	‥唐 (고려말)		? : 선조 이래로 세거	1613 1724 · 96 1873
〃	단양 (고려 태조)	‥盃煥‥ (고려)	方换	茂(조선 태조) : 왕자의 난 때 공을 세워 丹山府院君에 훈봉	1721 · 81 1830 · 88 · 90 1902 · 04 · 09 · 15 · 24 · 27 · 35 · 36 · 57 · 75 · 79 · 80 · 83 · 84

성씨	본관	시조 (생존시기)	중시조 (생존시기)	본관 형성 연고 및 시기	족보 편찬
李	德水 [개풍]	‥敦守 (고려 고종)		? : 시조가 덕수현에 거주	1712·40·71 1830·98 1930·60·81
〃	碧珍 [성주]	‥悤言 (고려 태조)		悤言 : 시조가 벽진백에 훈봉	1628·52 1710 1826·64 1912·61
〃	星山 [성주]	‥能一 (고려 태조)		能一 : 시조가 성산군에 훈봉	1726·64 1836·73 1928·57·78
〃	성주	‥純由 (신라 경순왕)		純由 : 신라가 망하자 경북 성주에 은거하여 그 자손이 세거	1464 1613·87 1751·1797 1890·1923·75
〃	遂安 [황해도 북부]	‥堅雄 (고려 태조)		連松(고려 충렬왕) : 수안군에 훈봉	1681 1715·81 1832·80 1958·87
〃	新平 [홍성]	‥德明 고려 중기		? : 백제시대에 선조가 신평군에 훈봉됨	1650 1726 1858 1911·28·59· 78
〃	아산	‥周佐 (고려 목종)		舒(고려 원종) : 아주백에 훈봉	1710·66 1808·48 1919·58·84
〃	안성	〈中〉宋나라 ‥仲宣 (고려 숙종)		仲宣 : 공을 세워 白夏[안성]君에 훈봉	1746·65 1801·30·49· 74 1922·23·24· 39·58·84
〃	陽城 [안성]	〈中〉宋나라 ‥秀匡 (고려 문종)		秀匡 : 벼슬 후 陽城君에 훈봉	1483 1606 1719·73 1804·42·78 1917·58·84
〃	여주	‥仁德 (고려 중기)		仁德 : 시조 이래로 여주에서 향직에 종사	1641 1745 1904·38·60· 62·75·78
〃	연안	〈中〉唐나라 ‥茂 (신라 무열왕)		茂 : 신라 무열왕 7년 신라에 와서 백제를 평정한 공으로 연안후에 훈봉	1729 1829 · · ·

성씨	본관	시조 (생존시기)	중시조 (생존시기)	본관 형성 연고 및 시기	족보 편찬
李	寧川	··凌幹 (고려 충숙왕)		凌幹 : 시조가 난을 평정하여 寧川府 院君에 훈봉	...
〃	永川	文漢 (고려초)		大榮(고려중기) : 벼슬후 榮陽[영천]君 에 훈봉	1746 · 98 1845 · 72 1924 · 57
〃	예안 [안동]	〈전의이씨〉 ··混 (고려 원종)		混 : 벼슬 후 예안백에 훈봉	1675 1764 1822 · 30 · 981902 · 57 · 7857년부터 족보 를 전의이씨와 통합
〃	용인	··吉卷 (고려 태조)		吉卷 : 고려 개국 훈공으로 駒城[용인] 君에 훈봉	1732 · 73 1869 1915 · 83
〃	羽溪 [강릉]	〈경주이씨〉 ··陽植 (고려 인종)		陽植 : 벼슬 후 낙향하여 거주	1637··· 1947 · 55 · 84
〃	牛峰 [황해도 금천]	··公靖 (고려 명종)		公靖 : 岑城[금천]府院君에 훈봉	1927 · 75
〃	원주 [新]	〈경주이씨〉 ··申佑 (고려 목종)		申佑 : 벼슬 후 원주백에 훈봉	1769 · 81 1826 · 48 · 54 · 70 · 96 1925 · 37 · 58 · 74 · 90
〃	인천	··許謙 (고려 현종)		許謙 : 인천 일대를 식읍으로 하사받음	1694 1777 1832 · 64 1914 · 36 · 63 · 82
〃	장수	··謁平·· (신라 유리왕)	林幹 (고려 충신왕)	林幹 : 벼슬후 長川[장수] 府院君에 훈봉	1771 1870 1958 · 64 · 76 · 84
〃	載寧	〈경주이씨〉 ··禹偁 (고려)		禹偁 : 벼슬 후 재령군에 훈봉	1636 1714 1850 1941 · 56
〃	全義	棹 (고려초)		棹 : 후삼국 통일의 공으로 전의후에 훈봉, 세거함	1476 1575 1631 · 34 1711 · 54 1854 · 74 1900 · 18 · 57 · 7857부터 예안이 씨와 족보 통합

성씨	본관	시조 (생존시기)	중시조 (생존시기)	본관 형성 연고 및 시기	족보 편찬
″	전주	··翰 (신라 문성왕)		? : 시조 이래로 전주에서 세거	…
″	진보 (진성)	··碩 (고려 충렬왕)		? : 선조들이 대대로 진보성에서 세거	1600 · 88 1798 1860 1912
″	진주	〈경주이씨〉 ··君梓 (조선 태조)		君梓 : 평안도 성천으로 유배당하였으 나, 경상도 진주로 낙향한 형을 생각하 며 관향을 정함	··1985
″	청안 [괴산]	··陽吉 (고려 공민왕)		陽吉 : 순절하여 청안군에 추봉	…
″	청주	··能希 (고려 태조)		薆(고려말) : 상당부원군에 훈봉 (시조 이래로 청주에서 세거)	1656 · 85 1776 1826 · 64 1979
″	靑海	〈中〉宋나라 ··之蘭 (조선 태조)		之蘭 : 조선개국공신으로 청안백에 훈봉	1720 · 62 1851 · 71 · 94 1935 · 75 · 79 · 87
″	평창	··匡 (고려 인종)		匡 : 벼슬후 白烏[평창]君에 훈봉	1740 1843 · 67 1900 · 19 · 59 · 84
″	河濱 [달성]	··? (고려 명종)		? : 난을 평정한 공으로 하빈군에 훈봉	1774 1843 · 70 1927 · 83
″	韓山	··允卿 (고려 충목왕)		穡고려 충혜왕 : 한산부원군에 훈봉 (한산은 한산이씨의 시조이래 세거지)	1636 1703 1846 1915 · 61 · 77
″	함안	··尙 (고려 고종)		尙 : 巴山[함안]君에 훈봉	1802 · 54 · 67 · 95 1922 · 85
″	함평	··彦 (고려 태조)		彦 : 벼슬후 함풍군에 훈봉	1754 ··
″	洪州	維城·· (고려 명종)	起宗 (고려말)	起宗 : 고려말 홍양부원군에 훈봉	1720 · 88 1839 · 73 1914 · 34 · 62 · 76
″	興陽 [고흥]	··彦林 (고려 인종)		吂(고려 충숙왕) : 벼슬후 흥양군에 훈봉	1600 · 85 1804 · 72 1911 · 62 · 79

성씨	본관	시조 (생존시기)	중시조 (생존시기)	본관 형성 연고 및 시기	족보 편찬
印	喬桐 [강화]	〈中〉 ‥瑞 (고려 인종)		份(고려 인종) : 喬樹府院君에 훈봉되어 고려 인종이 교수인씨 득성조라 칭함	…
林	나주	‥庇 (고려 충렬왕)		卓(조선 태조) : 조건이 건국되자 벼슬 을 버리고 낙향하여, 회진에 은거, 세거	1740 1800 · 07 1914 · 29 · 58
〃	부안	〈평택림씨〉 ‥季美 (고려 현종)		季美 : 平原府院君 및 保安[부안군 보안면] 伯에 훈봉	1760 1854 · 76 1923 · 55
〃	예천	〈평택림씨〉 ‥忠世 (?)		忠世 : 진사로서 예천에서 세거	1696 1760 1826 · 74 · 75 · 76 1914 · 15 · 56 · 85
〃	울진	〈평택림씨〉 ‥祐 (조선초)		祐 : 蔚陵君에 훈봉	…
〃	兆陽 [보성]	〈평택림씨〉 ‥世味 (고려말)		世味 : 벼슬 후 조양군에 훈봉되어, 평택림씨에서 분적	1742 1803 · 46 · 72 1904 · 27 · 54 · 77
〃	평택	〈中〉唐나라 ‥八及 (신라말)	世春(고려말) 彦修(고려말)	八及 : 중국 당나라에서 난을 피해 평 택에 도착하여 세거 彭城(평택)君에 훈봉	1764 1846 · 97 1927 · 55 · 88
任	장흥	〈中〉宋나라 ‥灝 (고려 정종)		元厚(고려 인종) : 벼슬후 定安(출신지) 府院君에 훈봉	…
〃	豊川 [황해도 송화]	‥溫 (고려)		溫 : 황해도 송화군 풍천에서 세거	
張	結城 [홍성]	〈안동장씨〉 ‥榠 (고려 충렬왕)		榠 : 벼슬 후 결성부원군에 훈봉	1823 · 35 · 83 · 94 1925 · 76
〃	구례	〈안동장씨〉 ‥岳 (고려)		岳 : 鳳城[구례]을 식읍으로 받음	…
〃	나주	〈안동장씨〉 ‥世東 (조선 인조)		世東 : 나주에서 세거하다가 황해도 장 단으로 이거 · 원래 세거지를 본관으로 삼음	…

성씨	본관	시조 (생존시기)	중시조 (생존시기)	본관 형성 연고 및 시기	족보 편찬
張	단양	〈안동장씨〉 · · 順翼 (고려초)		順翼 : 벼슬후 단양군에 훈봉	…
〃	德水	〈中〉元나라 · · 舜皐 (고려 충렬왕)		舜皐 : 충렬왕으로부터 姓名하사, 벼슬후 덕성부원군에 수봉	1808 · 48 · 75 1909 · 74
〃	木川	〈안동장씨〉 · · 彬 (나말 여초)		彬 : 공을 세워 木川君에 훈봉	1900 · 36 · 64 · 82
〃	안동	〈中〉唐나라 · · 貞弼 (신라 진성왕)		貞弼 : 고려개국시 견훤군을 격파한 공으로 古昌[안동]君에 훈봉	1831 · 76 1912 · 15 · 82
〃	울진	〈안동장씨〉 · · 末翼 (고려 정종)		末翼 : 벼슬후 울진부원군에 훈봉	…
〃	仁同 [칠곡]	〈안동장씨〉 · · 桂(고려 충렬왕) · · 金用(?)		桂 : 벼슬후 玉山君에 훈봉 金用 : 玉山에서 대대로 세거	桂→ 1683 1771 1803 · 67 · 74 1920 · 26 · 28 · 33 金用→ 1723 1803 · 63 · 72 1900 · 14 · 34 · 58 · 77
〃	興城 [고창군 흥덕]	〈안동장씨〉 · · 儒 (고려 광종)		機시조의 6세손 : 시조이래로 세거해왔 고, 6세손 機는 흥산군에 훈봉	1750 · 74 1830 1901 · 77
蔣	아산	〈中〉宋나라 · · 壻		壻 : 송나라에서 동래하여 아산에 표 착, 왕명으로 영지를 하사받고 아산군 에 훈봉	1773 1824 · 72 1906 · 22 · 55 · 79
全	정선	· · 聶 (백제 온조왕)	恒 (신라 성덕왕)	恒 : 정선군에 훈봉	1450 1795 1829 1924 · 66
〃	천안	〃	樂 (고려태조)	樂 : 고려 개국공신으로서 천안군에 훈봉	〃
〃	옥천	〃	侑 (고려초)	侑 : 管城[옥천]君에 훈봉	〃
〃	龍宮	〃	邦淑 (고려 충렬왕)	邦淑 : 용성부원군에 훈봉	〃

성씨	본관	시조 (생존시기)	중시조 (생존시기)	본관 형성 연고 및 시기	족보 편찬
全	나주	〃	卿 (고려 충렬왕)	卿 : 羅城君에 훈봉	〃
〃	경주	〃	公植 (고려 고종)	公植 : 鷄林[경주]君에 훈봉	〃
〃	나주	〈안동장씨〉 ‥世東 (조선 인조)		世東 : 나주에서 세거하다가 황해도 장단으로 이거원래 세거지를 본관으로 삼음	…
〃	단양	〈안동장씨〉 ‥順翼 (고려초)		順翼 : 벼슬후 단양군에 훈봉	…
〃	德水	〈中〉元나라 ‥舜皐 (고려 충렬왕)		舜皐 : 충렬왕으로부터 姓名하사, 벼슬후 덕성부원군에 수봉	1808 · 48 · 75 1909 · 74
〃	玉山 [경산]	‥聶 (백제 온조왕)	永齡 (고려 충렬왕)	永齡 : 옥산군에 훈봉	〃
〃	성산	〃	順 (고려 공양왕)	順 : 성산백에 훈봉	〃
〃	죽산	〃	侃 (고려 고종)	侃 : 죽산군에 훈봉	〃
〃	전주 (완산)	〃	潗 (고려 공민왕)	潗 : 완산군에 훈봉	〃
田	南陽	〈王씨 혈통〉 ‥柱 (고려말)	興 (조선 태조)	興 : 조선 왕자의 난 때 공을 세워 사성명, 조부이자 시조가 江寧丞[남양]을 지냈던 까닭으로 남양을 본관으로 삼음 cf. 시조 柱는 고려 왕족 順興君 王昇의 아들임	1774 1852 · 91 1918 · 48 · 73
〃	담양	‥得時 (고려 의종)		得時 : 담양군에 훈봉	1700 · 47 1832 · 57 1900 · 24 · 59 · 85
鄭	경주	‥智伯虎→ (신라초 珍支村長)→	東冲 (신라유리왕때 鄭씨 사성)	珍原(고려) : 중시조이자 관향조로서 벼슬후 월성군에 훈봉	1732 · 92 1833 · 34 · 70 1907 · 14 · 24 · 55 · 58 · 79
〃	固城 [강원도]	‥可勿 (고려초)		可勿 : 시조이래 고성의 토착 토호였음	…
〃	光州	〈경주정씨〉 ‥臣扈 (고려말)		? : 선조 대대로 광주에서 세거	1736 1845 · 64 1925 · 56 · 77

성씨	본관	시조 (생존시기)	중시조 (생존시기)	본관 형성 연고 및 시기	족보 편찬
鄭	나주	‥諧 (고려 고종)		(고려중엽) : 시조의 후손들이 나주에서 세거	…
〃	동래	〈경주정씨〉 ‥繪文‥‥ (고려초)	之遠 (고려)	? : 선조 대대로 세거	1655 1716 1920
〃	봉화	〈경주정씨〉 ‥公美 (고려 성종)		道傳(조선 태종) : 조선초 크게 현달한 정도전의 세거지	1765 1805·60 1900·34·65· 82
〃	서산	〈中〉 ‥仁卿 (고려 고종)		仁卿 : 중국에서 동래하여 서산체 표 착, 고려에서 벼슬을 지내고 서산군에 훈봉	1749 1819·64 1931·57·77
〃	영일 (연일, 오천)	〈경주정씨〉 ‥襲明 (고려예종) →지주사공파 ‥克儒(고려) →감무공파		宜卿신라 : 영일호장을 지냈고,영일현백에 훈봉	1575 1649 1721·74 1848·65·80 1913·60·81
〃	온양	〈경주정씨〉 ‥普天 (고려 중엽)		普天 : 시조 이후 온양, 아산 일대에서 세거	‥·1957·83
〃	진주 (진양)	〈경주정씨〉 8개파별로 시조가 다르나, 모두 고려 인물		? : 역대 선조들의 세거지	1767 1811·55 1902·27·57· 84
〃	청주	‥克卿 (고려 의종)		책(憤, 고려말) : 서원백에 훈봉	1827 1940·83
〃	草溪	‥倍傑 (고려 문종)		倍傑 : 초계군에 훈봉되어, 후손들이 초계를 세거지로 삼음	조선현종, 1703· 80 1826·72 1963
〃	하동	파별로시조를 달리하나, 모두 나말여초의 인물		? : 선조 대대로 하동에서 세거	1689 1800·45·66 1962
〃	해주	‥肅‥‥ (고려 신종)	王言 (고려말)	肅 : 시조의 선조가 해주에서 세거하다가 사성받음.	1694 1784 1802·42 1908·17·85
丁	나주	〈中〉唐나라 ‥允宗		? : 시조 이래로 압해도에서 세거→ 본관이 압해, 조선숙종 이후 압해가 나주에 통합되면서→본관이 나주로 됨	조선중종, 인조, 1660·78 1702 1870 1931·61

성씨	본관	시조 (생존시기)	중시조 (생존시기)	본관 형성 연고 및 시기	족보 편찬
丁	靈城 [압해, 영광]	〈中〉唐나라 ‥德盛‥ (신라 문성왕)	晋 (고려 공민왕)	贊(고려 공민왕) : 시조가 당나라에서 유배되어 압해도로 왔고, 자손들이 압해도에 세거함. 후에 贊이 공을 세워 영성군에 훈봉	1761 1821·55·92 1956
〃	창원	〃	두 파가 있어 중시조를 달리함, 모두 고려말 인물	(고려말) : 중시조가 각각 의창군, 창원군에 훈봉	...
諸	漆原 [경남 고성]	〈中〉 忠(입국조) 泓(득성조)	文儒 (고려 충숙왕)	文儒 : 龜山함안군 귀산府院君에 훈봉	1820·33 1925·55·87
趙	김제	〈中〉 ‥連璧 (고려 고종)		連璧 : 벽성군에 훈봉	1746 1818 1959·80
〃	밀양	‥洪祀 (?)		?	...
〃	白川	〈中〉宋나라 ‥之遴 (고려 목종)		良裕(고려 목종) : 시조의 아들로서 벼슬 후 백천군에 훈봉백천은 시조가 표착한 곳임	1716·59·80 1804·50·80 1903·23·57· 78
〃	순창	‥子長 (고려 중기)		仁平(고려 명종) : 크게 현달하여 벼슬이 대장군에 오름	1802·68 1933·63·88
〃	楊州	‥岑 (고려 중엽)		? : 선조대대로 세거지	1721·43 1825 1956·80
〃	玉川 [순창]	‥璋 (고려 중기)		元吉(고려 공양왕) : 선조들의 세거지로 서, 옥천부원군에 훈봉	1702 1826·52·61· 65·72·90·97 1923·68
〃	林川 [부여]	‥天赫 (고려 현종)		天赫 : 공을 세워 嘉林[충남 부여군 임천의 별호]伯에 훈봉	...
〃	평양	〈中〉北宋 ‥椿 (고려 예종)		仁規(고려 충렬왕) : 충선왕의 장인으로 서 벼슬 후 평양부원군에 훈봉 cf. 백천, 한양, 양주, 평양, 임천을 본 관으로 趙씨들은 서로를 동조동원으로 인식하고 있음.	1723·91 1802·50 1901·28·58· 79
〃	豊壤 [경기도 양주]	‥孟‥ (고려 태조)	之蘭 (고려 중기)	? : 선조 대대로 세거지 cf. 7세손 때 임천, 상주, 해주로 산거	1731·60 1826 1900·78

성씨	본관	시조 (생존시기)	중시조 (생존시기)	본관 형성 연고 및 시기	족보 편찬
趙	한양	··之壽 (고려 명종)		? : 후손들 중에 조선 개국공신들이 있어 본관을 한양으로 함시조 이후는 함남 영흥군에 세거	1524 1651 1726·99 1849·84 1935·59
〃	咸安	中〉唐나라 ··鼎 (고려 태조)		? : 시조가 개국공신이 되면서 후손들이 그를 시조로 하고 함안을 관향으로 하여 세거	1664 1738·80 1825 1979
曺	창녕	··繼龍 (신라 진평왕)		繼龍 : 벼슬 후 창성부원군에 훈봉	1606·93 1767 1874 1911
周	상주	〈中〉唐나라 ··頤 (신라 원성왕)		? : 시조가 벼슬하여 상주에 임관, 그 후 후손들이 상주에 세거	1871·1911·36· 56·73
朱	新安	〈中〉南宋 ··潛 (송 멸망기)		? : 시조가 고려에 귀화한 후, 후손들이 각자의 세거지를 따라 능주, 나주, 전주, 함흥 등을 본관으로 하였으나, 조선 고종 39년 宗中의 합의로 신안을 본관으로 할 것을 조정에 상소, 이에 중국 신안으로 본관을 변경하게 됨	1902·60·81
池	충주	〈中〉宋나라 ··鏡 (고려 광종)		宗海시조의 6세손 : 忠原伯에 훈봉	1621 1744·69 1804·53 1905·28·54· 69
陳	驪陽	··寵厚 (고려 예종)		寵厚 : 공을 세워 여양군에 훈봉	1709·69 1805·49 1914·67
車	延安 [연백]	··孝全 (고려 태조)		孝全 : 개국에 공을 세워 연안백에 훈봉, 연안이 식읍으로 내려짐	1769 1802·79·82 1907·15·60· 74
蔡	인천	先茂 (고려 의종)		忠順(고려 현종) : 濟陽[인천]開國子에 훈봉	1749 1803·58 1936·77
〃	평강	··松年 (고려 고종)		松年 : 벼슬이 대장군에 이르고, 그 묘소가 평강군에 소재함	1661, 1748·90 1875·98 1921·65·81
千	潁陽 [중국의 영양]	〈中〉明나라 ··萬里 (조선 선조)		萬里 : 임진왜란 때 조선에 와서 세거 (우리나라 모든 千씨의 시조)	···

성씨	본관	시조 (생존시기)	중시조 (생존시기)	본관 형성 연고 및 시기	족보 편찬
崔	강릉	‥必達 (고려 태조)		必達 : 개국공신으로 慶興[강릉]府院君에 훈봉	1659 1716 · 48 · 997 1831 1913 · 68 · 78
〃	강화	‥益厚 (고려 중엽)		益厚 : 높은 벼슬을 얻어 현달함	1641, 1714 · 46 1819 · 56 1901 · 36 · 65 · 81
〃	경주	‥致遠 (신라말)		? : 신라초에 최씨로 사성받아, 득성조 이후 경주에서 세거	1734 1854 1904 · 28 · 63 · 81
〃	朗州 [영암]	‥昕 (신라 진성왕)		昕 : 시조 이후 대대로 朗州에서 세거	‥1958 · 77 · 78
〃	東州 [철원]	‥俊邕 (고려 태조)		奭고려 문종 : 벼슬 후 동주에 퇴거, 후손들이 그곳에서 세거	‥1981
〃	朔寧 [연천]	‥天老 (고려 명종)		天老 : 朔寧에서 대대로 세거	1648 · 63 1710 1809 · 58 1926 · 57 · 81
〃	隋城	〈경주김씨〉 ‥永奎 고려 원종		永奎 : 본래 경주김씨로서 고려 충렬왕이 최씨로 사성(1302년)하여 수성백에 훈봉	1722 · 60 1849 1910 · 28 · 57 · 74 · 77
〃	수원	‥靖 (고려 공민왕)		靖 : 선조 대대로 수원에서 향리직을 갖고 세거	1827 · 95 · ‥
〃	永川	‥漢 (고려 의종)		漢 : 벼슬후 燃山[영천]君에 훈봉	‥‥
〃	월성	〈경주최씨〉 ‥致遠→ (신라말)	震立 (조선 선조)	震立 : 임진왜란과 병자호란때 공을 세우고 순절	‥‥
〃	전주	〈경주최씨〉 ‥致遠→ 신라말	파별로 다르나, 모두 고려조 인물	? : 네개의 파가 있는데, 파조가 모두 전주에 훈봉되어 후손들이 세거함	1567 1745 · 98 1843 · 83 1901 · 24 · 57 · 81
〃	草溪 [합천]	‥龍宮 (고려 충렬왕)		龍宮 : 八溪[초계]君에 훈봉	‥‥
〃	충주	〈中〉唐나라 ‥陞‥ (신라진성여왕)	파별로 다르나, 모두 고려조 인물	? : 각 파조들이 중원백에 훈봉 혹은 세거	정조 24 · ‥ 1963 · 77 · 87

성씨	본관	시조 (생존시기)	중시조 (생존시기)	본관 형성 연고 및 시기	족보 편찬
〃	해주	··溫 (고려 성종)		溫 : 선조 대대로 해주에서 세거	1744 1807·66·91 1919·61
崔	화순	··世基·· (고려 중엽)	堰	世基 : 몽고군 침략기에 공을 세워, 烏山[화순]君에 훈봉	···
秋	함흥	〈中〉宋나라 ··饐 (고려 인종)		饐 : 중국에서 동래하여 함흥 蓮花島에 처음 정착	1770 1869 1910·33·59· 60·72
片	浙江 [중국의 지명]	〈中〉明나라 ··碣頌 (임진왜란때)		碣頌 : 임진왜란과 정유재란 때 우리나 라에 와서 경주에서 정착	1873 1904·75
表	新昌 [온양]	〈中〉후주 宋 건국 직전 ··大璞·· (고려 광종11)	仁呂 (고려 충숙왕)	大璞 : 唐이 망한 후 宋이 들어서기 전의 혼란기에 후주가 멸망하자, 張·方· 韋·邊·尹·秦·甘·皇甫을 인솔하여 고려에 귀화. 그후 중시조는 공을 세워 溫昌伯에 훈봉[온창은 신창의 옛지명]	1744 1980
河	진주 진양		파별로 중시조가 다르나 모두 고려 인물	? : 고려 시대 이래로 선조가 진주에서 세거	1451 1599 1606 1756·72·89 1828·57·58· 80 1900·14·17· 24·28·52· 55·57·60· 69·84
韓	谷山 [황해도]	〈中〉南宋 ··銳 (고려 희종)		銳 : 벼슬 후 곡산부원군에 훈봉	1751·89 1830·75 1930·58·77
〃	청주	··蘭 (고려 태조)		友諒(마한 말, 신라 탈해왕) : 벼슬길에 올라 상당한씨를 襲姓하고, 청주를 본 관으로 함. 시조 이전부터 청주에서 세거	1617 1704·48·89 1920·24
咸	강릉 楊根 [양평]	〈中〉 ··規 (고려 태조)		? : 강릉은 規의 후손들이 세거했던 곳 ? : 양근은 함씨의 원조王이 세거했던 곳	1764 1801·06·46· 79 1909·16·36· 84
許	김해	··琰 (고려 문종)		琰 : 김해에서 세거 (김수로왕의 왕비는 허씨였는데, 그녀 는 자기성인 許씨가 이어지기를 희망 →둘째 아들에게 허씨가 사성되었고, 가락국이 망하면서 허씨들은 김해, 양 천, 태인, 하양 등지로 산거하였다고 함)	··1977

성씨	본관	시조 (생존시기)	중시조 (생존시기)	본관 형성 연고 및 시기	족보 편찬
許	陽川 [김포]	··宣文 고려 태조		宣文 : 고려 개국 때 왕건을 도와 孔巖 [양천]村主로 훈봉	...
〃	河陽 [경산]	··康安		고려康安 : 세거지	...
玄	성주	〈연주현씨〉 ··珪 (조선 세종)		珪 : 출세하면서 후손들이 세거	...
〃	延州 [영변]	··覃胤 (고려 의종)		覃胤 : 난을 토평한 공으로 延山君에 훈봉	1747·99 1844 1901·24·57· 82
洪	南陽 [화성]	〈中〉唐나라 ··殷悅 (고려태조)		殷悅 : 큰 벼슬을 지냄	1454 1716·75 1834·76 1920·58·77
〃	〃	··先幸 (고려 중엽)		先幸 : 벼슬길에 올라 크게 현달	1576 1687 1779 1852 1959·80
〃	缶林 缶溪 [군위]	〈남양홍씨〉 ··鸞·· (고려 중엽)	佐 (고려 중후기)	鸞 : 벼슬후 부림(缶林)으로 이거하여 세거	...
〃	豊山 [안동]	··之慶 (고려 고종29)		之慶 : 벼슬 후 풍산에 정착하여 세거	1709·67 1932·62·85
黃	德山	··彦弼·· (고려)	載 (고려)	彦弼 : 德豊君에 훈봉	...
〃	상주	〈中〉唐나라 ··洛·· (신라 경덕왕)	石柱 (고려)	乙耈(고려말) : 세거지 cf. 상주황씨의 시조 洛은 우리나라 황씨의 원조라 함	1777 1867 1967
〃	紆州 [전주]	··旻甫→ (고려)	居中 (여말선초)	居中(조선 태조) : 벼슬후 낙향하여 세거	1804·56·91 1919·36·56· 69·88
〃	장수	··瓊·· (라말여초)	石富 (고려말)	고려 명종 : 시조의 후손들이 고려 명 종때 화를 피해 고향인 장수로 낙향하 여 세거	1727·83 1848 1906·35·51· 71
〃	창원	··忠俊·· (고려 충렬왕)	信 (고려말)	? : 창원에서 대대로 세거	1703·73 1851 1906·30·58· 78
〃	平海	··洛		洛 : 현재의 울진군 평해에 표착하여 세거함	1770 1831·50·80 1902·34·76

* 이상 1985년 인구 1만 이상의 성씨를 대상으로 함.
  · '성씨와 시조, 중시조, 족보 편찬' 등의 항목은 다음과 같은 서적을 참고하여 정리함:
    『萬姓大同譜』(1931); 『만성족보사전』(姜哲園 편, 은성문화사, 1964); 『韓國人의 姓譜』(삼안문화사, 1986); 『韓國人의 族譜』(한국성씨총람편찬위원회, 삼성문화사, 1992); 『성씨의 고향』(중앙일보사).
  · '本貫의 形成 緣故 및 時期'에 관한 항목은 『韓國族譜舊譜序集』(정병완 편, 1987, 아세아문화사)에 게재된 각 성씨별 族譜 序文을 분석한 것이다. 상기 서적에서 누락되어 있는 성씨의 족보 서문의 경우는 대전 回想社의 族譜圖書館을 방문하여 확인.

國譯 朝鮮王朝實錄 CD-rom.

國朝人物考

錦谷集(宋來熙文集)

陶菴集(李縡文集)

東國院宇錄

同春堂文集(동화출판공사, 1977)

遜巖書院誌

榜目列記(임기정 편, 동광출판사)

沙溪全書

沙溪集(동화출판공사, 1977)

書院謄錄(민창문화사 영인)

宋子大典(민족문화추진회, 1966)

列邑院宇事蹟(민창문화사 영인)

靜會堂記

俎豆錄(민창문화사 영인)

學校謄錄(민창문화사 영인)

懷德鄕校誌

族譜類: 光山金氏文獻錄, 光山金氏良簡公派譜, 光山金氏典理判書公派譜, 光山金氏旌善公派家乘譜, 光山金氏총제공파보, 光山金氏版圖判書公派譜, 潘南朴氏吉州牧使公諱東望派譜, 潘南朴氏世譜, 寶城吳氏世譜, 寶城吳氏瓮津丹川派族譜, 善山郭氏大同譜, 善山金氏大同譜, 水原白氏大同譜, 順天朴氏世系圖, 陽川許氏贊成事公派譜, 驪興閔氏三房派譜, 連山徐氏世譜茂長公司評公派, 連山徐氏族譜, 沃川陸氏大同譜, 沃川全氏大同譜, 恩津宋氏同春堂文正公派譜, 恩津宋氏文僖公世承年譜, 恩津宋氏雙谿堂公派譜, 全義李氏姓譜, 全義李氏族譜, 晉州姜氏大同譜, 晉州姜氏毅烈公派世譜, 晉州姜氏昌城會派譜, 淸州韓氏關北派譜, 淸州韓氏大同譜, 淸州韓氏襄節公派族譜, 淸州韓氏川寧公派譜, 坡平尹氏世譜.

권선정, 2003, 풍수의 사회적 구성에 기초한 경관 및 장소 해석, 한국교원대 박사학위논문.

김덕현, 1983, "씨족촌락의 형성과정과 입지 및 유교문화경관 – 안동지방의 사족촌락을 중심으로–," 지리학논총, 10, pp.241–251.

김덕현, 2001, "역사 도시 진주의 경관 해독," 문화역사지리, 13(2), pp.63–80.

김두헌, 1969, 한국 가족제도 연구, 서울: 서울대 출판부.

김두헌, 1985, "성, 씨족의 형성발전," 한국가족제도연구, 서울대 출판부.

김상호, 1969, 이조전기의 수전농업 연구, 1969년도 문교부 학술연구조성비에 의한 연구보고서.

김상호, 1976, "생활공간의 기초지역 연구–면 · 리 · 동의 지역적 기반–", 지리학연구, 1–2, pp.1–25.

김세봉, 1994, "인조 · 효종조 산인세력의 형성과 진출," 동양학, 24, pp.165–190.

김수태, 1981, "고려 본관 제도의 성립," 진단학보, 52.

김용선, 1997, 고려 묘지명 집성, 한림대 아시아문화연구소 자료총서, 10.

김일기, 1988, 곰소만의 어업과 어촌연구, 서울대 박사학위논문.

김일철 · 김필동 · 문옥표 · 송정기 · 한도현 · 한상복 · 柿崎京一, 1998, 종족마을의 전통과 변화, 서울: 백산서당.

김필동, 1990, "최근 한국 사회사 연구의 성과와 과제: 방법론적 반성," pp.11-42(사회사 연구의 이론과 실제, 사회사 연구회, 서울: 문학과 지성사).

나도승, 1968, "지형 변화와 교통로 변천에 따른 부강리 하항취락의 성쇠과정에 관한 연구," 논문집, 5, 공주교육대학, pp.81-96.

남궁봉, 1997, "만경강 유역의 개간과정과 취락형성발달에 관한 연구," 한국지역지리학회지 pp.37-87.

노도양, 1953, "지리학적 현상에 있어서의 역사적 요소," 사상계, 1(4), 사상계사, pp.213-219.

류제헌, 1979, "농촌 경관의 형태적 연구 −여주 · 이천 지방을 중심으로−," 지리학논총, 6, pp.96-115.

류제헌, 1989, "지역역사지리학과 문화생태학," 문화역사지리, 창간호, pp.53-64.

류제헌, 1996, "한국 문화 · 역사지리학 50년의 회고와 전망," 대한지리학회지, 31(2), pp.255-267.

박승규, 1995, "문화지리학의 최근동향: '신' 문화지리학을 중심으로," 문화역사지리, 7[한국의 고지도 특집호], pp.131-148.

박옥걸, 1997, "고려초기 귀화 한인(漢人)에 대하여," 한국사연구논선, 14, 도서출판 아름, pp.129-156.

박은경, 1996, 고려시대 향촌사회 연구, 서울: 일조각.

백승종, 1999, "위조 족보의 유행," 한국사 시민강좌, 24, 서울: 일조각.

徐揚杰(윤재석 옮김), 1992, 중국 가족 제도사, 서울: 아케넷.

신석호, 1978, "한국 성씨의 개설," 한국성씨대관, 서울: 창조사.

양보경, 1980, "반월면 4리 동족부락에 대한 연구," 지리학논총, 7, pp.29-52.

양보경, 1987, 조선시대 읍지의 성격과 지리적 인식에 관한 연구, 서울대 박사학위논문, 지리학논총, 별호 3. 역사문화학회 편, 2000, 지방사와 지방문화, 2.

오상학, 2001, 조선시대 세계지도와 세계인식, 서울대 박사학위논문.

오홍석, 1969, "제주도의 취락입지에 관한 연구: 변천과정과 입지요인을 중심으로," 지리학, 4, pp.41-54.

옥한석, 1986, "영서 태백산지에 있어서 씨족의 이동과 촌락의 형성에 관한 연구," 지리학, 34, pp.30-46.

옥한석, 1987, "고려 · 조선시대 씨족의 이주지역 연구," 지리학논총, 14, pp.93-104.

우인수, 1999, 조선후기 산림세력 연구, 서울: 일조각.

윤병철 · 박병래 역, 1991, 사회이론의 주요쟁점, 문예출판사[원전: Giddens, A., 1979, Central Problems in Social Theory].

윤홍기, 2001, "경복궁과 구 조선총독부 건물 경관을 둘러싼 상징물 전쟁," 공간과 사회, 15, pp.282-305.

은진송씨대종중, 1993, 은진송씨의 뿌리와 전통, 대전:향지문화사.

은진송씨승사랑종중, 1996, 송촌의 인물과 유적, 대전:향지문화사.

이 찬, 1983, "문화 · 역사지리학의 연구 동향과 제문제," 지리학논총, 10, pp.41-53.

이간용, 1994, "씨족집단간 사회적 관계의 변화와 촌락의 공간구조," 지리교육논집, 31, pp.27-62.

이광규, 1992, 가족과 친족, 서울: 일조각.

이광규, 1997, 한국 친족의 사회인류학, 서울: 집문당.

이기백, 1974, "고려귀족사회의 형성," 한국사, 4.

이덕일, 2000, 송시열과 그들의 나라, 서울: 김영사.

이문종, 1988, 태안반도의 촌락형성에 관한 연구, 지리학논총, 별호 6(서울대 박사학위논문).

이문종, 1994, "동족촌의 인구이동과 촌락의 변모," 지리학, 30, pp.77-89.

이수건, 1984, "토성연구서설," 한국중세사회사연구, 서울: 일조각.

이수건, 1994, "조선후기 성관 의식과 편보 체제의 변화," 구곡 황종동교수 정년기념 사학논총, 대구: 정원문예사.

이수건, 1999, "족보와 양반의식," 한국사 시민강좌, 24, 서울: 일조각.

이영훈, 1988, 조선후기 사회경제사, 서울: 한길사.

이정우, 1996, "18-19세기 회덕현 '향원록'의 성격과 '유·향'의 존재형태," 한국사의 이해(중산김덕기박사화갑기념한국사학논총), 서울: 경인문화사.

이종일, 1993, "중국에서 동래 귀화한 사람의 성씨와 그 자손의 신분 지위," 소헌 남도영박사 고희기념 역사학논총, 민족문화사, pp.321-337.

이종호, 2000, 우암 송시열, 서울: 일지사.

이태진, 1986, 한국사회사연구, 서울: 지식산업사.

이해준, 1991, 조선후기 서원 연구와 향촌사회사, 한국사론, 21.

이해준, 1993, "조선후기 문중활동의 사회적 배경," 동양학, 23, 단국대학교 동양학연구소)

이해준, 1994, "17-18세기 서원의 당파적 성격 - 전남지역 사례를 중심으로, 사학논총, 창해박병국교수정년기념사학논총간행위원회.

임덕순, 1998, "고청주의 공간적 배치와 상징성," 대한지리학회지, 33(4), pp.525-540.

임병조, 2000, "조선시대 관료층의 내포지방 정착과정," 문화역사지리, 12-2, pp.73-96.

장보웅, 1983, "전남지방 동족부락의 구조와 기능," 지리학, 27, pp.15-30.

전용우, 1993, 호서사림파의 형성에 대한 연구, 충남대 박사학위논문.

전종한, 1993, 촌락 공간의 확대과정에 관한 연구-1900년 이전의 나주 지방을 중심으로-, 한국교원대 석사학위논문.

전종한, 2000, "제29회 서울 세계지리학대회(The 29th IGC Seoul) 문화지리학 논문의 학술적 동향," 문화역사지리, 12(2), pp.137-148.

전종한, 2001, "본관의 누층적 의미와 그 기원에 대한 역사지리적 탐색," 대한지리학회지, 36(1), pp.137-148.

전종한, 2002a, 종족집단의 거주지 이동과 지역화과정 -14~19세기를 중심으로-, 한국교원대 박사학위논문.

전종한, 2002b, "종족집단의 거주지 이동과 종족촌락의 기원에 관한 연구," 사회와 역사(한국사회사학회지), 61, 서울: 문학과 지성사, pp.87-124.

전종한, 2002c, "종족집단의 지역화과정(Ⅰ): 생태적 정착단계 - 14~15세기 연산?회덕의 종족집단과 정주공간의 확보과정 -," 사학연구(한국사학회지), 67, pp.131-170.

전종한, 2002d, "역사지리학 연구의 고전적 전통과 새로운 노정 - 문화적 전환에서 사회적 전환으로 -," 지방사와 지방문화(역사문화학회지), 5(2), 서울: 학연문화사, pp.215-252.

전종한, 2002e, "충북지방 유교 문화지역의 형성과정과 영역성," 중원문화연구, 6, 충북대 중원문화연구소, pp.121-139.

전종한, 2003, "종족집단의 지역화과정(Ⅱ): 경관 생산단계 - 16~17세기 계보의식의 탄생과 사회관계망의 공간적 확장 -," 대한지리학회지, 38(4), pp.575-590.

전종한, 2004a, "촌락사회지리학의 개념 구성과 마을 연구," 지리과교육, 6, pp.267-283.

전종한, 2004b, "종족집단의 지역화과정(Ⅲ): 영역성 재생산 단계," 문화역사지리, 16(1), pp.237-262.

전종한, 2004c, "사족집단의 사회관계망과 촌락권 형성과정: 오서산의 계거지 청라동을 사례로," 문화역사지리, 16(2), pp.36-52.

전종한 · 류제헌, 1999, "영미 역사지리학의 최근 동향과 사회역사지리학," 문화역사지리, 11, pp.169-186.

정만조, 1997, 조선시대 서원 연구, 서울: 집문당.

정승모, 1987, 서원 · 사우 및 향교 조직과 지역사회체계(상), 태동고전연구, 3, pp.149-192.

정승모, 1989, 서원 · 사우 및 향교 조직과 지역사회체계(하), 태동고전연구, 5, pp.137-179.

정진성, 1990, "서구 가족사 연구의 부흥: 아날 학파와 케임브리지 그룹을 중심으로," 사회사 연구의 이론과 실제, 한국사회사연구회 논문집, 24, 서울: 문학과지성사, pp.71-101.

채웅석, 1991, "본관제의 성립과 성격," 역사비평, 13.

채웅석, 2000, 고려시대의 국가와 지방사회, 서울: 서울대 출판부

최기엽, 1986, 한국 촌락의 지역적 전개과정에 관한 연구(경희대 박사학위논문), 지리학연구보고, 14.

최기엽, 1987, "조선시대 촌락의 지역적 성격," 지리학논총, 14, pp.17-32.

최기엽, 1993, "경관체험과 장소의 사회화," 전환기의 한국지리(남계 형기주교수 화갑기념논집), 서울: 교학사, pp.71-94.

최영준, 1974, "개항전후의 인천의 자연 및 인문경관," 지리학, 10, pp.43-59.

최영준, 1990, 영남대로: 한국 古道路의 역사지리적 연구, 민족문화연구총서, 24, 고려대 민족문화연구소.

최완기, 2003, 한국의 서원, 서울: 대원사.

최원석, 2001, 영남지방의 비보, 고려대 박사학위논문.

허경진, 2000, 충남지역 누정문학 연구, 서울: 태학사.

허흥식, 1983, "고려시대의 本과 居住地," 고려사회사연구, 서울: 아세아문화사.

홍현옥 · 최기엽, 1985, "남양홍씨 동족사회집단의 지역화과정," 지리학연구, 10, pp.383-424.

今村鞆, 1934, 朝鮮の姓名氏族に關する硏究調査, 조선총독부.

旗田巍, 1972, "高麗王朝成立期の府と豪族," 韓國中世社會史の硏究.

丹羽弘一, 1998, "支配-監視の空間, 排除の空間 -'住むこと'から'居住地'へ-," 空間から場所へ -地理學的想像力の探求- (東京: 古今書院), pp.76-87.

山崎謹哉, 1985, 近世歷史地理學, 東京: 大明堂.

水津一朗, 1969, 社會集團の生活空間 - その社會地理學的硏究, 東京: 大明堂.

川島藤也, 1974, "文化柳氏にみられる氏族の移動とその性格," 朝鮮學報, 70, pp.43-74.

荒山正彦 · 大城直樹 · 遠城明雄 · 澁谷鎭明 · 中島弘二 · 丹羽弘一, 1998, 空間から場所へ -地理?的想像力の探求-, 東京: 古今書院.

淺香幸雄, 1966, 日本の歷史地理, 東京: 大明堂.

Agnew, J., 1987, *Place and Politics*, Boston: Allen and Unwin.

Baker, A.R.H., 1980, Ideological change and settlement continuity in the French countryside during the nineteenth century: the development of agricultural syndicalism in Loir-et-Cher during the late nineteenth century, *Journal of Historical Geography* 6, 163-177.

Baker, A.R.H., 1984, Reflections on the relations of historical geography and the Annales school of history, in Baker, A.R.H. and Gregory, D.(eds.), *Explorations in Historical Geography*(Cambridge: Cambridge University Press), pp.1-27.

Baker, A.R.H., 1999, *Fraternity among the French Peasantry - Sociability and Voluntary Associations in the Loire Valley, 1815-1914 -*, Cambridge: Cambridge University Press.

Brown, R. H., 1943, *Mirror for Americans*, New York: American Geographical Society.

Butlin, R.A., 1987, Theory and Methodology in Historical Geography, *Historical Geography: Progress and Prospect*, ed. by M. Pacione, Croom Helm.

Butlin, R.A., 1993, *Historical Geography - through the gates of space and time*, Edward Arnold.

Clark, A.H., 1954, Historical Geography, in *American Geography: Inventory & Prospect*, eds. by James, P.E. et al, pp.71-105.

Clark, A.H., 1972, Historical geography in North America, in Baker, A.R.H., ed., *Progress in Historical Geography*, Newton Abbot: David and Charles, pp.129-143.

Darby, H. C., 1952, *The Domesday Geography of Eastern England*, Cambridge: Cambridge University Press.

Darby, H.C., 1953, On the relations of geography and history, *Transactions, Institute of British Geographers* 19, pp.1-11.

Darby, H.C., 1983, Historical geography in Britain, 1920-1980: continuity and change, *Transactions, Institute of British Geographers* NS 8, pp.421-428.

Doroveeva-Lichtmann, V., 2000, Spiritual Landscape of the Classic of Mountains and Sea and the Reception of this Test by Chinese Historians of Geography, *The 29th IGC Seoul Abstracts*, pp.105-106.

Driver, F., 1985, Power, space, and the body: a critical assessment of Foucault's Discipline and Punish, *Environment and Planning D: Society and Space* 3, pp.425-446.

Duncan, J.S., 1988, The Power of Place in Candy, Sri Lanka: 1780-1980, in *The Power of*

Place, eds. by Agnew, J.A. & J.S. Duncan, pp.185-201.

Entrikin, N., 1991, *The Betweenness of Place*, Baltimore: John Hopkins University Press.

Entrikin, N., 1994, Place and Region, *Progress in Human Geography* 18-1, pp.227-233.

Findlay, A. and E. Graham, 1991, The challenge facing population geography, *Progress in Human Geography*, 15, pp.149-162.

Foucault, M., 1971, *The Order of Things*, New York: Vintage Books, 1994.

Freedman, M.(김광억 옮김), 1989, 동남부 중국의 종족조직, 서울: 대광문화사.

Fusty, S., 2000, Excluding Diversity: enforcing behavioral homogeneity in a world city, The *29th IGC Seoul Abstracts*.

Giddens, A., 1985, Time, Space and Regionalization, in *Social Relations and Cpatial Structures*, ed. by Gregory, D. and J. Urry, Macmillan, pp.265-295.

Gregory, D., 1987, Areal Differentiation and Post-modern Human Geography, in *Horizons in Human Geography*, ed. by D. Gregory, pp.67-96.

Halfacree, K., and Bycle, P., 1993, The challenge facing migration research: the case for a biographical approach, *Progress in Human Geography*, 17, pp.333-348.

Harris, C., 1991, Power, modernity, and historical geography, *Annals of the Association of American Geographers*, 81(4), pp.671-683.

Harvey, D., 1989, *The Condition of Postmodernity*, Basil Blackwell.

Harvey, D., 1996, *Justice, Nature & the Geography of Difference*, Blackwell Publishers Inc..

Macquillan, A., 1995, New classics and diverse clusters in historical geography, *Progress in Human Geography* 19-2, pp.273-284.

Massey, D., 1993, Power geomentry and a progressive sense of place, in J. Bird, B. Curtis, T. Putnam, G. Robertson and L. Tickner(eds), *Mapping the Futures*, London: Loutledge.

Matless, D., 1992, An occasion form geography: landscape, representation, and Foucault's corpus, *Environment and Planning D: Society and Space*, 10, pp.57-66.

McHugh, K.E., 2000, "Inside, outside, upside down, backward, forward, round and round: a case for ethnographic studies in migration," *Progress in Human Geography*, 24-1, pp.71-89.

Merrifield, A., 1993, Place and Space: a Lefebvrian reconciliation, *Transactions, Institute of*

British Geographers 18, p. 516–531.

Mitchell, D., 2003, Dead labor and the political economy of landscape – California living, California dying, in K. Anderson, M. Domosh, S. Pile, and N. Thrift(eds), *Handbook of Cultural Geography,* London: SAGE Publications, pp.233–248.

Morris, J.E. et al., 1932, What is Historical Geography?, *Geography* 95, pp.39–45.

Ogborn, M., 1996, History, memory, the politics of landscape and space work in historical geography from autumn 1994 to autumn 1995, *Progress in Human Geography* 20–2, pp.222–229.

Ogborn, M., 1996, History, memory, the politics of landscape and space work in historical geography from autumn 1994 to autumn 1995, *Progress in Human Geography*, 20(2), pp.222–229.

Osborne, B., 2001, Warscape, landscape, inscape – France, war, and Canadian national identity –, in I. Black and R. Butlin(eds), *Place, Culture, and Identity – Essays in Historical Geography in Honour of Alan R. H. Baker –*, Saint-Nicolas(Quebec): Les Presses de l'Université Laval, pp.311–333.

Pacione, M., 1987, *Historical Geography: Progress and Prospect,* London: Croom Helm.

Philo, C., 1992, Foucault's geography, *Environment and Planning D: Society and Space*, 10, pp.137–161.

Relph, E., 1976, *Place and Placelessness*, London: Pion.

Ryu, Je-Hun, 2000, Power, Ideology and Symbolism in Korean Urban Landscape, *The 29th IGC Seoul Abstracts*, pp.460–461.

Sack, R.D., 1986, *Human Territoriality: Its Theory and History*, Cambridge: Cambridge University Press.

Sakaja, L., 2000, Past-socialist Transition and the Changes in the City's Landscape: the experience of Zagreb, *The 29th IGC Seoul Abstracts*, p.466.

Sauer, C.O., 1941, Foreword to historical geography, *Annals of the Association of American Geographers* 31, pp.1–24.

Senda, M. and T. Tanioka, 1980, Current trends of historical approach in geographical reseach in Japan, *Historical Geography*, 19, pp.13–24.

Shurmer-Smith, P., 1998, Classics in Human Geography, book reviews, *Progress in Human Geography* 22–4, pp.567–573.

Soja, E., 1985, The spatiality of social life: towards a transformative retheorisation, in D. Gregory and J. Urry(eds), *Social Relations and Spatial Structures*, London: Macmillan.

Soja, E., 1988, *Postmodern Geographies: the Reassertion of Space in Critical Social Theory*, London: VERSO.

Suyama, S., 2000, Landscape Reconstruction by Small–Scale Handicraft Industry in Japan, *The 29th IGC Seoul Abstracts*, pp.543–544.

Warran, W.H., 2000, Korean Communities in Japan: a decade of landscape change, *The 29th IGC Seoul Abstracts*, pp.602–603.

White, P. and Jackson, P., 1995, "(Re)theorising population geography," *International Journal of Population Geography*, 1, pp.111–123.

Yeo, B.S., 1988, Street Names in Colonial Singapore, *The Geographical Review* Vol. 82, pp.313–322.